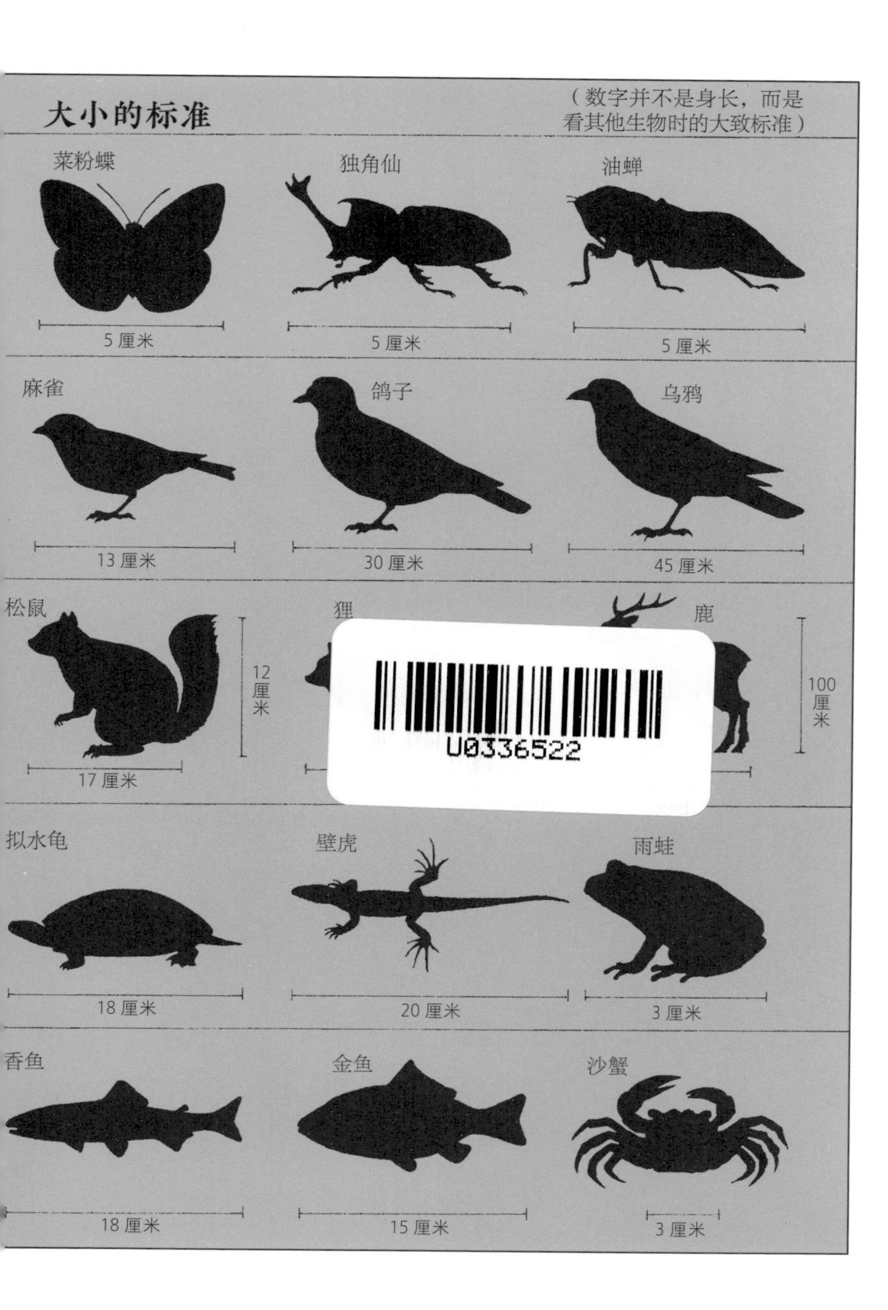
大小的标准
（数字并不是身长，而是看其他生物时的大致标准）
菜粉蝶
5 厘米
独角仙
5 厘米
油蝉
5 厘米
麻雀
13 厘米
鸽子
30 厘米
乌鸦
45 厘米
松鼠
12 厘米
17 厘米
狸
鹿
100 厘米
拟水龟
18 厘米
壁虎
20 厘米
雨蛙
3 厘米
香鱼
18 厘米
金鱼
15 厘米
沙蟹
3 厘米

后浪出版公司

自然图鉴

[日]里内蓝 著　[日]松冈达英 绘　张杰雄 译

四川人民出版社

前言

在我们居住的地球上，有昆虫、鸟类，以及各种各样的生物。当我们到野外去，站在远离尘嚣的地方，最容易感受到这一点。鸟啼声、蜥蜴身体穿梭草丛的声音、树叶飘落的声音，甚至蝴蝶挥动翅膀的声音，这些都会令我们感到惊奇。在这个时候，我们最能感受到自己真的是和这些生物生活在一起。同样，人类也绝对无法独立于自然界的生态系统，而是与这些生物共同生存。

本书除了介绍昆虫类的小动物，还介绍鸟类、哺乳类、爬虫类、两栖类、鱼类、贝类，甚至植物，并且教你如何寻找与观察它们生活形态。但是，本书中所举出的例子也只是其中的一部分。实际上，在自然界中还有更复杂、更有魅力的剧情随时在各地上演着。希望这本书可以作为你发掘自然时所使用的入门书。

关于了解生物的生活，除了知识本身很有趣，同时还能懂得这些生物各自如何适应环境和如何共存的。而这些信息与我们人类该如何与生物共存也是息息相关的。因为了解自然并非只是单纯地增加知识，更重要的是让同样身为地球生物的我们在观察其他生物时，能够站在其他生物的立场上思考。而且，这种对待生物的方式也能运用在人类之间的交往上。

请你增加走出家门、到野外去的时间，仔细了解各种生物的生活。在感受大自然的同时，你一定能够体会到生活是多么美好的一件事。

目 录

自然观察之前

2 前言

8 自然是一个生物体
10 自然与人类的关系
12 与自然和谐共存
14 有关生物的采集与饲养
16 进行自然观察的方法
18 ● 红毛猩猩的栖息森林

昆虫类与其他的虫

20 观察时的用具与服装
22 观察昆虫的注意事项
24 寻找身边的昆虫
26 观察昆虫的三种方法
28 蜘蛛——结网的蜘蛛　不结网的蜘蛛
30 蜘蛛——采集并就近观察
32 蚂蚁——春季的结婚飞行
34 蜗牛——跟着痕迹走
36 水沟里的昆虫
38 聚集在夜晚灯光下的昆虫
40 蛾与蝴蝶有什么不同呢?
42 到庭院里来的昆虫
44 田野山间能看到的昆虫
46 蝴蝶——调查它们喜爱的颜色
48 蝴蝶——采集并就近观察
50 身边能看到的蜂类
52 蜜蜂——它们的社会生活
54 蜂——神奇的筑巢
56 蝉——鸣叫声与蝉蜕
58 蝉——它们的生态
60 聚集在一株植物上的昆虫
62 寻找杂木林里的昆虫
64 聚集在树液上的昆虫
66 独角仙——独角的强者
68 锹形虫——大颚的拥有者
70 日铜罗花金龟与鳃角金龟——哪里不同呢?
72 以粪便为食的昆虫
74 制造虫瘿的昆虫
76 寻找落叶下的昆虫
78 寻找躲起来的昆虫
80 越冬的昆虫
82 拟定计划的方法

84 观察鸣叫的方式
86 水生昆虫——在水中生活的昆虫
88 水生昆虫——采集并就近观察
90 蜻蜓——各种产卵方式
92 拍照的方法
94 生物月历

——去杂木林找昆虫——
106 ● 聚集在小河边的鸟翼蝶

鸟类

108 观察时的用具与服装
110 观察鸟的羽毛
112 观察飞行的方式
114 进食的方式与喙
116 各式各样的脚形
118 鸟的特有动作
120 拥有奇特习性的鸟
122 鸟的结婚与筑巢
124 寻找身边的鸟
126 麻雀——与人类共同生活的鸟
128 乌鸦——聪明伶俐的鸟
130 燕子——报春的鸟
132 逃出牢笼的鸟
134 田间能看到的鸟
136 云雀——美妙声音的拥有者
138 聆听鸟的鸣叫声
140 杂木林中能看到的鸟
142 大山雀的同类——可爱的黑白小鸟
144 调查鸟的活动范围
146 在河边能看到的鸟
148 鸭的同类——相亲相爱的一对
150 泥滩地能看到的鸟
152 鹬的同类——在看不到的地方觅食
154 海鸥——在空中悠游翱翔
156 猛禽类——威猛的姿态
158 寻找食茧与足迹
160 候鸟的迁徙
162 引鸟到身边来（一）
164 引鸟到身边来（二）
166 在下雨天也观察
168 双筒望远镜的使用方法
170 录下鸟的声音
172 参加赏鸟活动
174 生物月历

——去河口赏鸟——
186 ● 外形相似的犀鸟与鵎鵼

哺乳类

188 观察时的用具与服装
190 观察时的注意事项
192 住家附近的哺乳类
194 草丛中能看到的老鼠
196 树林里能看到的老鼠
198 松鼠——与橡实的互助合作
200 白颊鼯鼠与日本小鼯鼠——滑翔高手
202 蝙蝠——会飞的哺乳类
204 野兔——卓越的跳跃力
206 貉——杂食性大胃王
208 鼬——树林中的打猎高手
210 狐——敏锐的听觉与嗅觉
212 野猪——最爱洗泥巴澡
214 鹿——与同伴一起生活
216 髭羚——挺拔的姿态
218 猴子——观察它们的行为很有趣
220 观察粪便
222 追踪脚印，进行推理
224 寻找自然界的洞穴
226 日本哺乳类的分布图（一）
228 日本哺乳类的分布图（二）
230 日本哺乳类的分布图（三）
232 生物月历

——去山上看动物——

244 ● 体形大却温驯的马来貘

爬虫类、两栖类

246 爬虫类、两栖类的观察
248 蜥蜴与草蜥——相似的同类
250 壁虎——悄悄靠近灯光的忍者
252 蛇——低调生活还是遭人嫌弃
254 乌龟——最爱晒太阳
256 去听听蛙鸣声
258 青蛙——它们的生态
260 蝾螈与山椒鱼——不为人知的生活
262 生物月历

鱼类、贝类

264 观察时的用具与服装
266 思索我们的河川
268 调查河川污染
270 栖息在河川上游与中游的生物
272 香鱼——在河里与海中度过一年的寿命
274 鲑鱼——洄游之后，回到出生的河川
276 栖息在河川下游的生物
278 栖息在池底或湖底的生物
280 鱼的身体与生活

282 栖息在泥滩地里的生物
284 栖息在沙地上的生物
286 栖息在岩岸边的生物
288 找找潮池
290 用箱型镜来看看潮池
292 被海浪冲上岸的东西
294 鱼店里能看到的鱼类及贝类
296 生物月历

——去看岸滨的生物——

308 ● 亚马孙是生物的宝库

植物

310 观察时的用具与服装
312 寻找住家附近的杂草
314 一年四季都来观察
316 田间能看到的杂草
318 为植物素描
320 蒲公英——身边花朵的生活史
322 行道树——宁静的绿色街树
324 寻找报春的植物
326 堇菜——种类繁多的可爱花朵
328 藤蔓植物——攀附在其他物体上生存
330 槲寄生——根附在其他树木上生存
332 依赖动物或人类运送的种子
334 凭借自然力量旅行的种子
336 播种培育
338 收集橡实与落叶
340 植物如何越冬
342 水生植物——在水中生活的植物
344 湿地的植物
346 海边的植物
348 蕨类与苔藓类——靠孢子繁殖
350 寻找身边的菌类
352 采集蕈类的孢子纹
354 住家附近能看到的蕈类
356 深入了解蕈类
258 生物月历

——去观察秋天的植物——

368 ● 世界上最大的花——大王花

资料

370 作为自然观察的指标生物
372 生物的分类
374 索引

自然观察之前

自然是一个生物体

摄取能量生存的植物与动物

所有的生物都必须摄取能量才能进行一切活动。产生这些能量的源头就是给予我们大量光芒的太阳。能够直接利用太阳光线的是植物；植物利用空气中的二氧化碳、从土壤中吸收的水分，以及阳光，来进行光合作用、制造养分。食用这些植物以摄取能量的是草食性动物，而吃了草食性动物便可以取得能量的，就是肉食性动物。人类则是通过食用植物及动物来摄取能量，属于杂食性动物。

大自然维持着生物的生命

我们用具体的例子来了解这个过程。鹫或老鹰等猛禽为了生存，需要捕捉兔子、老鼠或小鸟等为食。一只猛禽需要大量的食物。对兔子、老鼠、小鸟而言，昆虫或植物又是它们生存的必需品，而这些的需求量理所当然地更多。也就是说，为了维持一只鹫或老鹰的生存，必须要有广大又资源丰富的森林。在河川中也上演着同样的事。肉食性鱼类为了生存，必须以大量的小鱼或青蛙等作为食物。而这些小鱼或青蛙为了生存，也各自需要不同的生物作为食物，因此就必须要有物种丰富而干净的河川。

能量不断地循环着

到目前为止，鹫或老鹰这种生物一直都没有天敌，可是它们毕竟还是会有死亡的一天。一旦死亡，它们的尸体就会被埋葬，被各种昆虫啃食，甚至被生活在土地上的各种小动物或菌类食用或分解，最后回到土壤中。像这样吃与被吃的自然关系，便是能量的庞大的流动与循环。

自然与人类的关系

自然的平衡已开始崩塌

吃与被吃这种自然的关系称为食物链。食物链的形成建立在丰富的森林与河川的基础上。因此，当这个基础因为某些因素而被摧毁时，这些平衡便会遭受巨大的破坏。如果植物变少，食用这些植物的小动物便会减少，而以这些小动物维生的动物也会无法生存。河川中也是一样的。因食物减少而灭绝或濒临绝种的动物会越来越多。

持续寻求能量的人类

那么，破坏基础的又是谁呢？拥有这种破坏力量的只有人类了。人类为了追求更加舒适的生活，对自然做了各种各样的破坏——砍伐森林，开辟耕地，栽培农作物，把牛与鸡当成家畜驯养。这么做可以确保食物来源的稳定，而这也成为人类求生存所展现的“智慧”。以前，人类数量远比今天稀少，还能够与自然之间取得平衡。如今，全球人口激增，所需的食物和饮水的量就变得十分庞大。此外，为了盖房子、使用纸张，人类更进一步地砍伐森林；为了享受更舒适的生活，人类在工厂制造各种生活用品。然而，工厂运作所需的能量势必要从大自然取得。于是，人类不停使用在大自然中积存了几千万年的煤炭或石油等能源，并且大肆在河川上兴建水坝，即使破坏了自然河川的样貌，也要取得水力发电的能源。人类为了获取能源，把作为循环基础的大自然破坏殆尽，甚至忘了这将夺走生存于其中的生命。这虽然令人悲哀，但也正是当今人类的现状。

与自然和谐共存

生活的一切都与自然息息相关

我们现在的生活，并不是自己制作食物来食用的自给自足的生活。制作食物的人与我们之间，还有许多其他的人。因此我们便自然而然地认为，现在的生活是与自然毫不相干的。这么想可是大错特错。其实我们现在的生活没有一项与自然无关。前面说的制造物品所用的燃料便是自然的产物。既然我们生活所需的一切都取之于自然，那么我们是不是也该更加温柔地对待大自然呢？

森林、河川与我们

森林利用太阳能进行光合作用，把多余的氧气释放到大气之中。它还是鸟类与动物的栖息地，为它们提供庇护。森林的地面吸收了丰沛的雨水。雨水转变为流动的地下水，再以涌泉的方式流出地表，汇聚成小小的水流，最后形成河川。我们从河川取得饮用水、生活用水、工厂用水，甚至利用水坝发电。如果把树木砍光，雨水就无法渗入地下，而是直接从地表流走，导致河川与人类的关系日趋恶劣。所以，我们一定要认识到森林的重要性。

守护森林、河川与生物

现在，完全保留原貌的自然森林已经极为稀少。相比之下，砍伐自然森林之后重新栽种的人造杉树林或桧树林，其中的生物种类远少于自然森林。我们不能再继续伤害大自然的时代已经来临。大自然是我们生活的源泉，而我们与森林、河川和动物都紧密地相互依存着。我们要了解彼此之间的关系，也要进一步观察其他生物的生活情形。

有关生物的采集与饲养

为了解生物所进行的采集

想要知道生物们的生活以及它们彼此之间的关系，一定要经常到野外走走。亲身体验是非常重要的。用手触摸，靠近观看，就能更深入了解这个生物。这也正是采集的目的。然而，现在的大自然比起数十年前已经有很大的改变。森林或河川经过人工改造，其中的生物数量锐减。尽管我们只是为了观察而进行采集，如果不多加留意，也很难保存目前的自然状态，因为就算是为数众多的生物，如果一直不断地被拿取，也很容易在短时间内濒临绝种。因此，建议大家采集之后尽可能在现场进行观察，完毕后立即恢复原状。如果要带回家，就要想清楚目的是什么，自行判断后再做决定。

选择饲养的东西很重要

如果说采集观察是深入了解生物的方法之一，那么饲养则能更进一步认识该生物的生活情形。可是，饲养却有个很大的问题。因为我们没办法为生物提供与自然相同的环境，一旦生物进入这个有限的范围——而且还是人工的环境，这对它们来说绝不是一件好事。以昆虫为例，在转变为成虫后的短暂生命期间，大部分昆虫都只为了繁殖后代，所以捕捉成虫就会断绝了下一代的繁衍。本书所列举的生物中，能在饲养时受到伤害较小的就只有成虫前的昆虫和生活在河里的小鱼。把水槽设计成接近自然的环境，不要使用气泵等多余的装置，只要能维持与自然的调和，就能进行饲养的工作。参考右图中的水槽，试着做做看吧。此外，以饲养动物为工作的是动物园与水族馆。我们能在那里近距离观察动物的姿态与生活，所以多多利用动物园与水族馆吧。

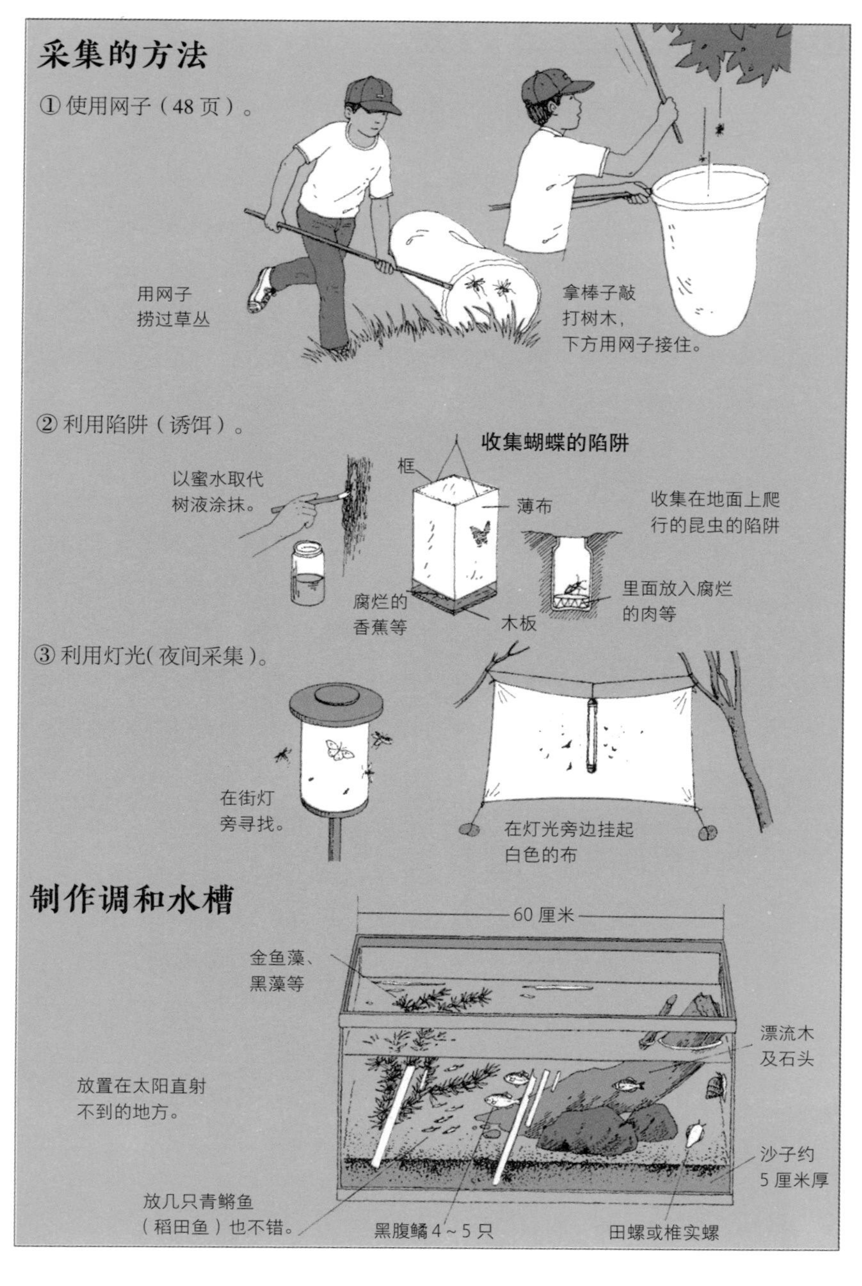
采集的方法
① 使用网子（48 页）。
用网子
捞过草丛
拿棒子敲
打树木，
下方用网子接住。
② 利用陷阱（诱饵）。
收集蝴蝶的陷阱
以蜜水取代
树液涂抹。
框
薄布
收集在地面上爬
行的昆虫的陷阱
腐烂的
香蕉等
木板
里面放入腐烂
的肉等
③ 利用灯光(夜间采集)。
在街灯
旁寻找。
在灯光旁边挂起
白色的布
制作调和水槽
60 厘米
金鱼藻、
黑藻等
漂流木
及石头
放置在太阳直射
不到的地方。
沙子约
5 厘米厚
放几只青鳉鱼
（稻田鱼）也不错。
黑腹鳑 4 ~ 5 只
田螺或椎实螺

进行自然观察的方法

走到各处去看看

首先，我们到野外去走走。从家附近开始也可以。光是走路，在不同的地点间移动，就能知道各式各样的自然生态。去了10个地方，就能了解10种自然面貌。只要环境稍有不同，生活在那里的生物也会不一样。仅仅相距几米远，生长的植物便会不同，可能是因为日照，也说不定是人为造成。仔细想想环境的因素，充分运用五官去感受。

停下来观察

偶尔停下来，看看植物的茎、叶、花，它们在这个季节呈现什么样的状态呢？这个地方是否有昆虫出没？也看看叶背。如果有树木的话，查看一下是否有鸟儿飞来。有些鸟儿喜欢停在高高的树梢上，有些喜欢停在低矮的枝头上，有些则喜欢树干。不同的鸟类在一棵树上有明显不同的栖息地。像这样的栖息地区别，也是了解它们生活的重点。

随着时间进行观察

植物一旦生了根，便无法离开。所以植物一日间以及随着四季更迭产生的变化，你只要有兴趣及恒心，就能够持续观察到。动物则不同，会四处移动生活，因为它们不像植物能自行制造养分，所以必须去寻找食物，同时也要逃离把它们当成食物的天敌。动物会移动，这使得随着时间去观察动物有些困难，可是只要能够知道该动物的生活习性，要观察也并非不可能。有一点难度的观察更具有挑战性。

依场所而不同
杉树
柿子树
草地
梨树
橘
田地
栲树
栗树
橡树
公园
樱树
小学
草地
净水厂
依高度而不同
大山雀
灰椋鸟
蝉
吉丁虫
蚂蚁
卡氏地蛛
依时间而不同
标签
如果是哺乳类，要记住特征，进行观察。
调查植物在夜晚和白天的变化。
棉花
帮动物做记号，以便追踪。
例如脸颊上毛的长度、颜色等特征。

红毛猩猩的栖息森林

森林一旦消失，居住其间的所有生物都会失去栖息地。生活在东南亚丛林内的红毛猩猩便是面临这种危机的动物之一。红毛猩猩在马来语中被称为“Orang utan”，意指森林中的人。在树上生活的它们，若失去森林，便无法生存。现在，它们仅存于婆罗洲与苏门答腊。目前这两个岛上都有人饲养着红毛猩猩，或是对被偷猎的红毛猩猩进行保护，并建立设施让它们回到自然森林。于是我前往位于苏门答腊的柏霍洛克（注：该地有红毛猩猩复育站）。那里的大部分红毛猩猩在很小的时候便被带离母亲身边，来到人类居住的地方。由于缺乏母爱，它们精神上受到创伤，连爬树等行为都不会，如果只是将它们放回森林，它们还是会无法存活。所以，饲养员只能定时喂给香蕉或牛奶等食物，帮助它们渐渐习惯森林的生活。当天，我看到 7 只红毛猩猩，有些很快便来接近人类，有些则只是远远地从树上看着。我衷心祈愿，它们能早日回到森林里生活。

昆虫类
与其他的虫

观察时的用具与服装

配合目的来准备用具

昆虫在分类上属于节肢动物门的昆虫纲。昆虫数量众多，约占所有动物种类数量的四分之三。仅是有记录的种类数量就有约80万种。昆虫的身体分为头部、胸部、腹部三部分，胸部长有三对胸足。对我们而言，昆虫可说是身边很常见的生物。不过，大部分的昆虫都很小，也不会乖巧地让人观察。如果是比较熟悉昆虫的人，就连飞过眼前的蝴蝶，他们都能判断出是雄性还是雌性，那是因为他们有就近观察的丰富经验。要捉住会飞的昆虫，就要使用捕虫网。蜜蜂有蜇伤人的危险，所以捉到后要将它们移到瓶子里。可以用标签或纸胶带绑在陷阱附近的树枝上，之后才能很容易找到设置陷阱的地方。要配合观察目的选取适合的用具。

灵活运用口袋多的衣服

至于服装，要选择容易活动且不怕弄脏的衣服。在选择上衣时，就算是夏天也最好选长袖。这样才能防止虫类叮咬及植物刺伤，而且直接接触阳光的部分越少，越不容易疲劳。同样的道理，穿长裤也是比较好的选择，而且宽松一点的比较容易活动。因为观察的用具大多为细长型，所以容易拿出东西的多口袋服装会很方便。钓具店和贩售照相器材的店都会贩卖多口袋式的背心，可多加利用。鞋子部分，穿习惯的运动鞋就可以，也推荐长筒雨靴；走在森林中的泥泞地或草丛里时，穿长筒雨靴可以不用太在意脚下。买的时候要先检查鞋底，选择不易滑倒的材质。这种鞋可以在钓具店买到。无论出门时天气多么晴朗，都不要忘记携带雨衣或雨伞。要准备一把比较轻便的雨伞。

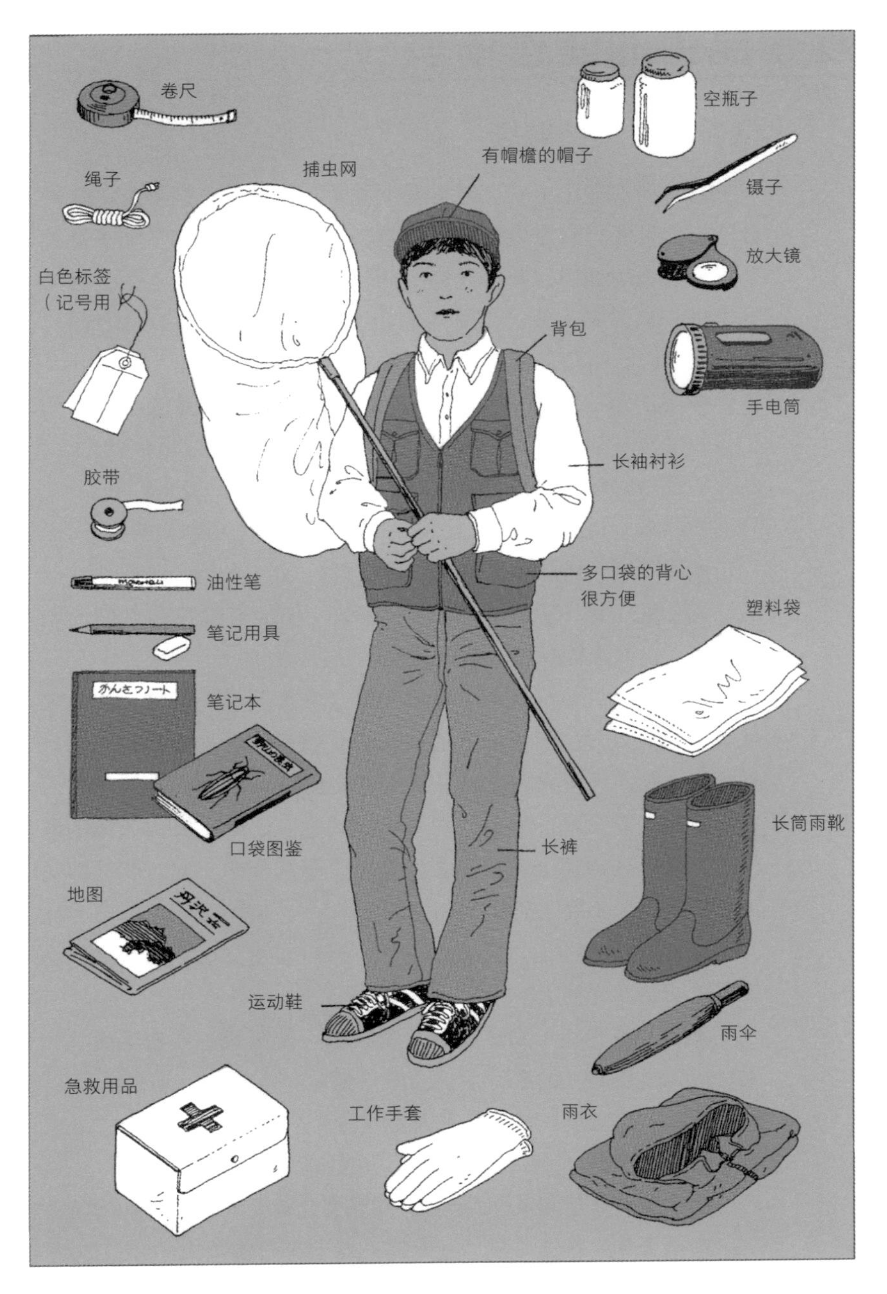
卷尺
空瓶子
有帽檐的帽子
绳子
捕虫网
镊子
放大镜
白色标签
（记号用）
背包
手电筒
长袖衬衫
胶带
多口袋的背心
很方便
油性笔
塑料袋
笔记用具
笔记本
长筒雨靴
口袋图鉴
长裤
地图
运动鞋
雨伞
急救用品
工作手套
雨衣

观察昆虫的注意事项

请勿用手直接触摸

近距离观察昆虫时可能会发生危险。昆虫的毒性是为了保护自己。如果觉得它有毒就必须扑杀，那么就错了。请多加了解关于危险生物的知识，并尽量避免危险发生。绝对不要空手去触摸昆虫——这是第一步。万一不幸发生危险，除了恙螨、山蛭外，涂抹抗组织胺药膏是最有效的方法。

蜂 被蜇的地方会红肿剧痛。被胡蜂蜇到还可能会导致死亡。如果被蜂蜇过几次，大部分人都会出现严重的过敏症状。

华夏短猛蚁 被刺到的地方会感觉到剧痛，并变得红肿。

松藻虫 伤处剧烈痛楚，红肿，发痒，感觉很像被蜇到。

黑尾叶蝉 剧烈的瘙痒会持续很久。

蚋 虻 蠓（吸血小黑蚊） 斑蚊 伤处有尖锐的刺痛及剧痒。可在皮肤上涂抹防蚊液防止被叮咬。

扁虱 伤处刺痛红肿。大多扁虱会在皮肤黏上好几天。如果强力拔除，口器会留下来，造成伤口化脓。靠近火边并在它松口时尽快去除。可事先在皮肤上涂抹防蚊液。

恙螨 恙虫病的媒介，可能造成死亡。恙螨会吸取人体的淋巴液，大约两周后会造成患者发烧，全身起疹子。此时要立即送医。平时尽量不要去恙螨聚集的地方。

山蛭 被咬的地方会流血不停，所以要用加压止血法。但伤处不太会感到疼痛。

毒蛾 茶毒蛾 白纹毒蛾 黄毒蛾 黄刺蛾 赤松毛虫 如果触摸到幼虫身上的毒针毛，会感觉到疼痛及剧痒。

蜈蚣 伤处剧烈疼痛，并且红肿。

日本红螯蛛 伤处剧烈疼痛，并且红肿（参阅 30 页）。

隐翅虫 碰触到虫子的体液，皮肤会觉得很痒，然后越来越痛。

青拟天牛 伤处红肿、起水泡，看起来很像烫伤。

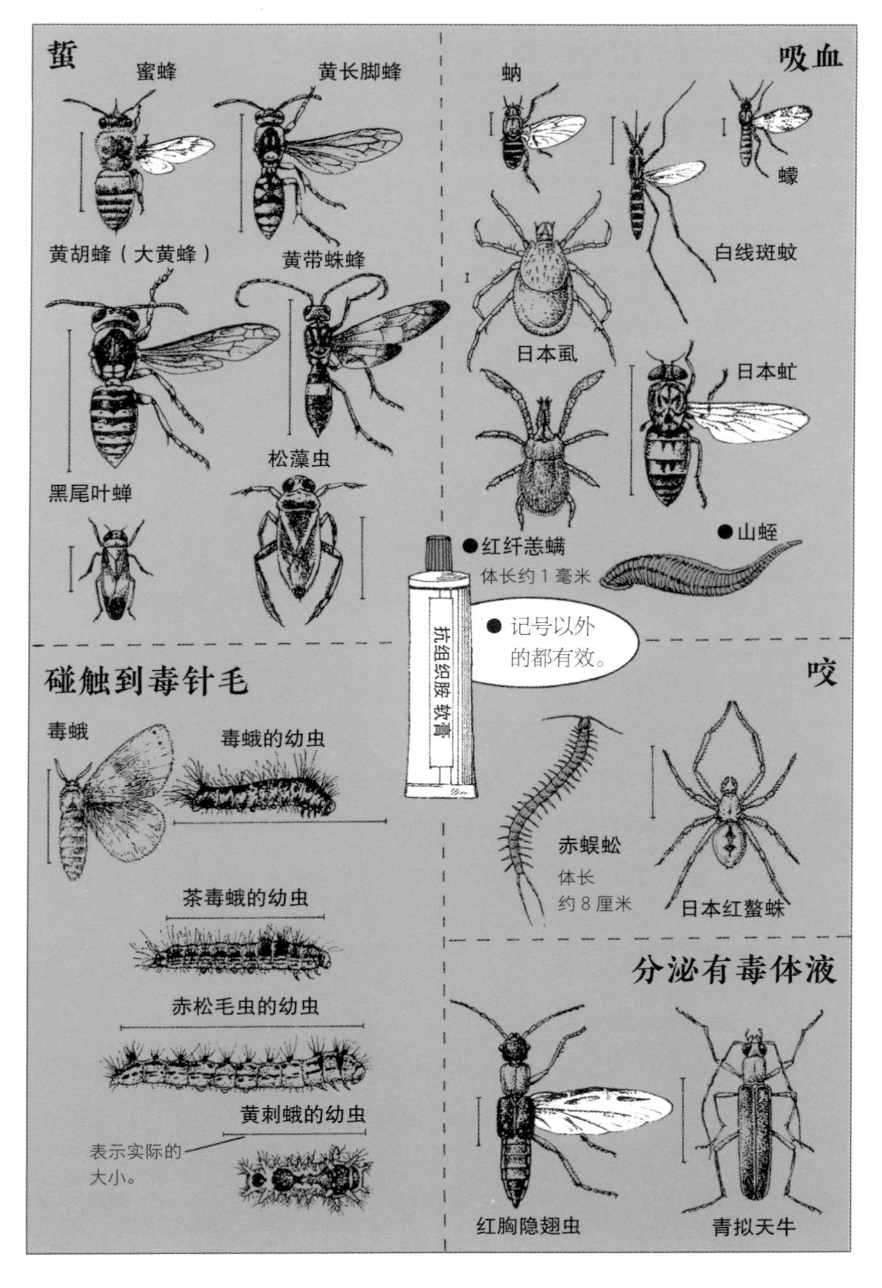
螫
蜜蜂
黄长脚蜂
黄胡蜂（大黄蜂）
黄带蛛蜂
松藻虫
黑尾叶蝉
吸血
蚋
蠓
白线斑蚊
日本虱
日本虻
●红纤恙螨
体长约 1 毫米
●山蛭
抗组织胺 软膏
● 记号以外
的都有效。
碰触到毒针毛
毒蛾
毒蛾的幼虫
茶毒蛾的幼虫
赤松毛虫的幼虫
黄刺蛾的幼虫
表示实际的
大小。
咬
赤蜈蚣
体长
约 8 厘米
日本红螯蛛
分泌有毒体液
红胸隐翅虫
青拟天牛

寻找身边的昆虫

在主场寻找昆虫

主场是棒球比赛中常听到的术语，指的是能够让本地球员不断练习、对每个角落都十分熟悉的主队球场。我们观察自然时的主场就是我们的家里和家里周围。先在这里学习自然观察的方法，等建立自信后再到其他的地方，你学到方法就能派上很大的用场。所以就在我们的主场寻找身边的生物吧。

白天与夜晚的观察

厨房里有只小苍蝇，正缓慢地飞来飞去。追着它走，只见它停在水槽角落的垃圾筐里。我们打开水槽下方的柜子，看到蟑螂迅速逃走。平常很少打开的上层衣柜里又会是什么情形呢？拿张椅凳站在上面瞧瞧，也许会发现里面布满了蜘蛛网。像这样能陆陆续续发现生物的家，大概女主人不太有洁癖吧。不过即使再爱干净的家庭，也一定还是能够找到些什么东西。主场的优势就是无论白天或黑夜都能进行观察。尤其到了晚上，趋光而来的昆虫很多，而蜘蛛与壁虎也正虎视眈眈地以这些昆虫为目标。晚上，也到住家周围转转吧。

制作生物地图

家里或附近的生物种类，视这间房子位于何处而有很大的不同。都会区的公寓、郊区绿化很好的独栋洋房，或是附近有森林的乡下房子，到了夜晚都可能会有独角仙或金龟子飞来。无论在哪里，这份记录都是珍贵的。记下自己的家位于什么样的环境，制作一份生物地图吧。至于每一种生物做了些什么，也可以在旁边加以说明。

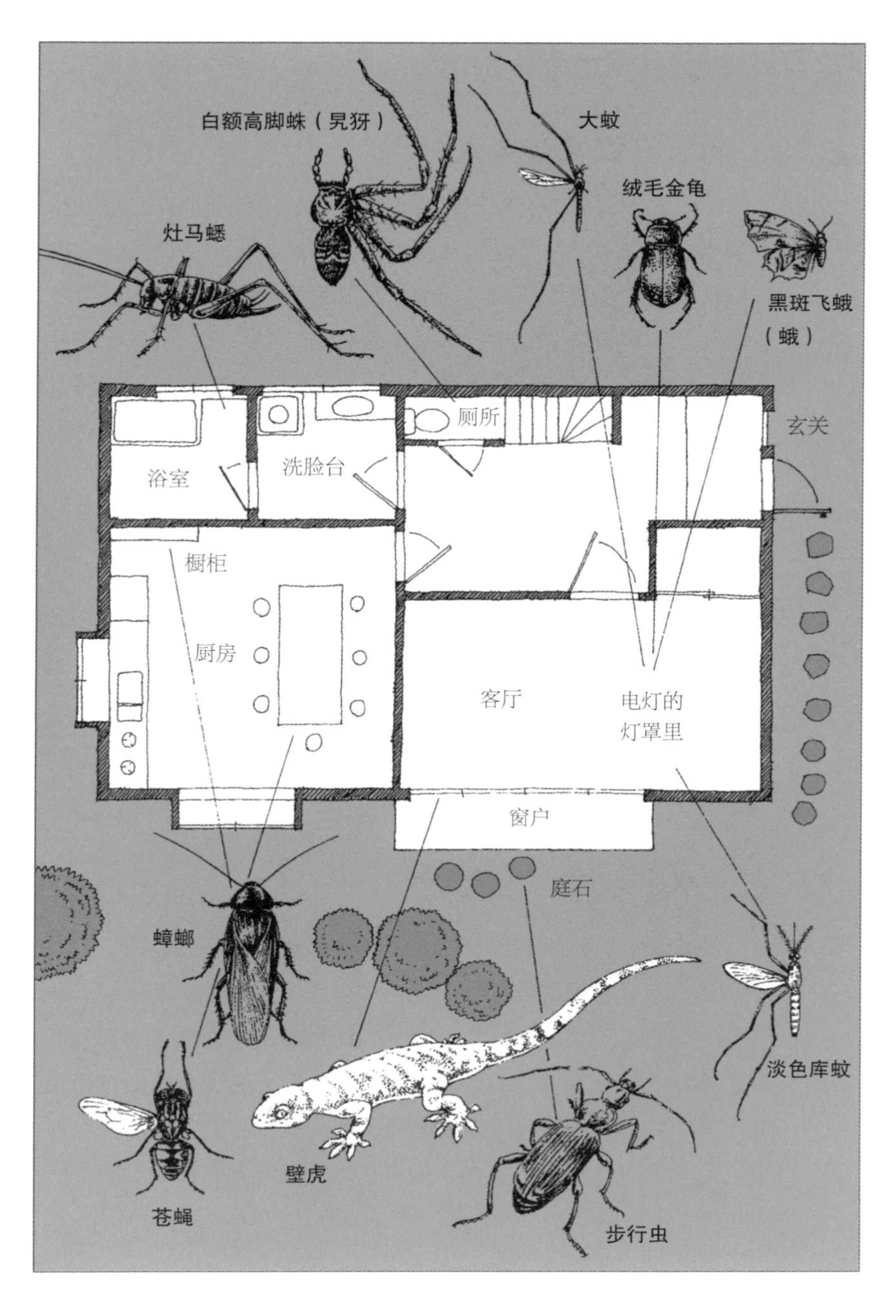
白额高脚蛛（旯犽）
大蚊
绒毛金龟
灶马蟋
黑斑飞蛾
（蛾）
厕所
玄关
浴室
洗脸台
橱柜
厨房
客厅
电灯的
灯罩里
窗户
庭石
蟑螂
淡色库蚊
壁虎
苍蝇
步行虫

观察昆虫的三种方法

① 想想它们吃些什么

就像我们每天都会吃饭，活动一整天然后睡觉一样，每一种生物都有各自不同的生活习性。对于了解这些生物来说知道它们以吃什么维生是很重要的。仔细想想身边的昆虫。苍蝇，似乎是以吃我们的剩饭残羹维生。米或小麦粉里的玉米象、吃豆子的豆象虫，也都是以我们的食物维生。不过有些昆虫吃的却是我们不认为是食物的东西，包括吃书背糨糊部分的衣鱼，以羊毛、丝织品等动物性衣料为食物的鲣节虫，还有吃木材的白蚁。

② 想想它们与人类的关系

虽然上面所举的例子都是在我们生活中会造成困扰的昆虫，但在自然界中它们还是有天敌的，例如蜘蛛或壁虎一类。认为蜘蛛很恶心，会想要把它们赶走的人，如果知道蜘蛛吃些什么、过怎么样的生活，可能想法就会大大改变。事实上蜘蛛在生活上对我们有很大的助益。

③ 远观、近看

苍蝇也好，蜘蛛也罢，就用一整天来追踪它们的行动。它们吃些什么，与它们喜爱栖息的地方可是息息相关的。接下来，拿起放大镜靠近一点看。仔细看看它们的脸部和手脚，这么一来可以感觉到这只生物与我们特别接近，说不定还能发现它们在天花板上爬来爬去而不会掉下来的秘密。在远处看它们的行动，在近处看它们的身体构造。这两个动作，是观察所有生物时最基本的方法。

靠近一点，把它们放大看
丽蝇的脸
丽蝇的脚
追踪一整天的行动（举例）
下午 2 点，
停在日照充足
的榻榻米上。
早上 11 点，
停在厨房的垃圾篮上。
观察飞到鱼上
的苍蝇。
黄腹厕蝇
下午 6 点，
餐桌上准备好晚餐后，
马上就飞过来了。
丽蝇
停在电灯上
的苍蝇，跟丽蝇
不一样。

能在家中看见的蜘蛛

蜘蛛不属于昆虫，学校应该已经教过。蜘蛛这一类，与昆虫类、甲壳类（虾、螃蟹）并列，同属于节肢动物门。只要是活的昆虫，都是蜘蛛的食物，所以有昆虫出没的地方，就看得见它们。即使是位于市中心的家里，也应该有蜘蛛的身影存在。家中常见的蜘蛛有体形较大的白额高脚蛛，小蜘蛛则有两个眼睛像车头灯的跳蛛等。

观察蜘蛛捕食

说到蜘蛛，大家一定会立刻想到圆形的蜘蛛网，然而事实上有一半以上种类的蜘蛛是不结网的。白额高脚蛛及跳蛛都是不结网的蜘蛛，它们为了捕捉苍蝇或蟑螂等昆虫而在家里四处走动。一旦发现猎物，它们会先缓缓靠近，然后迅速地跳上前去捕捉。就算与猎物一起从高处落下，它们也能射出丝线沿线垂降，不让猎物逃走。在住家附近常见的结网蜘蛛，通常是横纹金蛛或大腹鬼蛛等同类。蜘蛛并不住在蜘蛛网上，也不在上面哺育下一代，蜘蛛网只是为了捕捉猎物所设的陷阱。我们试着恶作剧一下，把树叶丢向蜘蛛网，蜘蛛会怎么样呢？看到网子稍微有些破损，蜘蛛会将它补好吗？

观察的重点

①不结网的蜘蛛会到哪里去寻找猎物？

②如果找到蜘蛛网，要观查它的高度、大小、形状及周围的环境。

③如果看见蜘蛛正在结网，要调查结网方向的顺序，以及结网所花费的时间。试着摸摸看纵向与横向的网纹。

④在等待猎物上门时，它们都躲在哪里？

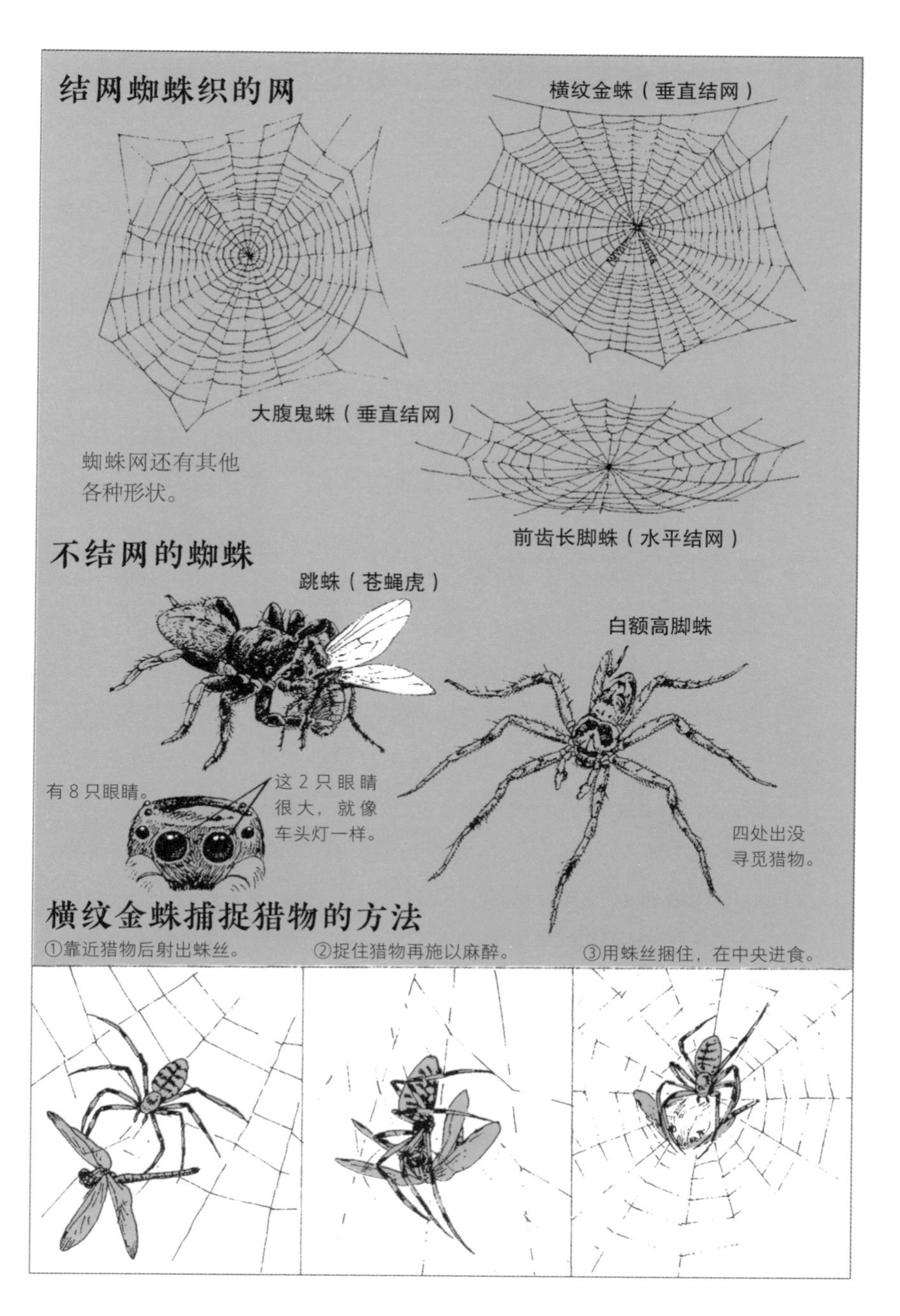
结网蜘蛛织的网
横纹金蛛（垂直结网）
大腹鬼蛛（垂直结网）
蜘蛛网还有其他
各种形状。
前齿长脚蛛（水平结网）
不结网的蜘蛛
跳蛛（苍蝇虎）
白额高脚蛛
有 8 只眼睛。
这 2 只眼睛
很大，就像
车头灯一样。
四处出没
寻觅猎物。
横纹金蛛捕捉猎物的方法
①靠近猎物后射出蛛丝。
②捉住猎物再施以麻醉。
③用蛛丝捆住，在中央进食。

蜘蛛——采集并就近观察

利用空瓶子捕捉

不管在住家附近还是野外，发现蜘蛛时，最重要的是先保持安静，仔细观察它正在做什么。如果想更进一步了解这只蜘蛛，就捕捉它。最简单的方式是用倒扣的空瓶子盖住它，或是把它赶进瓶里。徒手抓当然也可以，但有可能会被蜘蛛伤害到，如果是白额高脚蛛那类大型蜘蛛，虽然没有毒性，但被咬到也会很痛，因此放入瓶中的做法是比较安全的。如果同一个瓶子要放进几只，就要做出隔间，因为可能会有互食的情形。

制作怪异巢穴的蜘蛛

在石墙或庭院的树下，有一种蜘蛛会筑出长型袋状的巢穴来等待猎物，那就是卡氏地蛛。只要昆虫或鼠妇等经过上方，它就会飞扑出去将猎物拖回巢中。用树叶等东西碰触袋状巢穴上方，看看卡式地蛛的行动吧。此外，在夏季前往芒草生长的地方去看看。仔细注意叶子，会看见小小卷折而膨起来的地方，那大多是日本红螯蛛的巢穴。之前虽然提过蜘蛛并不会住在自己的巢里，但卡氏地蛛或日本红螯蛛一类的巢穴，也同时是它们的住所。日本红螯蛛的母蛛会在巢中产卵，而从卵里孵化出来的小蜘蛛在完成一次脱皮后，就会把母亲吃掉。

蜘蛛的敌人

蜘蛛的敌人很多，包括青蛙、壁虎、鸟等，而其中专门以蜘蛛为食的是蛛蜂。蛛蜂会将针刺进蜘蛛身体中，麻痹蜘蛛后，送回蜂巢并在它身体上产卵，接着再以这只活的蜘蛛身体为食，孵化养育小蛛蜂。

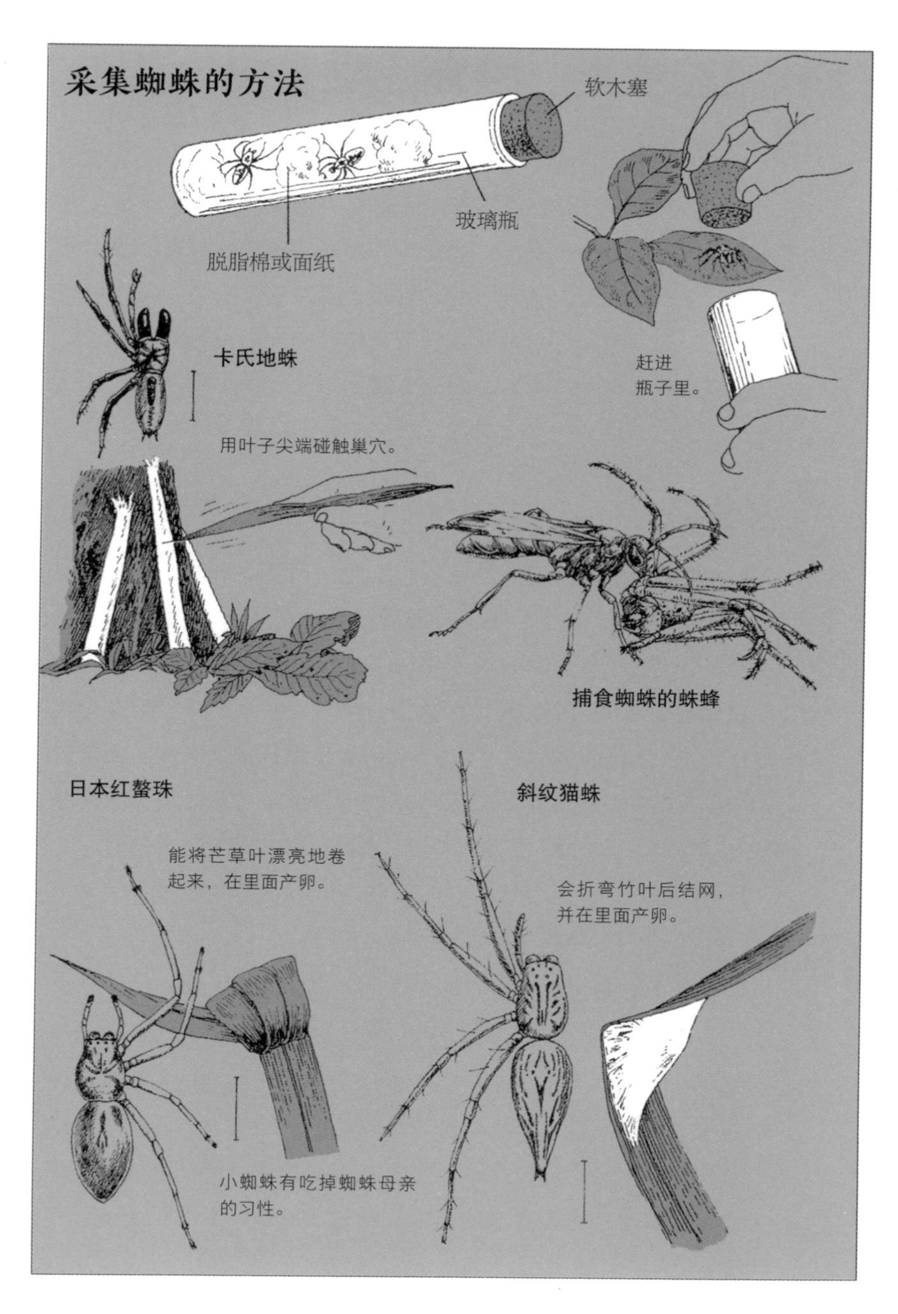
采集蜘蛛的方法
软木塞
玻璃瓶
脱脂棉或面纸
卡氏地蛛
赶进
瓶子里。
用叶子尖端碰触巢穴。
捕食蜘蛛的蛛蜂
日本红螯珠
能将芒草叶漂亮地卷
起来，在里面产卵。
斜纹猫蛛
会折弯竹叶后结网，
并在里面产卵。
小蜘蛛有吃掉蜘蛛母亲
的习性。

蚂蚁——春季的结婚飞行

蚁后与雄蚁的邂逅

6月初，仔细留意一下庭院或附近的空地，是不是有长了翅膀的黑蚂蚁在飞呢？有时窗边爬着许多长了翅膀的蚂蚁，你吓了一跳，以为是白蚁，仔细一看却是黑色的蚂蚁。这是一年一度能见到蚂蚁“结婚飞行”的时期。拥有翅膀的蚁后与同样拥有翅膀的雄蚁进行交配后，蚁后会降落在地面上，然后挖掘洞穴，开始筑巢。

筑巢的样子

蚁后降落到地上之后，已经没有用的翅膀会脱落，然后它就会在地面挖掘洞穴产卵。雄蚁的数量多于蚁后，它们无论是否与蚁后交配，全都会死亡。蚁后产卵后，蚁卵会在约60天左右孵化出工蚁（雌）。蚁后由成长后的工蚁供养食物，然后继续产卵，让蚂蚁的巢穴在地底下壮大。4～5年过后巢穴的规模就会很可观，这时除了工蚁外，还会生下雄蚁与蚁后。大自然的运作，真是令人感到不可思议。这些雄蚁与蚁后，又将踏上“结婚飞行”的旅程。

互助合作的蚂蚁与蚜虫

蚂蚁中，分别有担负产卵使命的蚁后（寿命约10年）、生来为了与蚁后交配的雄蚁（寿命约6个月），以及负责寻找食物和照顾蚁后、卵、幼虫的工蚁（寿命约1年）。蚂蚁主要的食物来源包括花蜜、动物尸骸，以及蚜虫分泌的蜜汁。工蚁只要用触角碰碰蚜虫，蚜虫就会把从树或草所吸收并囤积在体内的汁液从尾部排出。蚂蚁对得到这些蜜汁的回报，就是守护蚜虫不受瓢虫等天敌侵害。

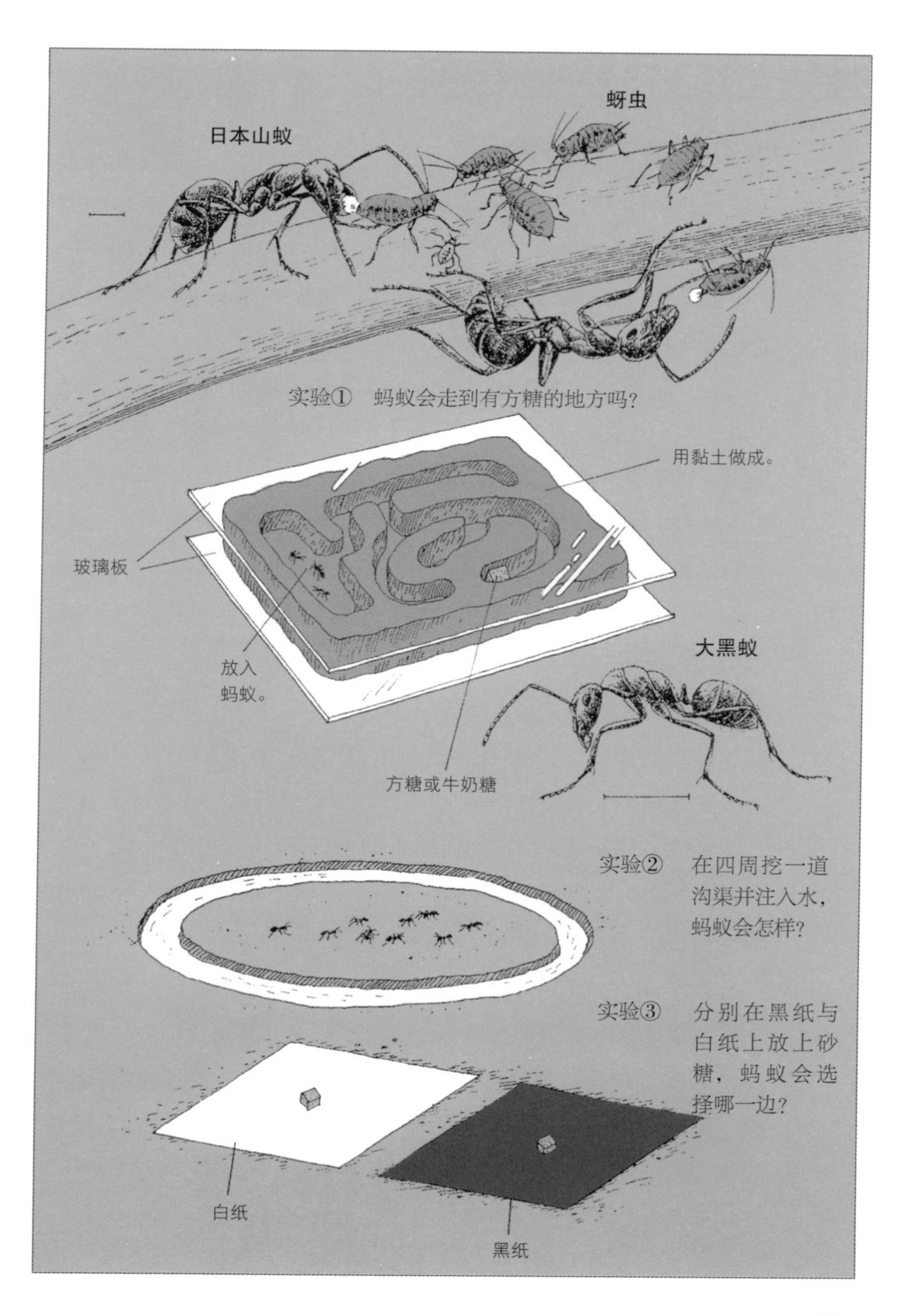
蚜虫
日本山蚁
实验①　蚂蚁会走到有方糖的地方吗?
用黏土做成。
玻璃板
大黑蚁
放入
蚂蚁。
方糖或牛奶糖
实验②　在四周挖一道沟渠并注入水，蚂蚁会怎样?
实验③　分别在黑纸与白纸上放上砂糖，蚂蚁会选择哪一边?
白纸
黑纸

蜗牛——跟着痕迹走

晴天和雨天的行动

找找看蜗牛，它们在哪儿呢？与角蝾螺同属螺贝一类的蜗牛，最喜爱的就是潮湿的地方。晴天时，它们白天会躲在阴影处，到了晚上才出来活动。所以在覆满落叶的石头或倒塌树木下潮湿的地方找找看吧。仔细看看外壳，入口处有一层防止干燥的薄膜。雨天或下过雨后，就算是白天它们也会出来活动，所以穿上你的雨衣，出门去吧。从一片叶子移到另一片叶子时或爬上藤蔓时利用腹足的方式、外壳的形状及左旋或右旋等，都是观察的重点。蜗牛外壳上的螺旋，会随着成长而有越来越多圈。成年蜗牛外壳上的螺旋有 4 ~ 5 圈。

标上记号追踪它一整天的行动

依照右页的方式在蜗牛身上做个记号，观察它们会去哪里，以及做些什么事。每 30 分钟或 1 小时记录一次它们的移动地点，这么一来蜗牛的行动地图就完成了。只要持续地记录下去，便能了解到蜗牛是否每天都在同样的场所活动等有趣的生态。

蜗牛的生活

蜗牛的口中有个长得很像锉刀的牙齿，称为齿舌，能将叶子、花及苔藓等削下来吃掉，吃过后会留下一条细沟槽般的痕迹。齿舌不容易看到，可以把蜗牛放在玻璃板上，用放大镜从背面观察。完全成年的蜗牛会在 5 月至 7 月之间交配。蜗牛并没有雄性或雌性的分别，每只蜗牛都兼具双性的机能，在交配时互换精子，并且都会产卵。它们把卵产在浅浅挖出的土层中。

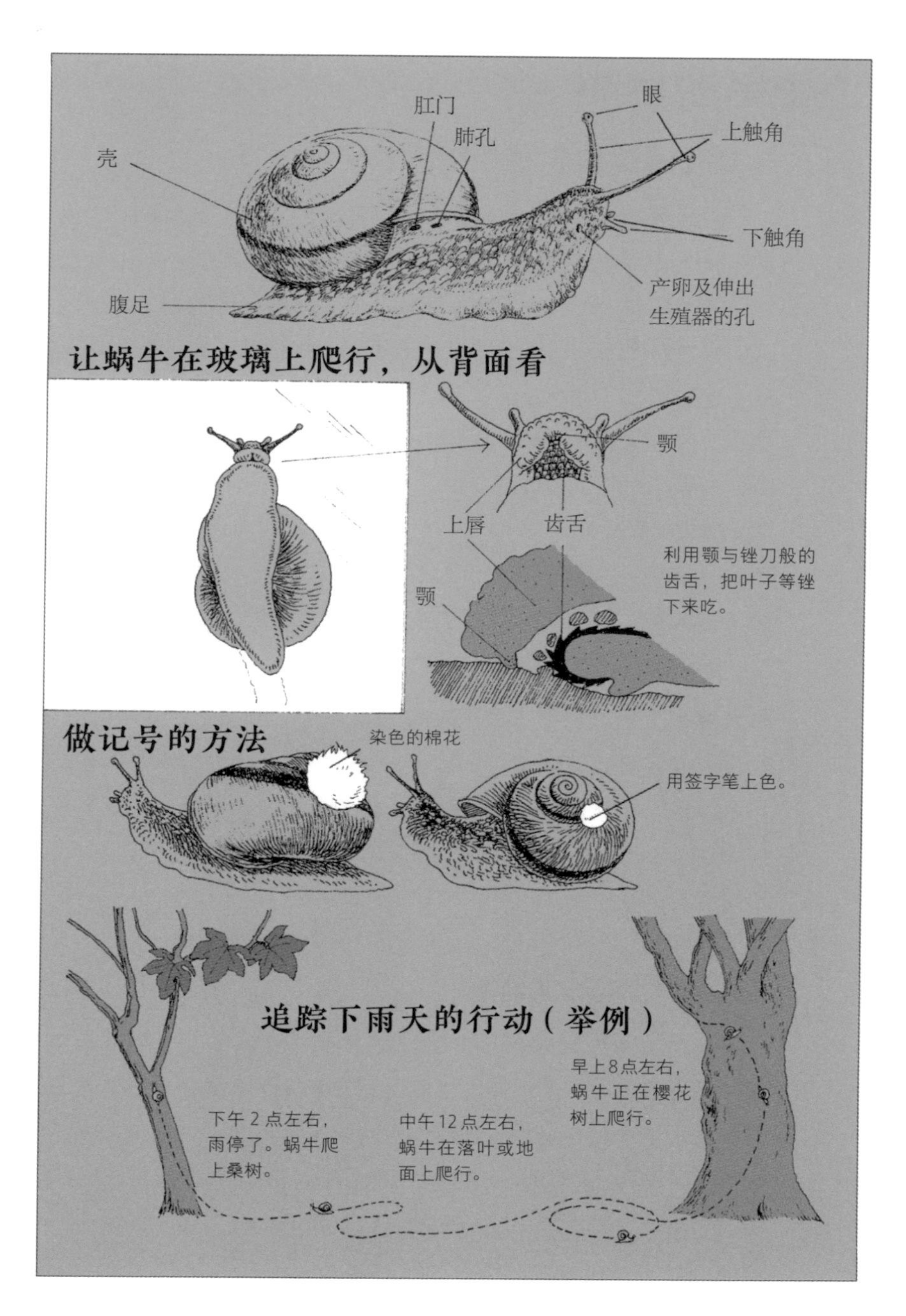
眼
肛门
肺孔
壳
上触角
下触角
产卵及伸出
生殖器的孔
腹足
让蜗牛在玻璃上爬行，从背面看
颚
上唇
齿舌
利用颚与锉刀般的
齿舌，把叶子等锉
下来吃。
颚
做记号的方法
染色的棉花
用签字笔上色。
追踪下雨天的行动（举例）
早上8点左右，
蜗牛正在樱花
树上爬行。
下午2点左右，
雨停了。蜗牛爬
上桑树。
中午12点左右，
蜗牛在落叶或地
面上爬行。

水沟里的昆虫

一到夜晚就很容易找到生物

往道路两旁的水沟里瞧瞧，随着雨天的水流，里面积了不少泥泞及落叶。翻翻落叶，找找看有没有昆虫躲在里面。在干燥地方与潮湿地方的昆虫应该也会不同。右图是某天晚上在水沟里发现的生物。因为从白天开始就一直下雨，水沟里相当潮湿。用大型手电筒照射，并翻起落叶，昆虫便缓缓蠕动爬出来了。不只有昆虫，还有鼠妇与蚯蚓。比起白天，晚上所能见到的生物数量更多。如果是不知道名称的昆虫，就用镊子（或竹筷）把它夹到空瓶子里进行观察。

一碰就会放出臭味的步行虫

虽然很倒霉地被取了垃圾虫这样的俗称，但是步行虫可不是吃垃圾维生的。相反，它猎捕的是体形更小且专吃垃圾的昆虫。经常可以在落叶、垃圾、堆肥下方找到它。步行虫的特征是会放出令人讨厌的臭味。只要一碰到放屁虫与小细颈步行虫，就会砰的一声，冒出一团白色的烟。如果不小心碰触到白烟，有些人还可能会起水泡。所以要注意，千万不要让烟跑到眼睛里。

吃动物尸体的埋葬虫

如果水沟里有死老鼠，就一定会看到埋葬虫。不只是水沟里，连森林中动物的尸体旁也能看到。但比起吃动物尸体，北海道红胸埋葬虫更喜欢捉蚯蚓或蜗牛吃。水沟里除了垃圾虫、埋葬虫以外，也有其他翅膀很美丽的昆虫存在。

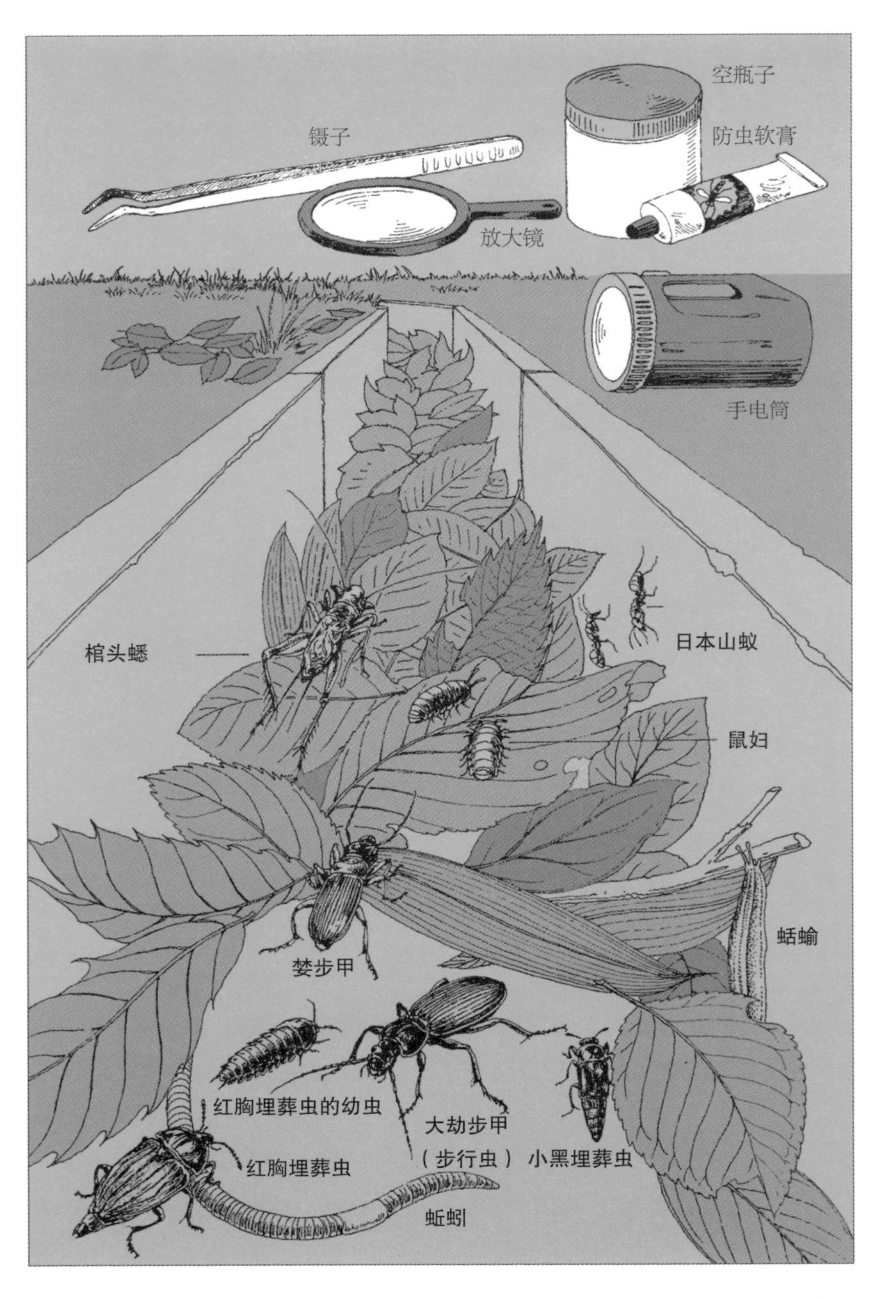
空瓶子
镊子
防虫软膏
放大镜
手电筒
棺头蟋
日本山蚁
鼠妇
蛞蝓
婪步甲
红胸埋葬虫的幼虫
大劫步甲
（步行虫）
小黑埋葬虫
红胸埋葬虫
蚯蚓

聚集在夜晚灯光下的昆虫

会聚在哪种灯光下呢？

晚上，在住家附近走一走吧。玄关的灯光下或街灯下，是否有昆虫聚集呢？如有发现，就照以下的事项观察吧。

①调查灯光的颜色。橙黄色电灯的光线和蓝白色日光灯的光线，哪一处聚集的昆虫比较多呢？

②拼命在灯光四周打转飞舞的昆虫，会停在什么地方呢？比较看看昆虫的颜色与停留地点的颜色。

③有几种昆虫出现呢？数数看吧。

依季节进行观察

夜行性的昆虫要依赖光线飞行，而光线的来源包括月光，或者是人工制造的街灯光线。把有月亮的晚上与漆黑的夜晚比较看看，便能够了解昆虫会在漆黑的夜晚聚集到街灯的光芒下，而且多向蓝白色的灯光聚集。利用这个特性，到野外进行夜间观察吧。参阅 103 页搭起白布，从里面打出日光灯。在春初、夏初、盛夏、夏末等不同的时期，在同样场所进行观察，就会知道聚集而来的昆虫有哪些不同的种类。

不用害怕飞蛾

在聚集到光线下的昆虫中，小型的有叶蝉、草蛉、椿象等。至于飞蛾类，小的不到 1 厘米，大的有展开双翅可达 10 厘米的大水青蛾，种类繁多。有人会认为蛾的鳞粉有毒，或是所有的蛾都有毒针毛，但事实并非如此。尾端有毒针毛的只限于毒蛾、茶毒蛾、白纹毒蛾、黄毒蛾等几类成年雌蛾。只要能注意这些，观察时就不必那么紧张兮兮了。

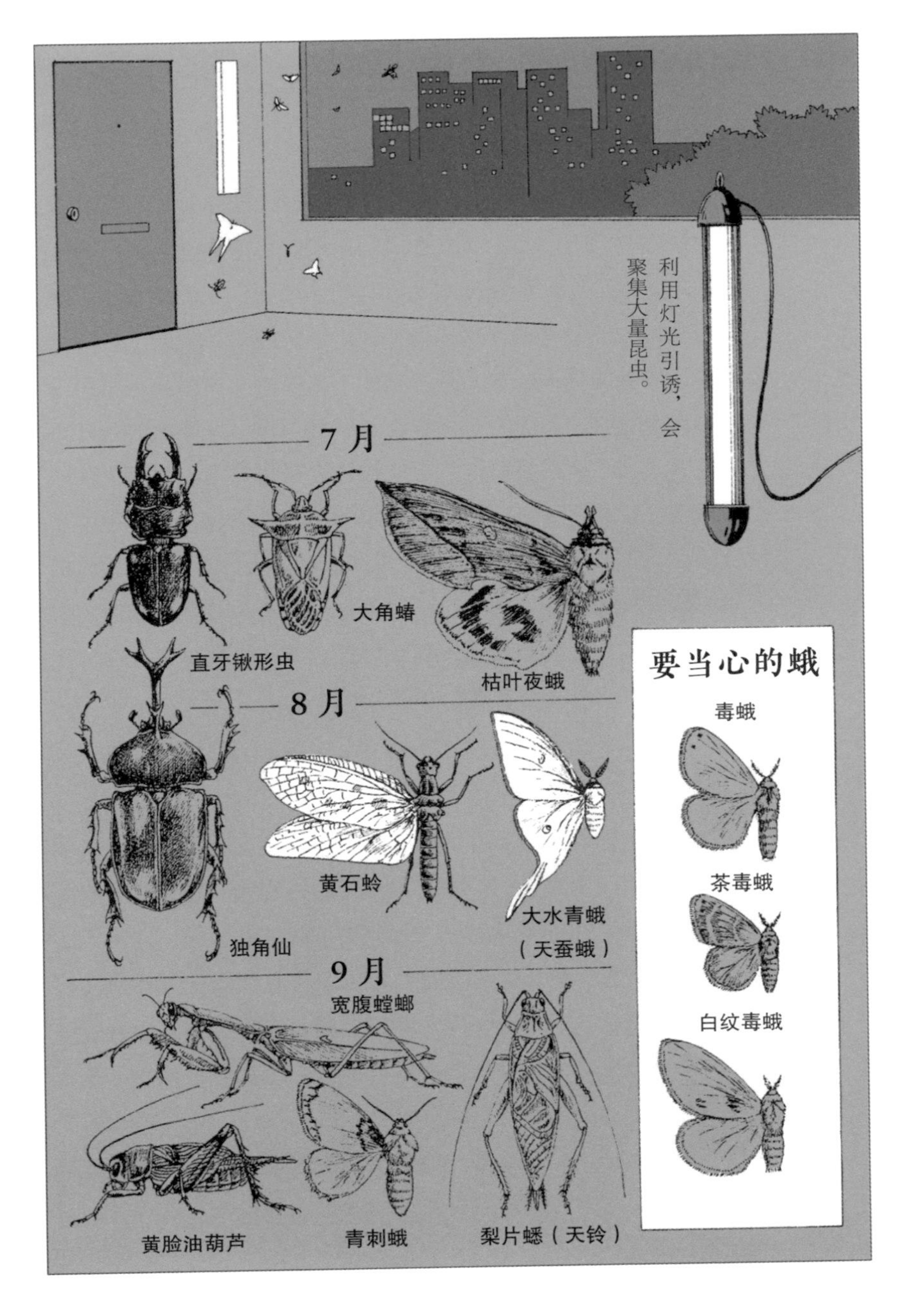
利用灯光引诱，会聚集大量昆虫。
7月
大角蝽
直牙锹形虫
枯叶夜蛾
8月
黄石蛉
大水青蛾
（天蚕蛾）
独角仙
9月
宽腹螳螂
黄脸油葫芦
青刺蛾
梨片蟋（天铃）
要当心的蛾
毒蛾
茶毒蛾
白纹毒蛾

蛾与蝴蝶有什么不同呢?

蛾的研究仍有许多未知的部分

如果你问蛾与蝶有什么不同，通常都会得到以下的回答：①蛾在夜间活动，而蝶在白天活动。②停下来的时候，蛾的翅膀是展开的，而蝶的翅膀则是收合的。的确，我们平日所看到的蛾与蝶，大部分都拥有这样的特征。继续同一个问题，还有人会回答：③蛾的身体较胖，鳞粉很多，而蝶的身体细长，鳞粉没有蛾那么多。④蛾的触角有线状、羽状等模样，但蝶的触角就只是棍棒状。会这么回答的人，对昆虫已经颇为熟悉。然而上面四点都只能说是我们所知的昆虫中极少的一部分而已，还有很多是例外的。日本的蛾有约 5000 种（蝶约 250 种），而世界上的蛾则有约 18 万种（蝶约 1 万种）。比起蝴蝶，有关蛾的研究进展还很缓慢。事实上对于一开始的提问，也没有很清楚的答案。你可能觉得不以为然，但蛾身上仍有许多未解之谜。

晚上出门去观察蛾

蝶与蛾一样，飞行所需的能量都很多。而且在飞行中，身体的温度也必须高于气温。经常在白天活动的蝴蝶，凭借着太阳的热能来温暖身体并飞行。然而大部分在夜晚活动的蛾，因为无法借助太阳的能量，所以必须振动自己的身体让体温上升后再飞起来。观察看看吧。跟蝴蝶一样，蛾的食物是花蜜与树液，有些则会吸取桃子或无花果等果实的汁液。进食方式较为奇特的则是天蛾科一类，它们会在空中微微地振动翅膀与身体，在保持相对静止的飞行状态下，以长长的口器吸取花蜜或树液。请前往树林里寻找分泌树液的树，或是到月见草、月光花等夜晚绽放的花朵附近去等等看。

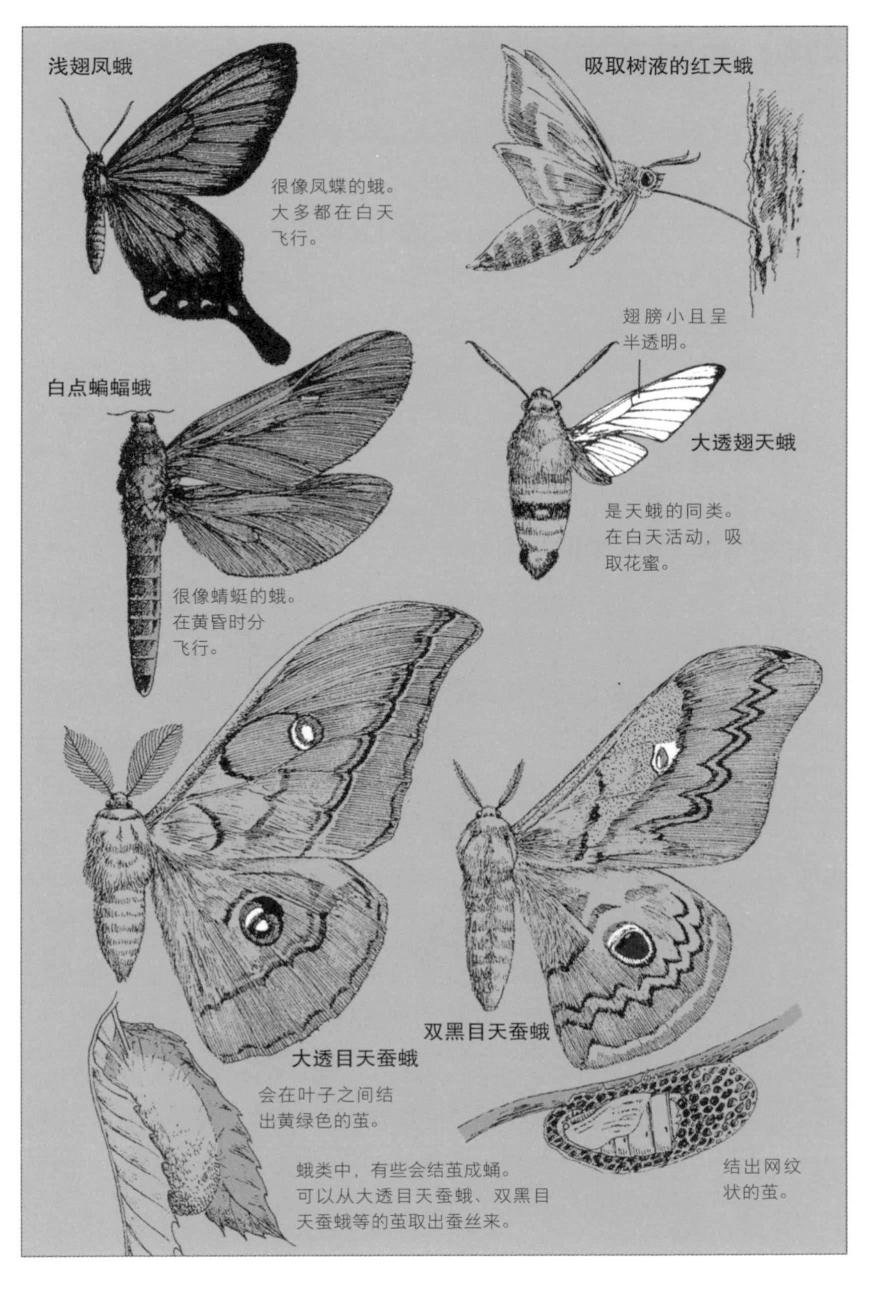
浅翅凤蛾
很像凤蝶的蛾。
大多都在白天
飞行。
吸取树液的红天蛾
翅膀小且呈
半透明。
白点蝙蝠蛾
大透翅天蛾
是天蛾的同类。
在白天活动，吸
取花蜜。
很像蜻蜓的蛾。
在黄昏时分
飞行。
双黑目天蚕蛾
大透目天蚕蛾
会在叶子之间结
出黄绿色的茧。
蛾类中，有些会结茧成蛹。
可以从大透目天蚕蛾、双黑目
天蚕蛾等的茧取出蚕丝来。
结出网纹
状的茧。

到庭院里来的昆虫

什么样的植物会吸引什么样的昆虫

春天、夏天，一直到秋天，庭院或公园的花坛里，都绽放着色彩缤纷的各种花朵。这时蝴蝶、蜜蜂、食蚜蝇、甲虫等纷纷为这些花而前来。什么样的花会吸引什么样的昆虫或蜘蛛呢？请在花前坐一会儿，观察看看吧。虽然这需要很大的耐心和毅力，但只要花 1 小时左右观查，并记录有哪些生物前来，就可以很清楚昆虫活动的状态。昆虫们在什么时段活动最为频繁呢？当时的气温及湿度又是如何呢？

想想它们为何而来

昆虫们前来的目的是什么呢？仔细瞧瞧，会发现来花朵上的昆虫与在叶子及茎上的昆虫种类不同。来找花朵的昆虫，都会吸取花蜜或吃花粉。蝴蝶或蜜蜂飞到花朵上时，是如何取得食物的呢？请悄悄地靠近观察它们吧。像杜鹃花之类呈筒状的花朵，在花心深处有花蜜。有办法把口器伸入内部的蝴蝶，以及会钻进深处的蜜蜂，都是哪些种类呢？

不只花朵，也要注意叶子与花茎

总是找寻花朵的蝴蝶竟停在叶子上方，你是不是觉得很奇怪？于是你起了莫大的兴趣，想知道它在做什么。有些在稍作休息，有些则弯起肚子产卵。如果是产卵，那么等蝴蝶飞走以后，就用放大镜看看虫卵。这株植物与吸食花蜜时的植物相同吗？还是不一样呢？这些植物对昆虫而言，有些是成虫的食物，有些则是从卵变幼虫时的食物。

蔷薇旁的昆虫
（5~6月）
小绿花金龟
蜜蜂
红灰蝶
日本豆
金龟
红铜丽
金龟
甘蓝夜蛾
的幼虫
青蛾蜡蝉的幼虫
群聚在一起。
青蛾蜡蝉
菊花旁的昆虫（9~10月）
黄钩蛱蝶
大红蛱蝶
家长脚蜂
条鲣象鼻虫
食蚜蝇
艾草铜金花虫
稻绿椿象
金翅夜蛾
的幼虫

田野山间能看到的昆虫

对环境进行调查是很重要的

将前页所进行的观察，以田野或山间能看到的植物为中心再做一次。先调查什么样的植物会吸引什么样的昆虫，再调查它们来做什么。接着再稍微扩大主题，调查与周遭环境有关的事项，例如它们喜欢的是日照充足的地方，还是有阴影的地方等。以蝴蝶来说，白粉蝶、凤蝶、金凤蝶等喜欢明亮开阔的场所，而黑条白粉蝶、黑凤蝶、美姝凤蝶等则喜爱日阴与日照交错的地方。昆虫是变温动物，接受太阳的热能以后，体温就会逐渐上升。所以热能吸收率高的暗色蝴蝶，就会尽量避开日照。在记录昆虫种类的同时，也要将发现时的地点与环境清楚地写下来。

昆虫都会找上特定的植物

这样调查下来，就可以了解某种昆虫喜爱的环境，以及被它们当成食物的植物种类。反过来，如果要寻找昆虫，只要先找到植物即可，而且这比在广大的范围里寻找昆虫，这要轻松多了。接下来所举的例子是依蝴蝶种类选择的食用植物（给幼虫当食物的植物）。这些只是很少的一部分，你也可以自己去调查看看。

白粉蝶、黑条白粉蝶、黄钩粉蝶……………………十字花科

宽边黄粉蝶、黄纹粉蝶……………………………………豆科

凤蝶、黑凤蝶、乌鸦凤蝶………………………………芸香科

眼蝶亚科类……………………………………………………禾本科

此外，有些蝴蝶只食用几种植物，而且也有只吃一种植物的蝴蝶，例如大紫蛱蝶就只食用朴树这一种植物。

十字花科植物旁的昆虫
（3～4月）
白粉蝶
宽边
黄粉蝶
凤蝶（春季型）
蜜蜂
食蚜蝇
小猿叶虫
菜蝽
白粉蝶的幼虫
芸香科植物旁的昆虫（5~6月）
凤蝶（夏季型）
黑凤蝶
黑熊蜂
柑橘潜叶蛾
的食痕
凤蝶的幼虫
红蜡介壳虫
稻绿椿象
星天牛
的幼虫
黑凤蝶的幼虫

蝴蝶——调查它们喜爱的颜色

蒲公英旁的蝴蝶和杜鹃花旁的蝴蝶

调查一下蒲公英花旁的蝴蝶吧。在住家附近飞舞的有黑条白粉蝶、蓝灰蝶、琉璃小灰蝶、凤蝶等，而在田野附近飞舞的则是白粉蝶、黄纹粉蝶、黄钩蛱蝶、红灰蝶等。那么，杜鹃花旁又是什么呢？静待一会儿，又黑又大的黑凤蝶、乌鸦凤蝶、美姝凤蝶等纷纷出现了。然而就算附近有白粉蝶，但它似乎不知杜鹃花在这儿便飞过去了。这到底是为什么呢？右图的实验就是为了确定这一点。

做实验调查蝴蝶喜爱的颜色

实验的地点要选在花朵盛开、蝴蝶飞舞的场所。在厚纸板上涂上颜色或贴上彩色纸，分别放置在相距 1～2 米的地方。这样做会造成什么结果呢？根据所做的实验，可以得知白粉蝶或黑条白粉蝶等粉蝶科完全不会接近红色的纸板。人类接收光的波长，可以看见红、橙、黄、绿、蓝、靛、紫等颜色，但是还有我们眼睛所看不到的，例如比红光波长还长的红外线，比紫光波长还短的紫外线等。白粉蝶对红光没有反应，是因为它们看不见红光等波长较长的颜色。

蝴蝶眼中所看到的世界

虽然看不见波长较长的红光，白粉蝶却能看见我们所看不到的紫外线。而且雄蝶能够靠着紫外线分辨出雌蝶。用我们的肉眼，要分辨白粉蝶的雌雄是很困难的，然而只要透过紫外线过滤器进行拍照后，就能发现雄蝶是黑的，而雌蝶是白色的，区分得非常清楚。这是从蝴蝶的眼中所看见的世界。

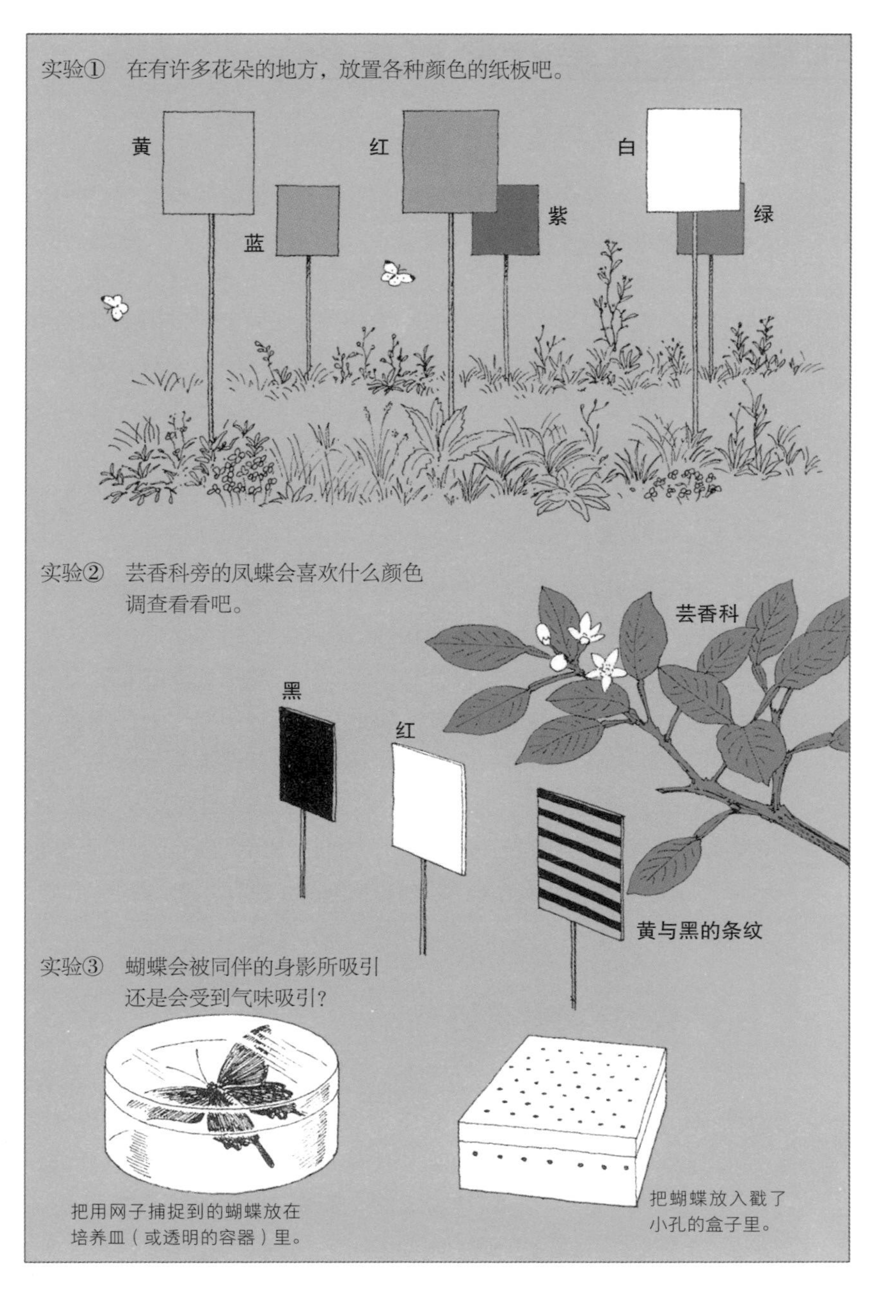
实验① 在有许多花朵的地方，放置各种颜色的纸板吧。
黄
蓝
红
紫
白
绿
实验② 芸香科旁的凤蝶会喜欢什么颜色
调查看看吧。
芸香科
黑
红
黄与黑的条纹
实验③ 蝴蝶会被同伴的身影所吸引
还是会受到气味吸引?
把用网子捕捉到的蝴蝶放在
培养皿（或透明的容器）里。
把蝴蝶放入戳了
小孔的盒子里。

蝴蝶——采集并就近观察

捕捉的地点与方法

先找到蝴蝶会出现的地点：①有花蜜或树液等蝴蝶食物的地方（蝴蝶也会为了喝水来到河边）；②食用植物旁边。这里会有从蛹羽化成虫的雌蝶，也有为了求偶而前来寻觅伴侣的雄蝶。这是寻找蝴蝶的重点。当它们停留在花朵或地面上时，用手抓住网子的底部，从上方迅速盖下。如果捕捉到飞行中的蝴蝶，要赶快把网子扭转起来挡住出口。就算蝴蝶逃走了，也要耐心等待。凤蝶科与粉蝶科大部分都会以同样的路线飞行。

拿起来观察

当网住蝴蝶的时候，先别急着用手抓它们，因为蝴蝶非常容易受伤。要从网子外面先抓住蝴蝶的胸部，接着再拿开网子。用手拿近一点看，就能对蝴蝶有进一步了解，包括翅膀的花纹与颜色、躯干的粗细、触角的形状。如果手边有放大镜，就仔细看放大后的蝴蝶鳞粉。不管看几次，翅膀的花纹都是非常美丽的。日本的蝴蝶约有250种。每一种翅膀的花纹都各自不同，这代表大自然创造出了250种不同的纹样。也看看翅膀内外侧的不同。哪一边比较华丽，哪一边又比较朴素呢？还有，翅膀有没有破掉呢？

回到家一定要做笔记

虽然你也可以现场记录下来，但因为有各种蝴蝶在飞舞，光要捕捉就很忙了，没时间做笔记。趁着当天记忆还很鲜明的时候，一回家就要马上写下采集地点、时间、周遭状况、停留植物的名称。如果不知道名称，就把特征写下来。这页所说的采集方式与记录方法，也可以应用在其他昆虫上。

①迅速挥动网子，把蝴蝶捉进去。
如果是静止的蝴蝶，就用网子从上方盖下去。
②就这样直接把网子往上扬。
在草丛中的昆虫，用捞的方式捕捉。
③ 扭转一圈避免蝴蝶逃跑。
从网子外面抓住。
轻轻用指尖捉住腹部进行观察。
把甲虫放进瓶子里观察。

身边能看到的蜂类

家附近的蜂类

庭院中常见的女贞树与水蜡树开花时，经常会有小只的蜂类在花边飞舞。全身覆盖着黄色毛的这种小蜂，称为熊蜂，几乎不会蜇人，甚至可以停在指尖上，一点都不怕人。但住家附近也会有那些危险的会蜇人的虎头蜂，有时胡蜂也会来筑巢。有关这些蜂类会在哪些地方、筑出什么形状的蜂巢，都记录下来。这么一来就会知道它们是从那个部分开始筑巢的。在你观察蜂巢的时候，千万别靠得太近。胡蜂是最危险的蜂类，被蜇到可能会导致死亡。

观察蜂类飞行的高度

在昆虫界中，蜂的种类也是非常多。身长小至 1 毫米，大至 4 ~ 5 厘米，各种都有。容易观察到蜂类的地点是空地或河岸边。请决定好观察地点，并定期出门。只要追逐着蜂类的行踪，就能明白不同种类的蜂，飞行高度也不尽相同。右页的图，是在日本横滨市郊外的原野上所做的记录。请在自己选好的地点，持续进行观察。

捕捉时要非常小心

要就近观察蜂类，就必须用网子进行捕捉，此时一定要非常小心。因为雌蜂拥有由产卵管特化而来的毒针，用网子捉住要移到瓶子里时，小心不要被蜇到。被捉住的蜂，因为感觉到危险而会变得特别激动，所以要小心翼翼并迅速地将它们移到瓶子里。蜂属于膜翅目昆虫（与蚂蚁相同），其特征为拥有薄膜般的翅膀，而大多数的腹部末端都会变细变窄。请仔细观察它们的体色、外观及大小。

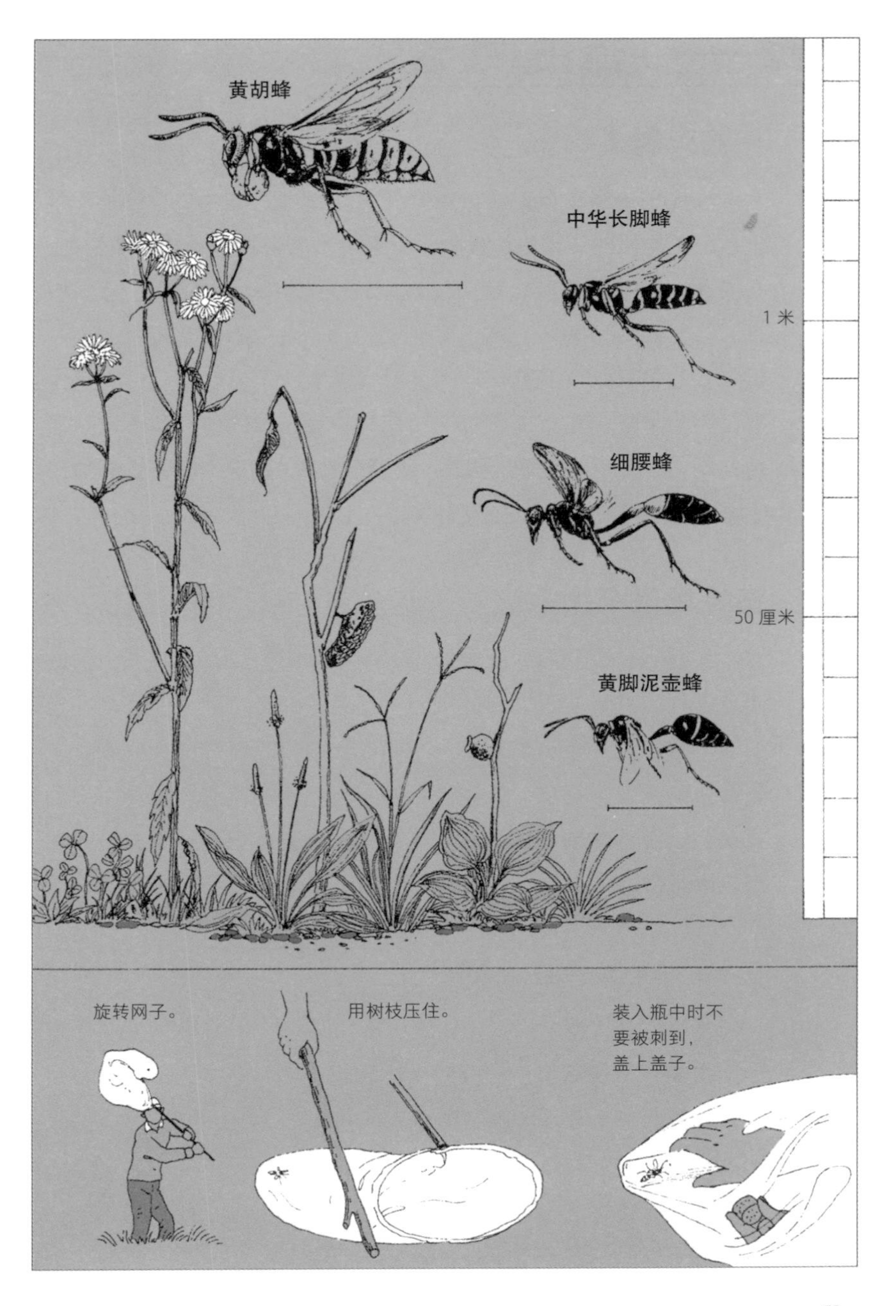
黄胡蜂
中华长脚蜂
1米
细腰蜂
50厘米
黄脚泥壶蜂
旋转网子。
用树枝压住。
装入瓶中时不
要被刺到，
盖上盖子。

将花蜜制成蜂蜜

一提到蜜蜂，首先就会想到蜂蜜。我们人类将富含糖类、维生素、矿物质的蜂蜜用作食物。春天时，只要在油菜花、蒲公英、春飞蓬、樱花前等待，就会发现蜜蜂飞来。蜜蜂不会找上红花，原因与粉蝶（46 页）相同。尽管我们摘下花朵舔舔花蜜，也不觉得有多甜，可是变成蜂蜜后却又觉得那么甜，到底是为什么呢？那是因为采集了花蜜的蜜蜂，回到蜂巢后，与同伴们相继以口器传递花蜜，此时浓度就会变高。接着储存在巢房中时，也同样因为蜜里的水分蒸发，而变得更浓。

蜜蜂巢是个大家庭

在日本，有利用树洞做蜂巢的东方蜜蜂，以及从欧洲引进的西方蜜蜂。养蜂业者饲养的蜜蜂，是经过改良可以大量采集花蜜的西方蜜蜂。一个巢箱就是一个拥有数以万计蜜蜂的大家庭。工整并排的六角形巢房，分为储存蜂蜜与花粉的巢房、养育工蜂的巢房，以及养育雄蜂的巢房。在春天，则会做出让蜂后繁衍养育后代的巢房。

工蜂、雄蜂、蜂后的分工

蜜蜂中各自负责的工作如下所示：

工蜂　清理蜂巢，照顾幼虫，收集花蜜与花粉。全部都是雌性，寿命约 1 个月。

雄蜂　负责与蜂后交配。寿命约 1 个月。

蜂后　负责产卵。与其他蜂巢的雄蜂在空中交配之后，回到蜂巢每天每天不停地产卵。寿命 2 ~ 4 年。

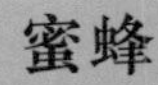

采集花蜜的工蜂

将花粉做成丸状，
放在后脚运送回蜂巢。

与同伴用口传递花蜜后，放进巢房内。满了之后分泌蜂蜡，将巢室盖住密封。

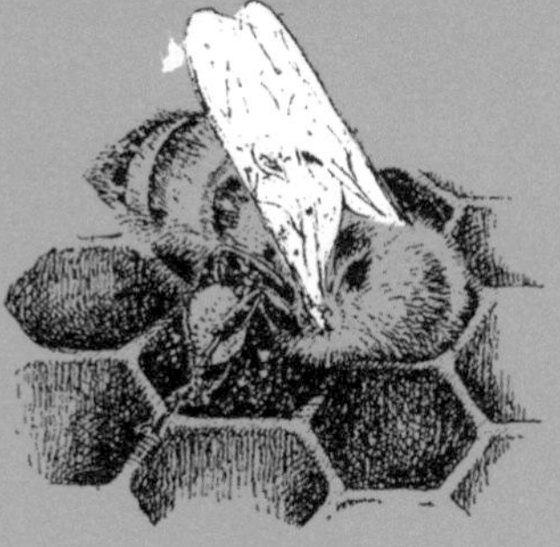

采集花蜜的工蜂与照顾蜂巢的工蜂，是不同的蜜蜂。

将卵一个一个分别产在巢房内。

雄蜂

蜂后的巢房称为王台。从王台孵育出的蜂后们彼此斗争，存活下来的就会成为新的蜂后。原来的蜂后，会带走约半数的工蜂，到别的地方重新筑巢。

完成交配的雄蜂，会被赶出蜂巢然后而亡。

卵会在第 3 天孵化出幼虫。

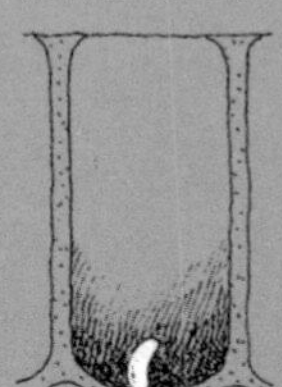

工蜂会喂养幼虫。

以蜂蜡盖住密封后，幼虫会在里面成为蛹。

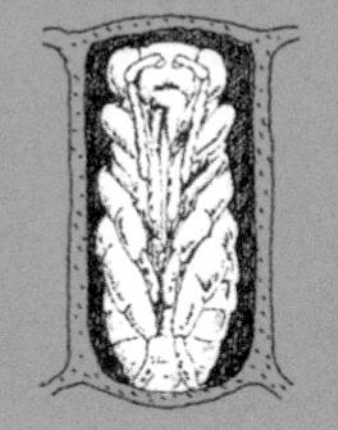

产卵后第 3 周便会羽化出巢。

工蜂

蜂——神奇的筑巢

群居的蜂与独居的蜂

蜜蜂拥有各自负责的工作，进行着社会化的生活，是无法单独生存的蜂类。胡蜂、细黄胡蜂、长脚蜂虽然不像蜜蜂的社群那么大，但也属于群体生活。这些都是群居的蜂类代表，而其他蜂类则几乎都是单独生活。

胡蜂与长脚蜂的筑巢

到了春天，在前一年交配并受精的雌蜂，便会开始筑巢。筑巢的材料，是把树皮与朽木咬碎后，再佐以唾液而制成。当六角形的巢房增加后，雌蜂就会把卵产在里面。由卵孵化出的幼虫，吃母蜂带回来的毛毛虫（蝴蝶或蛾的幼虫）而长大。当它们化为成虫的蜂后，虽然全部都是雌性，却是没有生育能力的工蜂。蜂巢从这时候开始逐渐变大，蜂后持续地产着卵，工蜂的数量也越来越多。到了秋天，蜂后就会产下雄蜂与有产卵能力的雌蜂。雌蜂离开蜂巢后，会与其他蜂巢的雄蜂交配，度过冬天后，于次年春天开始另筑新巢。而雄蜂则会在与雌蜂交配之后就死亡。

独居蜂类的有趣筑巢

来观察单独生活的蜂类吧。切叶蜂正如其名，会切下叶子运到竹筒洞穴中，制作哺育幼虫的巢房，并在巢房中囤积用来饲养幼虫的花粉，之后产下虫卵。角戎泥蜂与黄缘蜾蠃等，会把蛾的幼虫麻痹后，放入泥土做的产室当作饵食，并在产卵后用泥土把入口封起来。另外还有蜂类在地面挖洞，把麻痹后的蛾幼虫放进去并在上面产卵，接着把入口塞住的细腰蜂类。

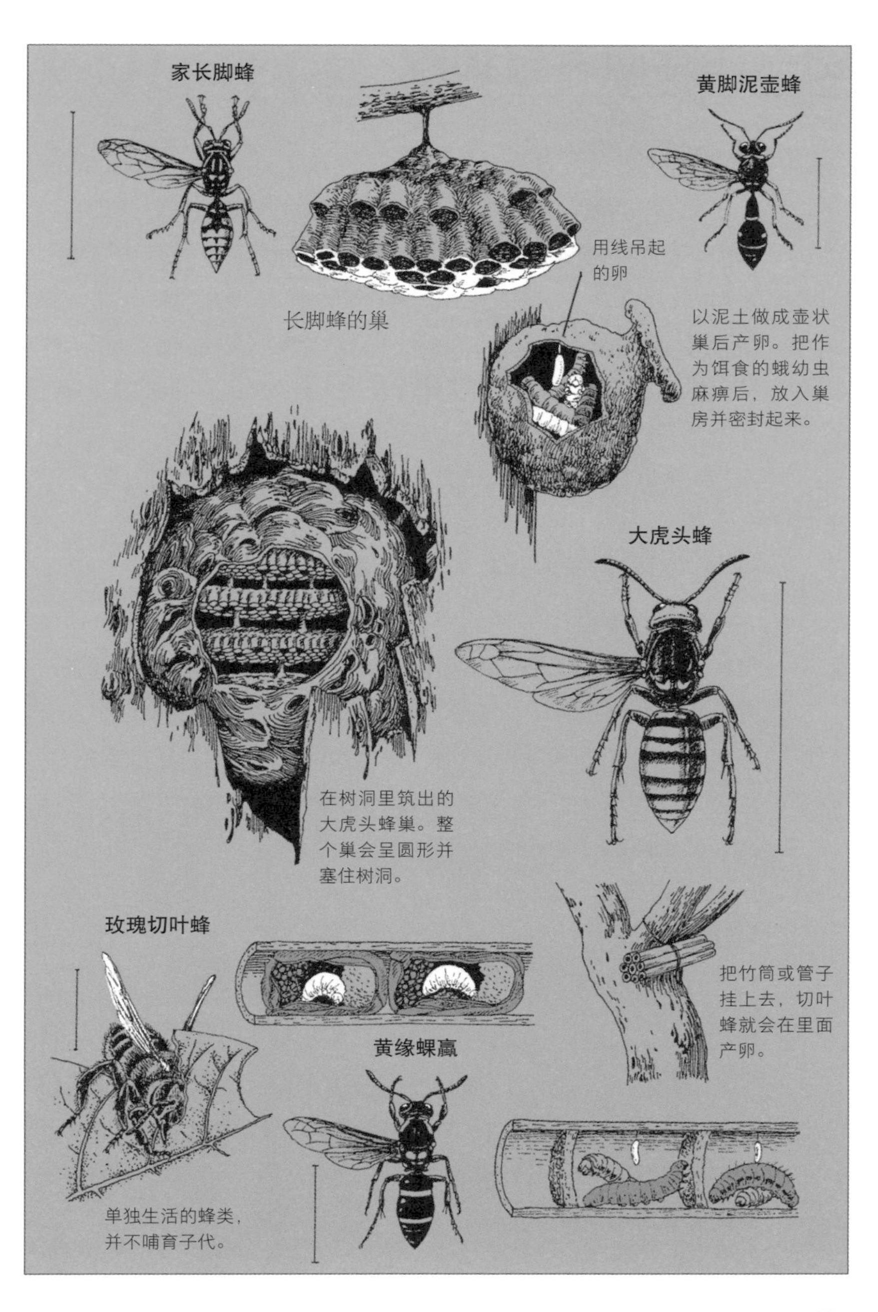

家长脚蜂
长脚蜂的巢
黄脚泥壶蜂
用线吊起
的卵
以泥土做成壶状
巢后产卵。把作
为饵食的蛾幼虫
麻痹后，放入巢
房并密封起来。
大虎头蜂
在树洞里筑出的
大虎头蜂巢。整
个巢会呈圆形并
塞住树洞。
玫瑰切叶蜂
把竹筒或管子
挂上去，切叶
蜂就会在里面
产卵。
黄缘蜾蠃
单独生活的蜂类，
并不哺育子代。

蝉——鸣叫声与蝉蜕

调查蝉鸣的时间

夏天，到处都可以听见蝉的鸣叫声，但蝉是从何时开始鸣叫的呢？所谓蝉的初鸣之日，南北地区并不一样，平地与山区也有差别。如果在一天之中，记下蝉的鸣叫时间，就能获得一些有趣的资料。究竟油蝉是从几点叫到几点？蟪蛄又是怎样呢？把这些结果做成图表，可以发现依种类不同，蝉的鸣叫时间也不一样，有些则会在同样的时间开始鸣叫。你自己居住的地区又是如何呢？这项需要花费时间的调查，是假期很好的研究主题。

家附近能看到的蝉

日本的蝉约有 30 种，而其中能在居民区附近、低海拔山区见到的，有以下几种：体形由大至小排列，依序为熊蝉、油蝉、鸣鸣蝉、暮蝉、寒蝉、蟪蛄。平常看到这 6 种蝉的机会最多。有些地方还可以看到裸蝉、春蝉、虾夷春蝉、姬蝉等。无论哪种蝉，都会待在有高大树木生长的地方。调查一下什么样的树上会有哪些种类的蝉。

收集蝉蜕

仔细看看树干或草叶背面的前端部分，就可以发现蝉蜕。一根树干上，可能会收集到几个蝉蜕。因为蝉蜕很容易破损，所以要放进小盒子或铺有纸巾的小箱子里带回家。如果找到上面有蝉蜕的树，接下来要每隔 2～3 天定期前往，调查蝉蜕的数目，如此就能了解蝉多在什么时间羽化。至于发现蝉蜕的地方，也要测量从地面算起的高度，并记录下来。

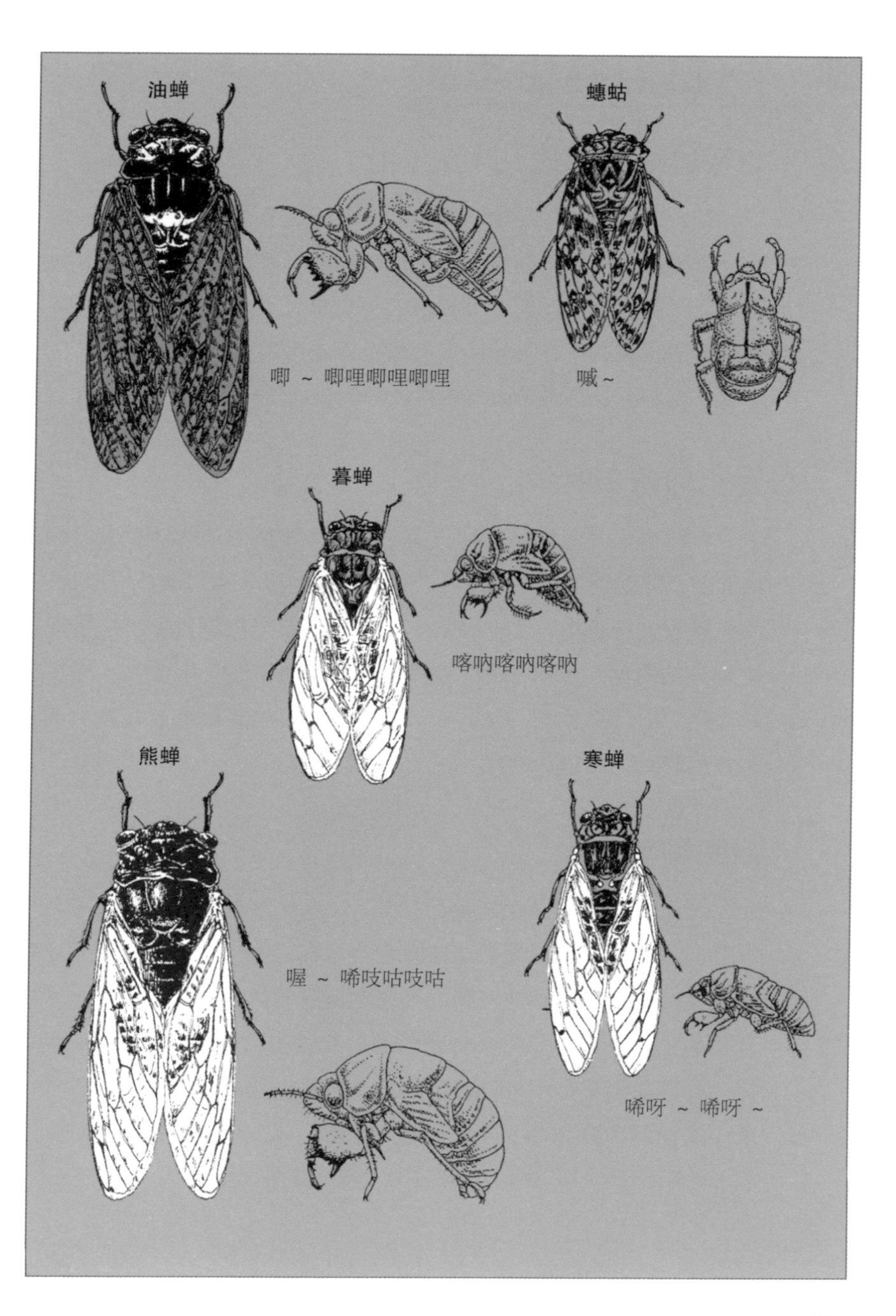
油蝉
蟪蛄
唧～唧哩唧哩唧哩
喊～
暮蝉
喀呐喀呐喀呐
熊蝉
寒蝉
喔～唏吱咕吱咕
唏呀～唏呀～

蝉——它们的生态

短暂的成虫时代

我们所见的蝉，成虫的寿命约为 2 周。所以整个夏天并不是同一只蝉持续鸣叫。在这么短暂的时间里，雄蝉借由鸣叫吸引雌蝉并交配。过一段时间，雌蝉便会停在枯枝等地方开始产卵。雌蝉身体的尾部有根产卵管，产卵管前端有刻纹，能像钻头一样在树枝上挖洞，并在洞里产下虫卵。雌蝉一旦产卵完毕，便会死亡。

漫长的幼虫时代

卵的孵化时间依蝉的种类而不同。孵化后的 1 龄幼虫会落到地面上，并钻进土里。之后就会在土里靠着吸食树根的汁液成长，反复蜕皮。等长为 5 龄（终龄）幼虫后，便即将羽化了。潜伏在土壤中的时间，依蝉的种类而有所不同，有 2 ~ 7 年不等。想想从孵化之后计算蝉的一生，虽然看似很长，但实际上能在蓝天下飞舞的时间，却非常短暂。

观察羽化

羽化多在傍晚至夜间进行。5 龄幼虫从洞里观察四周，确认没有危险之后便爬了出来。这时它全身都是泥土。接着它用爪子固定在树干上，开始往上爬，等找到喜爱的地方时，便会停下来开始羽化。背部裂开的羽化过程很令人感动。如果想要看蝉的羽化，就要找到有很多蝉钻出洞的地方，并在傍晚出来寻找 5 龄幼虫。走动的时候，小心不要惊扰到幼虫，安静的看着它们就好。从开始羽化到能够飞行，大约需要 2 个小时的时间。

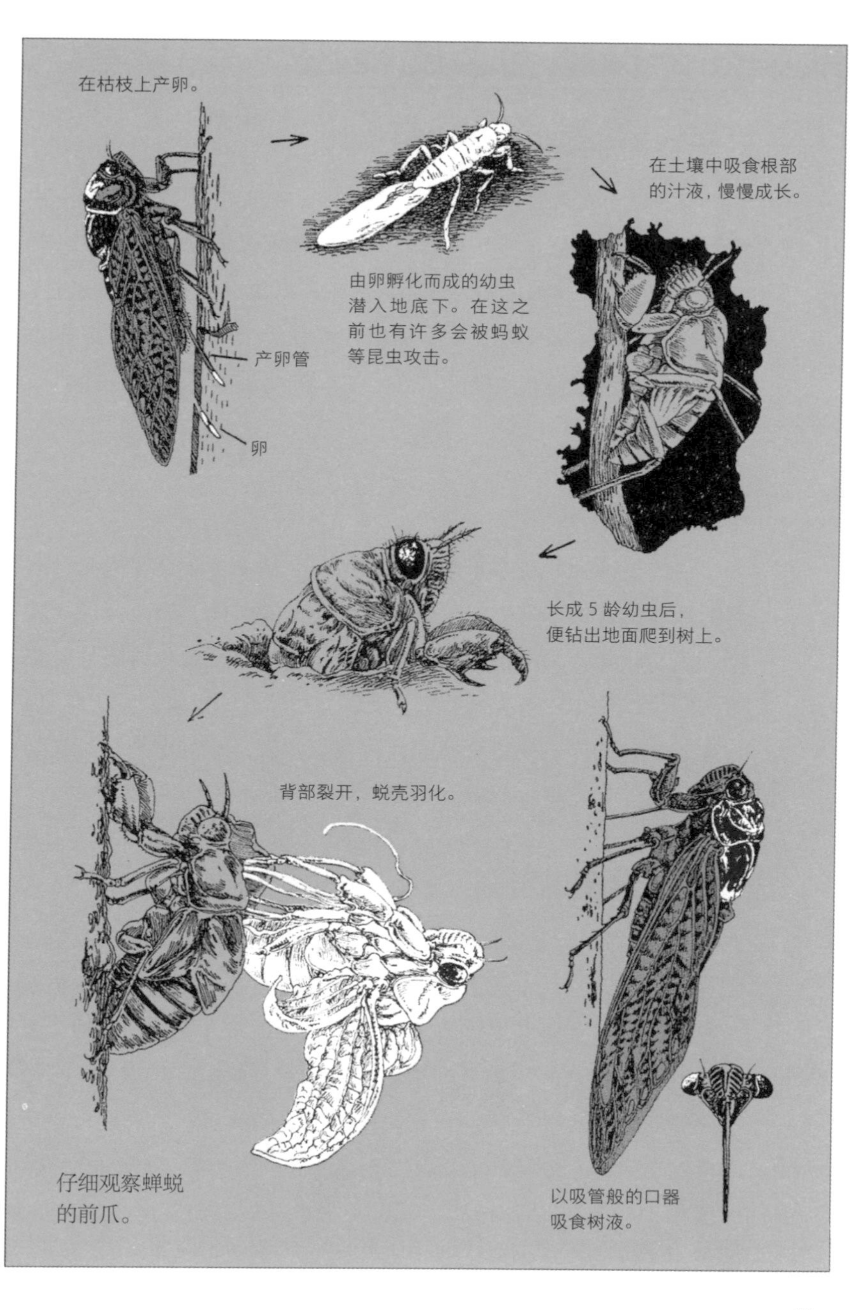
在枯枝上产卵。
产卵管
卵
由卵孵化而成的幼虫
潜入地底下。在这之
前也有许多会被蚂蚁
等昆虫攻击。
在土壤中吸食根部
的汁液，慢慢成长。
长成 5 龄幼虫后，
便钻出地面爬到树上。
背部裂开，蜕壳羽化。
仔细观察蝉蜕
的前爪。
以吸管般的口器
吸食树液。

聚集在一株植物上的昆虫

叶子背面也要仔细看看

观察昆虫有两种方法，一是去追踪某一特定种类的昆虫，另外就是选定某个地点，并观察该地聚集的所有昆虫。这两种观察方法都很重要，建议你同时使用。在观察聚集在植物上的昆虫时，虽然靠近花的昆虫比较显眼，但要知道叶子与茎上也有许多种的昆虫。它们多半会躲在叶子背面，所以别忘记翻开叶子，仔细看看茎部，把昆虫找出来。

观察酸模的叶子

酸模是一种蓼科多年生草本植物。生长在日照良好但有点潮湿的地方，常见于河堤上或田埂间。春天的时候，出门去寻找酸模。附着在叶背的白色小颗粒是食蚜蝇科的卵，黄色的则是金花虫的卵。还有几只正从蚜虫身上吸取香甜汁液的蚂蚁。至于瓢虫，你能看到它的卵、幼虫、蛹或是成虫。此外，酸模也是红灰蝶的食物。每隔几天前往一次，观察它们究竟有哪些变化。

观察大葛藤的叶子

大葛藤是豆科植物，常见于野外山上及河堤边，属于藤蔓植物。它的叶子当然也成了许多种昆虫的家。如果像观察酸模般来观察大葛藤，一定会得到有趣的结果。调查完有哪些昆虫后，再查看这些昆虫之间的关系。它们互助合作，或是彼此竞争，把一片叶子当成舞台的生物们，正演绎着它们的故事。另外在秋天至冬天这段时间，观察八角金盘也不错。因为既是身边常见的植物，又晚至 10～12 月才是花期，所以能看见以成虫姿态越冬的昆虫，纷纷聚集而来。

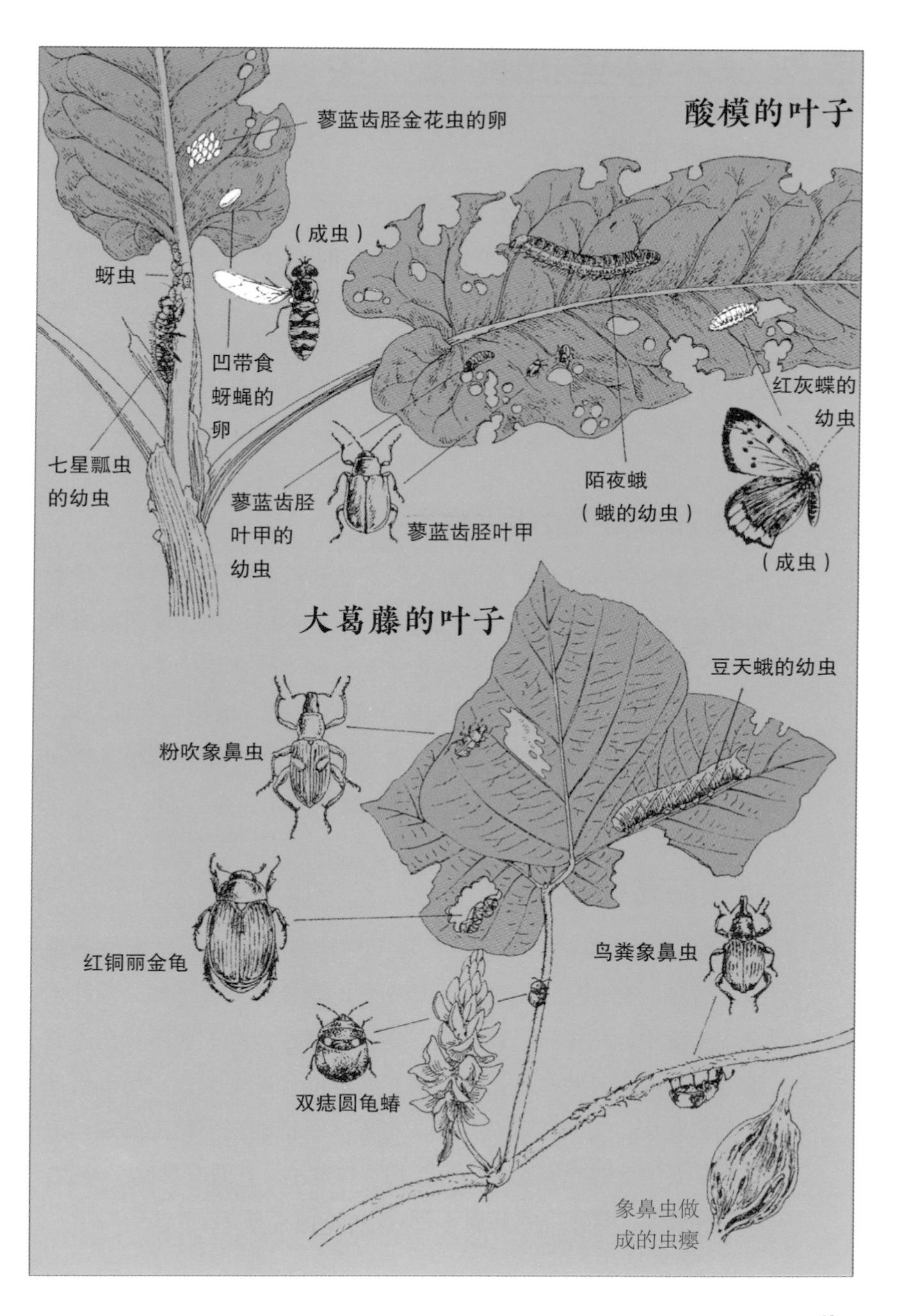
酸模的叶子
蓼蓝齿胫金花虫的卵
（成虫）
蚜虫
凹带食
蚜蝇的
卵
七星瓢虫
的幼虫
蓼蓝齿胫
叶甲的
幼虫
蓼蓝齿胫叶甲
陌夜蛾
（蛾的幼虫）
红灰蝶的
幼虫
（成虫）
大葛藤的叶子
豆天蛾的幼虫
粉吹象鼻虫
红铜丽金龟
乌粪象鼻虫
双痣圆龟蝽
象鼻虫做
成的虫瘿

寻找杂木林里的昆虫

享受季节的变化

杂木林是非常适合进行一整年自然观察的地点。春天时可以看见植物长新芽、冒出绿叶，昆虫的幼虫也同时逐渐成长茁壮。一到夏天，这里就会变成昆虫的宝库。秋天至冬天，还能看见昆虫如何做御寒的准备以及如何过冬。让我们到离家最近的杂木林去找找看。把杂木林当成自己的地盘，经常前去探看，就能做出更加丰富的自然观察记录。

找出昆虫喜爱的植物

杂木林中有许多种类的植物。昆虫会在这里面选出自己喜爱的植物，也就是能当成食物或能在上面产卵的植物。就如前面所描述的一样，如果想要找到昆虫，那么就要先找到昆虫喜爱的植物，因为昆虫与植物之间的关系是很紧密的。枹栎、麻栎、栗、朴树、赤杨、核桃楸等树上，以及木通、王瓜、菝葜等藤蔓植物上，昆虫种类尤其丰富，因此要仔细寻找。

找出隐藏的昆虫

仔细寻找植物的叶、枝、茎干等地方，一定会发现许多昆虫。可是，有些昆虫也会在意想不到的地方找到。例如，落叶下方、土壤中、枯木下、树洞里，昆虫会藏在这些乍看不会注意的地方。为了要寻找这些隐藏的昆虫，就必须改变视线，可以借助工具来观察。为了要看清楚枯木里面，一把能剥下树皮的螺丝刀是有必要的。想想看昆虫会不会就藏在这里，并且开始动手寻找，这就像寻宝一样地令人雀跃不已。

日铜罗花金龟
独角仙
拟斑脉蛱蝶
麻栎
云豹蛱蝶
南国蓟
紫小灰蝶
大缘椿象
细腰蜂
日本豆金龟
当归
曲纹花天牛
白肩天蛾的幼虫
娇金花
天牛
葡萄虎蛾的幼虫
乌敛莓
合欢木
海州常山
麝香凤蝶
乌鸦凤蝶

聚集在树液上的昆虫

尝尝树液的味道

以树液为主食的昆虫种类繁多。无论是独角仙或锹形虫，它们的食物几乎都仰赖枹栎或麻栎的树液。树液是什么？为什么植物会渗出汁液？尝起来又是什么味道？树叶靠着进行光合作用合成糖分，再将这些糖输送到整株植物作为养分。如果在输送途中，树干受到损伤，糖分便会渗出来。渗出的糖分在微生物的作用下发酵，就成了树液。树干上的伤，大部分都是天牛科等以树干为巢的昆虫所造成的。糖一旦发酵，就会变成酒精及醋。所以树液通常是又甜又酸。请你用手指沾一点尝尝看。虽然我们尝起来可能不觉得美味，但对于为了树液聚集而来的昆虫而言，可是美味大餐。

白天与晚上都去同样的地点

并不是所有受伤的树干都会流出树液。会渗出树液的只有特定的树木，而且人为伤害树干也不能取得。大自然的运转真是非常巧妙。我们出门去观察寻找会自然渗出树液的地方，在白天应该可以找到。走在杂木林里，找一找有金龟子或蝴蝶飞舞的地方。会渗出树液的树木，应该就在这不远处。观察的重点如下：

①白天里，调查有哪些种类的昆虫会往树液聚集。

②能抢到最好位置的昆虫是哪一种呢？调查看看是不是依力量决定顺位。

③晚上，约 7 点左右再度前往同样的地点。夜晚又会有哪些昆虫出现呢？也调查看看是不是依力量决定顺位。

④找找看树木的周围，有没有什么东西想要猎捕以树液为食的昆虫呢？叶子背面也要注意。

白天
大褐象鼻虫
拟斑脉蛱蝶
东方白点
花金龟
黄钩蛱蝶
绿罗花金龟
指角蝇科
拟步行虫
西氏叩头虫
日本高砂锯锹形虫
东亚箬眼蝶
四星出尾虫
四星大吸木虫
独角仙
参阅 98 页及 103 页
夜晚

独角仙——独角的强者

寻找渗出树液的树木

独角仙是日本甲虫中体形最大的，外形也非常强壮。白天它们很低调，但太阳一下山就纷纷活跃起来。如果想找到独角仙，可以到长有麻栎或枹栎的杂木林里去寻找。白天先找好这些树木渗出树液的部位，到了晚上或隔天清晨再前往查看。独角仙成虫的食物就是从树干伤口渗出的树液。

了解独角仙的一生

雄独角仙与雌独角仙会在渗出树液的地方，相遇并交配。交配完毕后，雌独角仙会潜进落叶或腐殖土的下方产卵。没有角的雌独角仙，很容易钻入柔软的土中。雌独角仙产完卵就直接死亡，而卵则会在 2 周后孵化。幼虫吃腐殖土慢慢长大，并反复蜕皮度过冬天。到了夏初，独角仙离开地下变成蛹，而这时距离它们出生的时间大约 1 年了。只要了解它们的一生，就知道要在腐殖土里或枯树下寻找幼虫。不过，现在要找到独角仙已经不像过去那么容易了。

观察的重点

①独角仙是以什么方式吸取树液的呢？捕捉后用放大镜观察口器的构造。

②观察独角仙飞行的模样。翅膀是呈什么状态呢？

③雄独角仙打架时，是如何使用它们的角呢？

④捕捉后测量大小。独角仙成虫后，就不会再变大了。

⑤比较看看小独角仙与大独角仙之间，角的形状有什么差异。

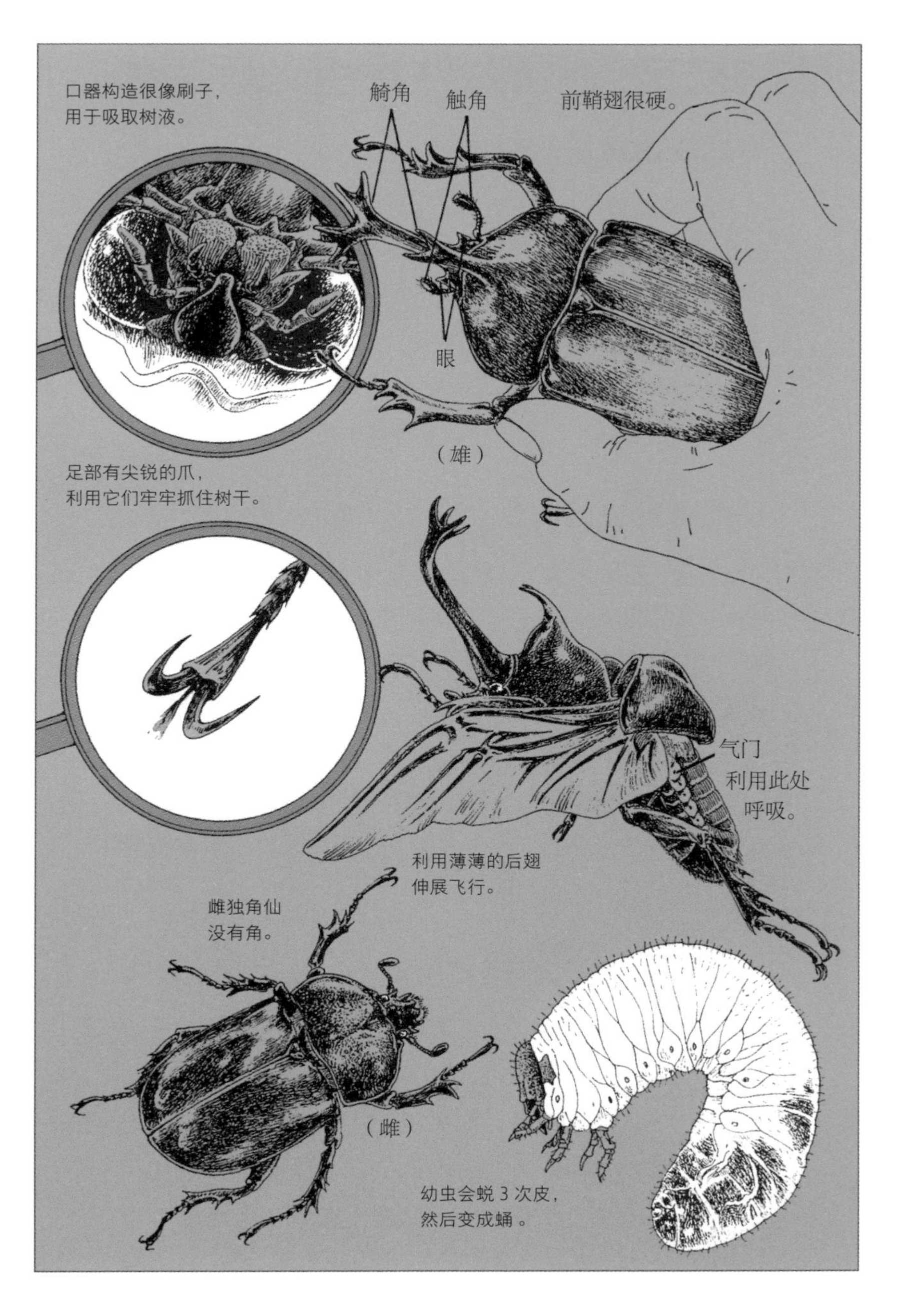
口器构造很像刷子，
用于吸取树液。
犄角
触角
前鞘翅很硬。
眼
（雄）
足部有尖锐的爪，
利用它们牢牢抓住树干。
气门
利用此处
呼吸。
利用薄薄的后翅
伸展飞行。
雌独角仙
没有角。
（雌）
幼虫会蜕 3 次皮，
然后变成蛹 。

锹形虫——大颚的拥有者

寻找渗出树液的树木

锹形虫与独角仙一样，是天黑后才开始活动的甲虫。成虫的食物同样也是树液。它们住在有麻栎、枹栎、栗树等生长的杂木林里。请先在白天找到分泌树液的树木，到了晚上或隔天清晨再前往查看，不难见到锹形虫与独角仙都聚集在同种树液附近。此外，也有白天能抓到锹形虫的方法。多数锹形虫都会在树上休息，只要摇晃一下树木，锹形虫受到惊吓把脚一缩，就掉到地上了。

了解锹形虫的一生

日本境内有大约30种锹形虫，可以用体形大小及大颚的形状来区分。体形最大的日本大锹形虫，因被过度采集，最近要找到它们已经很困难。其他昆虫也是一样，如果大家还是继续不断地滥捕，它们就会渐渐消失，这一点一定要牢记。雄锹形虫与雌锹形虫会在渗出树液的地方相遇并交配，接着雌锹形虫会在枯树里产卵。这些枯树都是麻栎或枹栎。孵化后的幼虫会吃枯树长大，变成蛹之后羽化。至于幼虫是如何生活的，以及需要花费几年才能转为成虫等，目前都还不清楚。

观察的重点

①锹形虫是以什么方式吸取树液的？捕捉后用放大镜观察口器的构造。

②捕捉后测量大小。小锹形虫与大锹形虫，它们的大颚形状有什么不同？

③雄锹形虫打架的时候，观察它们使用大颚的方式。

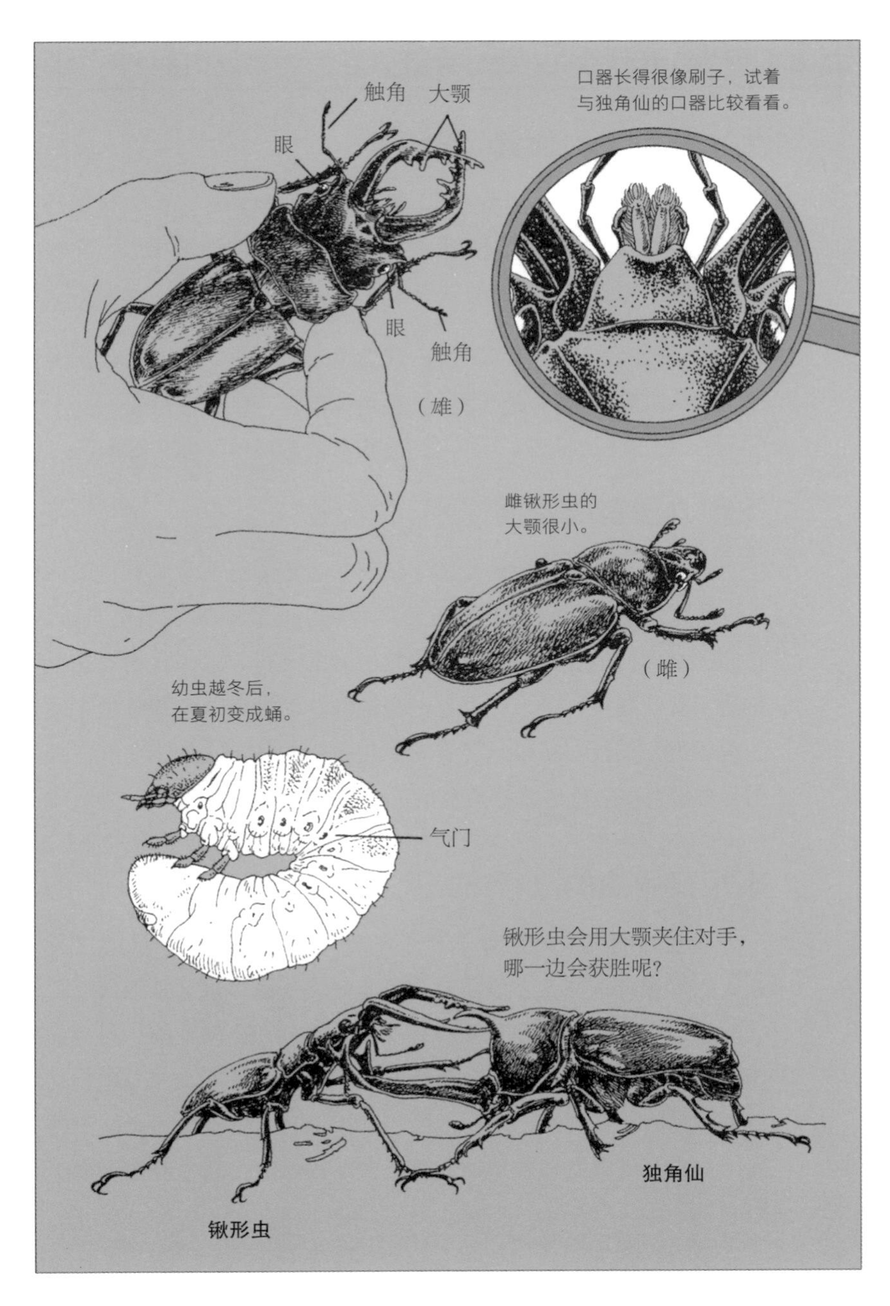
触角
大颚
眼
眼
触角
（雄）
口器长得很像刷子，试着
与独角仙的口器比较看看。
雌锹形虫的
大颚很小。
（雌）
幼虫越冬后，
在夏初变成蛹。
气门
锹形虫会用大颚夹住对手，
哪一边会获胜呢？
独角仙
锹形虫

日铜罗花金龟与鳃角金龟——哪里不同呢?

生物分类上的位置

两者之间的大小大致相同，外形和光泽也一样，所以日铜罗花金龟与鳃角金龟常常会被混淆。到底它们之间哪里相似，又哪里不同呢？它们在生物上的分类如下：

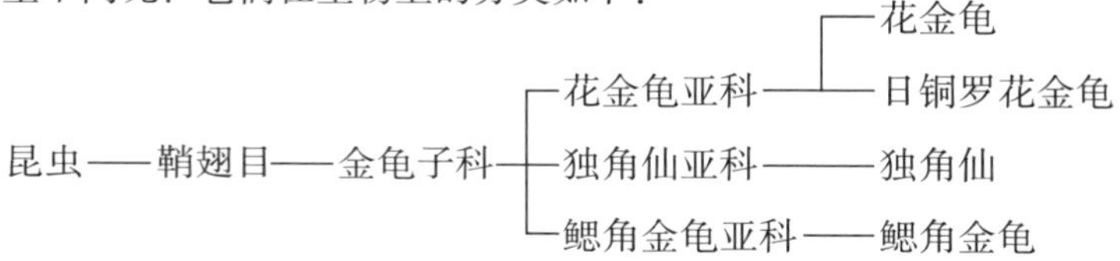

飞行方法有所不同

总之，日铜罗花金龟是属于鞘翅目金龟子科花金龟亚科的昆虫。所以不管是日铜罗花金龟还是鳃角金龟，都属于金龟子科。它们的身体构造非常相似，但比较两者的飞行方式，日铜罗花金龟是闭着前翅飞行的，花金龟也是这样。而鳃角金龟却是把坚硬的前翅展开飞行。所以只要看看它们飞行的样子，就能立刻区别出是日铜罗花金龟还是鳃角金龟了。

来观察甲虫的飞行方式吧

其他的甲虫又是用什么样子的方式飞行呢？独角仙的飞行方式比较像日铜罗花金龟还是鳃角金龟呢？锹形虫又是如何？与蜜蜂或蝴蝶相比之下，几乎所有甲虫的飞行都比较笨拙。因为前翅很坚硬，所以只靠伸展后翅就要立刻飞起或急速改变方向，是很不容易的。在观察前来树液聚集的甲虫时，也试着注意它们停飞的方式。可以发现独角仙或锹形虫在停落时，几乎要撞上树干似的。

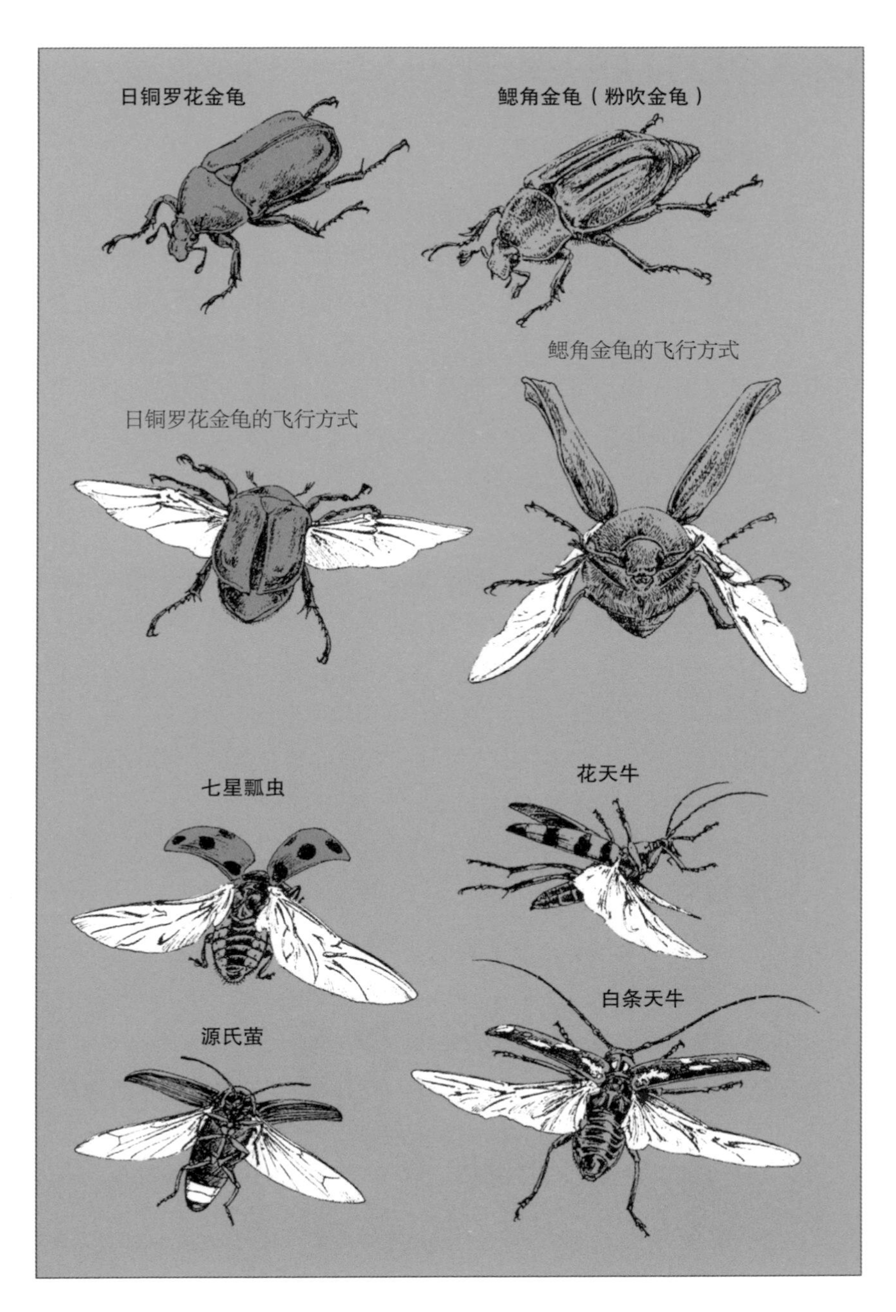
日铜罗花金龟
鳃角金龟（粉吹金龟）
鳃角金龟的飞行方式
日铜罗花金龟的飞行方式
七星瓢虫
花天牛
白条天牛
源氏萤

以粪便为食的昆虫

搬运粪便的美丽甲虫

读过法国昆虫学家法布尔所写的《昆虫记》的人，应该会记得用滚动方式来搬运粪便的圣甲虫。古代的埃及人认为这种昆虫所做的粪球代表了世界，所以昆虫中有太阳神的存在，从而将它视为神圣之物，称它为圣甲虫。虽然很可惜日本没有圣甲虫，但却有掘地金龟、臭蜣螂、粪金龟等同科的伙伴们。从名字可以得知这些昆虫都是金龟子的同伴，统称它们为粪金龟。

粪金龟的生活

粪金龟会把鹿、牛、猴子等动物的粪便运回在土里做好的巢穴中，然后在巢穴里做出比自己身体还大的粪球。雌粪金龟会在每一个粪球里各产下一颗卵，并不断保持粪球的清洁。这时的粪球并不会臭。孵化后的幼虫靠着食用粪球长大，最后变成蛹，然后羽化。这段时期长 2~3 个月。粪球依粪金龟的种类不同，分别有圆球、长西洋梨等不同形状。

寻找粪金龟

要找粪金龟，就要去有动物粪便的地方，也就是有鹿、牛、猴子等活动的地方。最快的方法是直接到牧场去，那里既然有牛粪，应该就能找到臭蜣螂或直蜉金龟。时间上，选在粪金龟筑巢的 6~8 月最好。找寻时，先准备好镊子和工作手套会方便许多。粪金龟中颜色最漂亮的就属大掘地金龟，全身有绿色、紫色、琉璃色，并且散发出金属光泽。粪金龟可算是自然界的清道夫。

粪蜣螂的筑巢

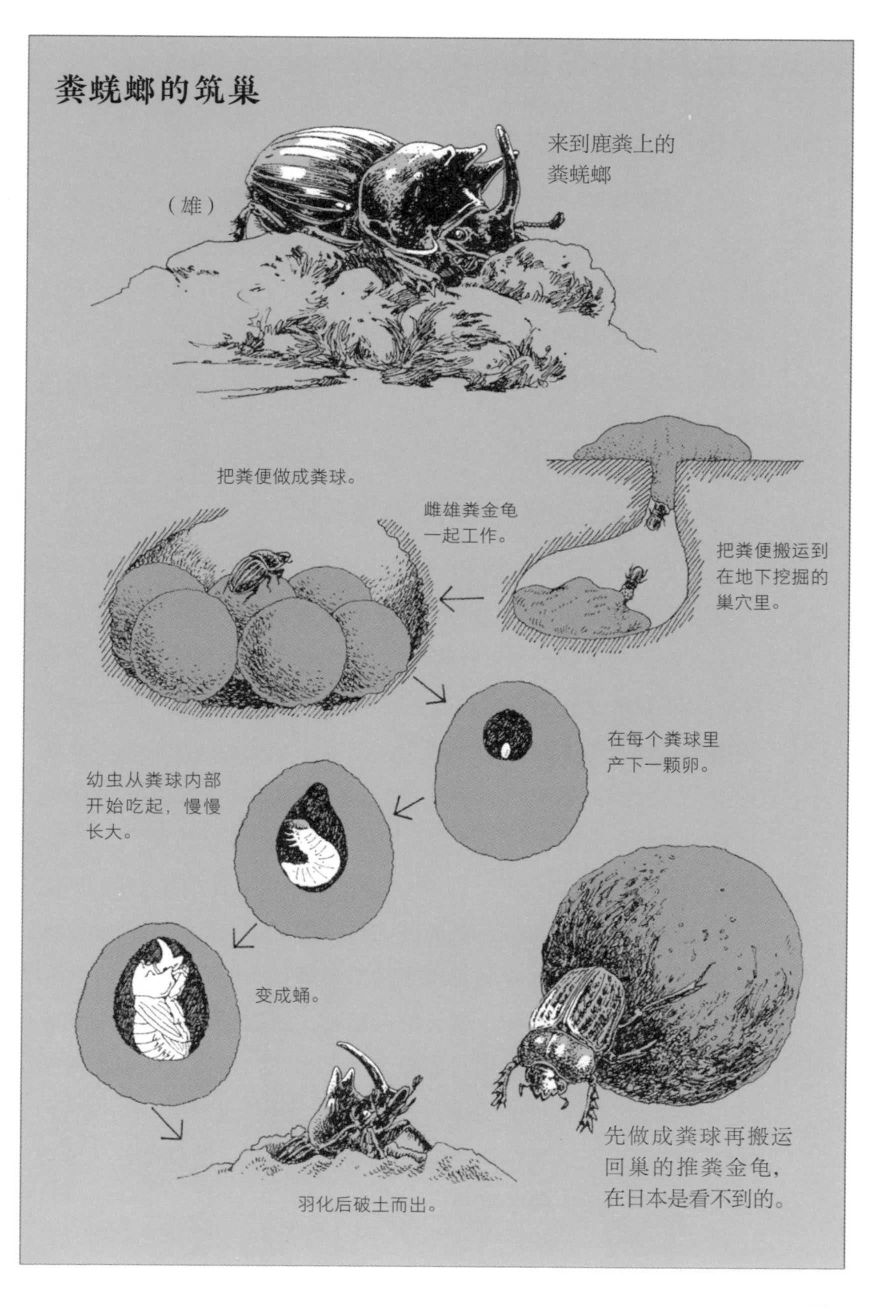

来到鹿粪上的
粪蜣螂
（雄）
把粪便做成粪球。
雌雄粪金龟
一起工作。
把粪便搬运到
在地下挖掘的
巢穴里。
在每个粪球里
产下一颗卵。
幼虫从粪球内部
开始吃起，慢慢
长大。
变成蛹。
羽化后破土而出。
先做成粪球再搬运
回巢的推粪金龟，
在日本是看不到的。

制造虫瘿的昆虫

昆虫寄生而形成虫瘿

走在树林里，仔细注意一下树叶，有时会看到长得很奇怪的叶子。有些叶子是萎缩的，有些又像膨胀长瘤一般，看起来就像得了什么怪病似的。其实这些都是被瘿蜂、瘿蚋、蚜虫等昆虫或螨等寄生的。这些昆虫，在准备给幼虫当食物的芽或叶子上产卵，而植物受到这样的刺激，就会萎缩或膨胀。我们把这些变形的部分称为虫瘿。

只靠雌性就能繁衍后代的栗瘿蜂

几乎所有寄生在植物上的昆虫都是在春季至夏季之间产卵的。寄生在安息香科植物上的蚜虫，大约在 5 月产卵，虫卵到了 7 月就会变为成虫。不过在瘿蜂类中，也有些是在幼虫状态下越冬，隔年春天才变为成虫。寄生在栗树上的栗瘿蜂就是其中一例。栗瘿蜂是体长约 3 毫米的小蜂类，是源于欧洲的外来种。令人惊讶的是，它只靠雌虫进行单性生殖，到目前为止，还没有人发现过雄栗瘿蜂。梅雨季一结束，它们就会在栗树新长的嫩芽上产卵，孵化后的幼虫直接越冬，但叶芽的外观并没有什么特别的变化。到了春天，当其他新芽正在伸展之时，被产下虫卵的叶芽就会像肿瘤一样变形。在 6 月羽化出来的栗瘿蜂也全都是雌性。年年被栗瘿蜂寄生的这些栗树，最后都会枯死，所以栗瘿蜂对于栗树来说是很严重的害虫。散步时如果发现了虫瘿，可以从当时的季节及虫瘿的大小，去推测幼虫目前的状态。为了进行确认，试着用美工刀切开一个看看。因为幼虫或蛹都非常小，要仔细深入地寻找，然后再用放大镜来观察。

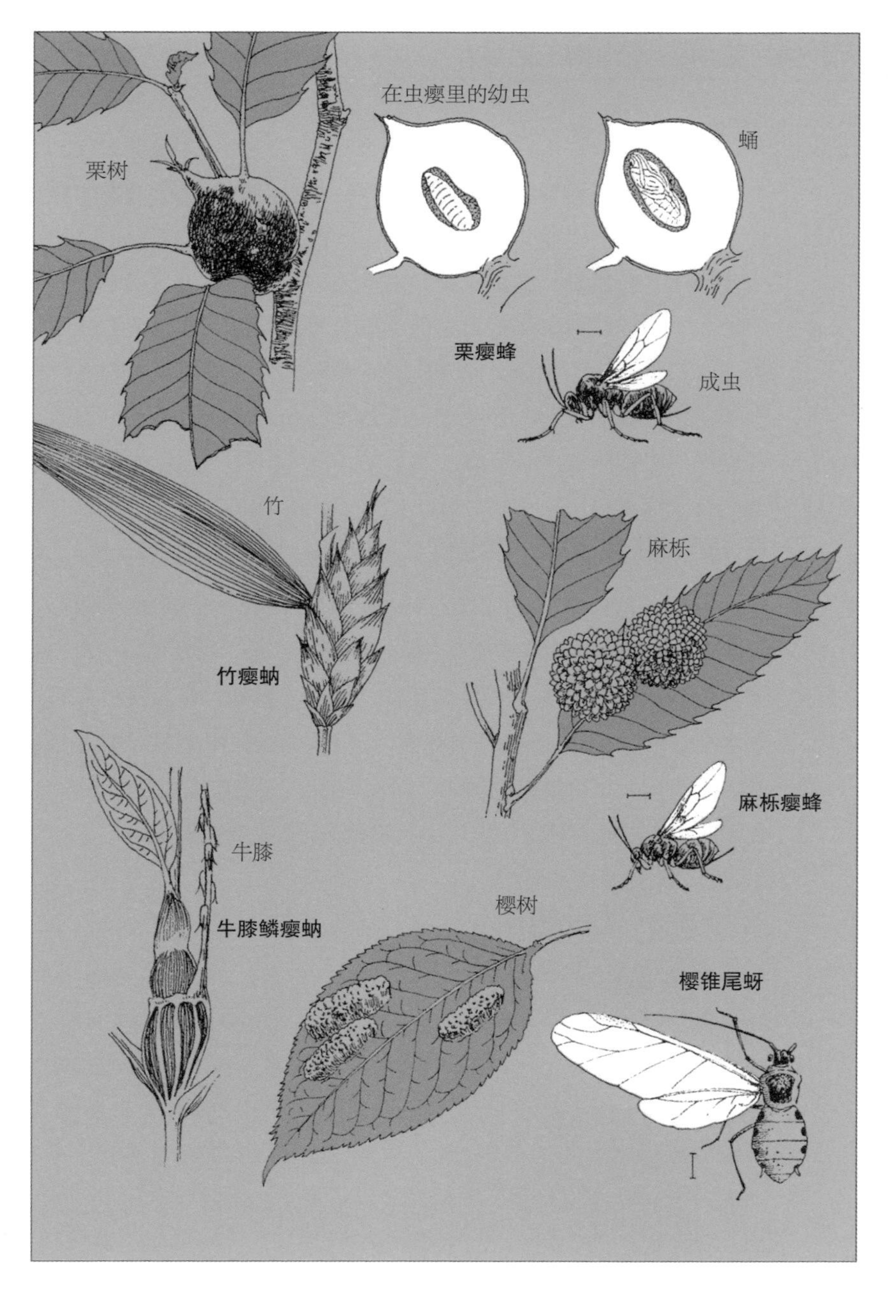
栗树
在虫瘿里的幼虫
蛹
栗瘿蜂
成虫
竹
竹瘿蚋
麻栎
麻栎瘿蜂
牛膝
牛膝鳞瘿蚋
樱树
樱锥尾蚜

寻找落叶下的昆虫

在落叶、朽木、石头下寻找

把你的视线移到脚下及地面上！树林里，特别是落叶乔木林的地面上，总是覆盖着各种植物的落叶。试着把层层覆盖的落叶拨开，用手摸摸看，应该有潮湿的触感。落叶就好像我们冬天所穿的大衣一样，负责保持土壤的温度。所以在落叶下，也会居住着许多喜爱湿气的生物。如果有朽木或石头，它们底下更是各种生物的绝佳隐居场所。让我们翻起落叶，移开朽木或石头，找找看那里到底有什么样的生物。

在落叶变成腐殖土之前

为了吃落叶而在地面爬行的生物，包括蜗牛、蛞蝓、潮虫、马陆等，它们主要都是在夜间活动。它们不喜爱干燥环境，所以白天都躲在落叶、朽木、石头的底下。此外，蚯蚓、昆虫的幼虫等也会吃落叶，还会向下挖土来扩大地下行动范围。由于生物食用落叶，所以落叶变得越来越细小，最后会靠着微生物或菌类的分解，化为营养丰富的腐殖土。腐殖土为黑色，触摸会觉得有点温暖。

在杂木林里设陷阱

靠食用落叶维生的生物也有天敌，包括了步行虫、埋葬虫、垃圾虫，以及蜘蛛、苍蝇的幼虫（蛆）等。在杂木林里设个陷阱，观察有哪些生物。傍晚时先设下陷阱，隔天早上再来看就可以了。此外，要调查潜入落叶下方的微小生物时，可以使用右页的装置。把落叶放进网子后，上方用灯泡照射，记住不要使用日光灯。为了逃离灯的光线与热源，里面的微小生物会纷纷落下。请用放大镜好好观察。

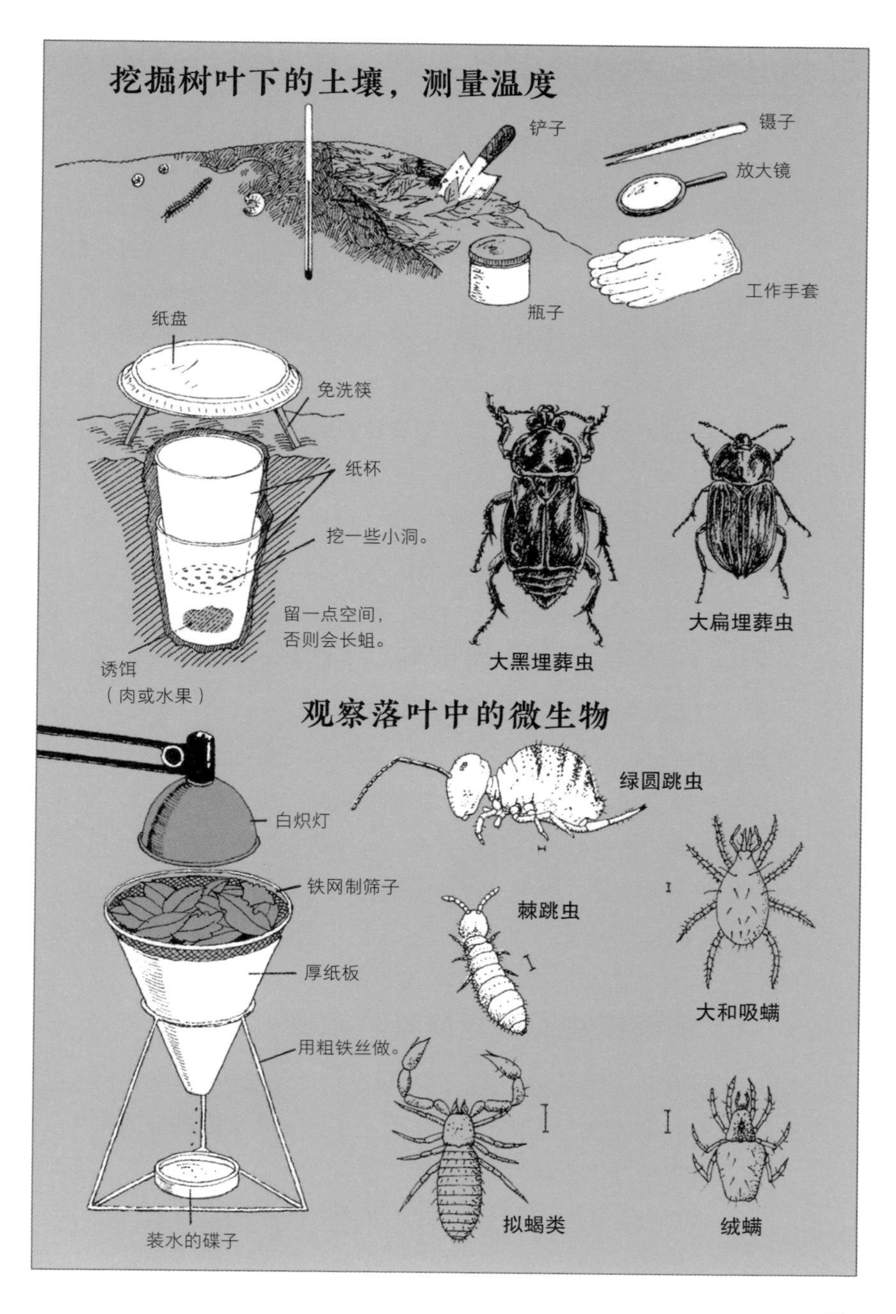
挖掘树叶下的土壤，测量温度
铲子
镊子
放大镜
瓶子
工作手套
纸盘
免洗筷
纸杯
挖一些小洞。
留一点空间，
否则会长蛆。
诱饵
（肉或水果）
大黑埋葬虫
大扁埋葬虫
观察落叶中的微生物
绿圆跳虫
白炽灯
铁网制筛子
棘跳虫
厚纸板
大和吸螨
用粗铁丝做。
拟蝎类
绒螨
装水的碟子

寻找躲起来的昆虫

为了瞒过敌人的眼睛而隐藏身体

有些昆虫的姿态与外貌，让我们乍看之下完全找不到它们在哪里。很像细小树枝的竹节虫或尺蠖（尺蛾科的幼虫）、很像枯树叶的枯叶蛱蝶、很像树干花纹的柿癣皮夜蛾等，当这些昆虫静止不动的时候，我们就会很容易忽略它们。中华剑角蝗在绿色草地上的时候，身体会呈绿色，待在枯草上的时候，身体就会呈现茶色，是个隐身好手。为什么它们能够拥有融入四周环境的体形样貌呢？一般认为最重要的原因，还是为了瞒过天敌的眼睛。它们的天敌大多是螳螂这种肉食性昆虫，以及两栖类、鸟类等，所以让自己的颜色或形状不那么显眼，应该就能降低被袭击的概率。

为了让天敌一眼看见而保护自己

有些昆虫假扮成敌人不关心的东西来保护自己，有些则是假扮成敌人讨厌的颜色或形状，借由显眼的方式来自我防卫。例如，因为蜜蜂会蜇人，所以鸟儿讨厌捕食蜜蜂。因此只要姿态、体形都像蜜蜂，就能躲避鸟儿的猎捕。天牛科、蛾科等昆虫中有许多种类都很像蜜蜂。虎天牛或透翅蛾科的同类不只体形颜色，连动作形态都很像蜜蜂。

为了捕获猎物而假扮成某种东西

假扮成某种东西，有一种比较专门的说法叫“拟态”。昆虫有时候不只是为了逃避天敌，也有为了捕获猎物而进行拟态。东南亚特有种兰花螳螂，长得就像一朵兰花，会猎捕因误认它为兰花而靠近的昆虫。可惜的是，日本并没有这种螳螂。

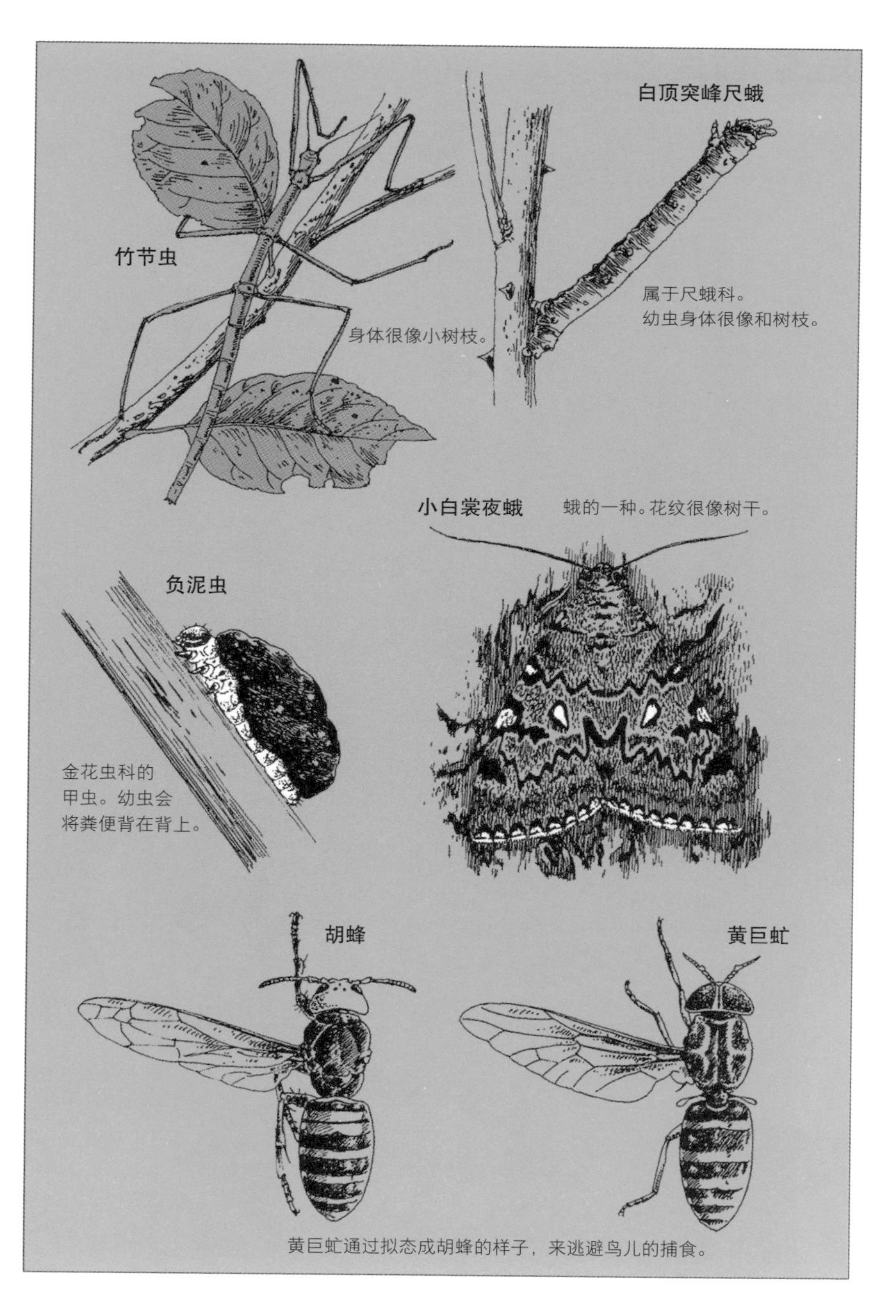
竹节虫
身体很像小树枝。
白顶突峰尺蛾
属于尺蛾科。
幼虫身体很像和树枝。
小白裳夜蛾
蛾的一种。花纹很像树干。
负泥虫
金花虫科的
甲虫。幼虫会
将粪便背在背上。
胡蜂
黄巨虻
黄巨虻通过拟态成胡蜂的样子，来逃避鸟儿的捕食。

越冬的昆虫

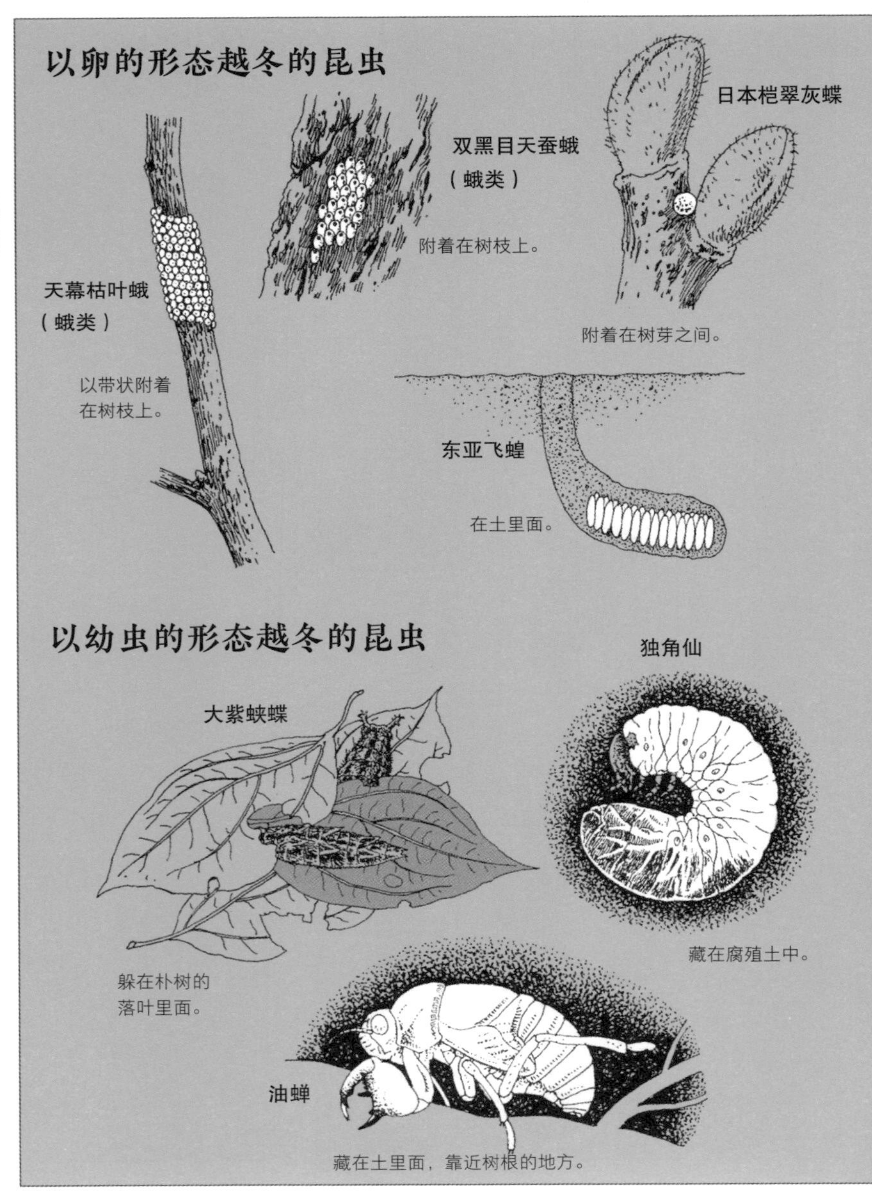

以卵的形态越冬的昆虫
双黑目天蚕蛾
（蛾类）
附着在树枝上。
日本桤翠灰蝶
附着在树芽之间。
天幕枯叶蛾
（蛾类）
以带状附着
在树枝上。
东亚飞蝗
在土里面。
以幼虫的形态越冬的昆虫
独角仙
大紫蛱蝶
藏在腐殖土中。
躲在朴树的
落叶里面。
油蝉
藏在土里面，靠近树根的地方。

昆虫们依种类不同，各自会以卵、幼虫、蛹、成虫的形态越冬。地点包括树枝、朽木里面或下方、土壤里等。请穿上暖和的衣服，出门去寻找。

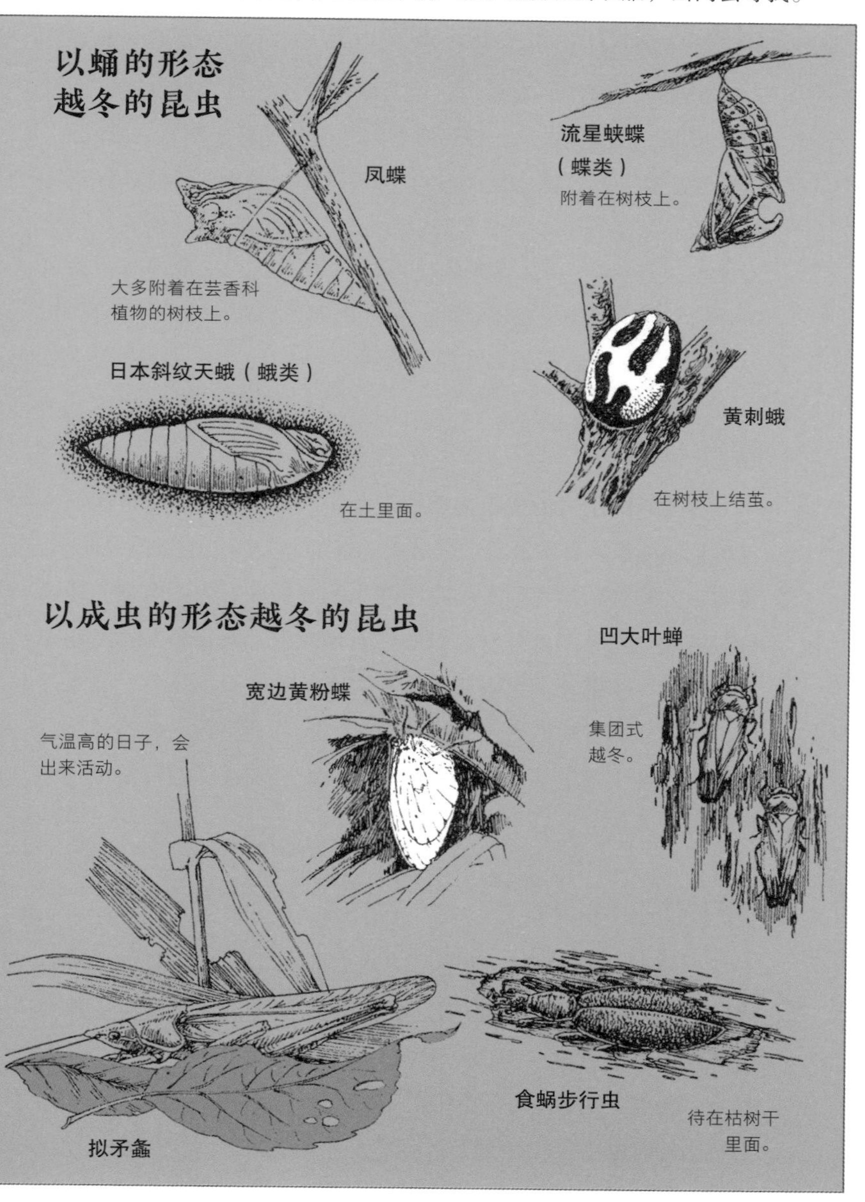

拟定计划的方法

因季节与时间而不同

在草丛、河岸、农田边，以及庭院等各种地方都可以听见虫的鸣叫声。一提到虫鸣，你一定会马上想到这是属于秋天的风情，但只要注意一下，就会发现大约5月开始就已经能听见虫鸣声了。会在秋天鸣叫的昆虫，通常是以卵的形态越冬，在夏季成长，秋天成虫，与5~6月会鸣叫的昆虫种类不同。不只是季节，鸣叫的时刻不同，种类也都不相同。蟋蟀类大多会在傍晚或晚上鸣叫，但螽斯或姬螽等螽斯类多在白天鸣叫。

蟋蟀与螽斯

会鸣叫的昆虫的代表属蟋蟀与螽斯两类了。我们常常能够听见黄脸油葫芦、日本钟蟋、云斑金蟋等蟋蟀类优美清澈的鸣叫声。螽斯、大和螽斯等螽斯类的鸣叫声虽然较强而有力，但却不像蟋蟀般清澈。比较两者外观，蟋蟀的背部较低，较为扁平，而螽斯背部较高，体细长。可以比较看看右页与下一页的图片。熟悉之后，就能立刻分辨两者了。颜色方面，在草丛中活动的身体会呈绿色，而在土壤上活动的身体则呈茶色，会随着周遭环境颜色不同而有所区别。

为了什么鸣叫?

会鸣叫的只有雄性昆虫。这些大部分在夜间进行活动的昆虫，要靠眼睛来找雌虫并不容易，此时就要借由高声鸣叫，来吸引雌虫主动靠近自己身边。虽然主要目的是为了吸引雌虫，不过只有雄虫在的时候它也会鸣叫，但这时鸣叫的方式又不同了。所以鸣叫有时也用在同伴间互相沟通上。

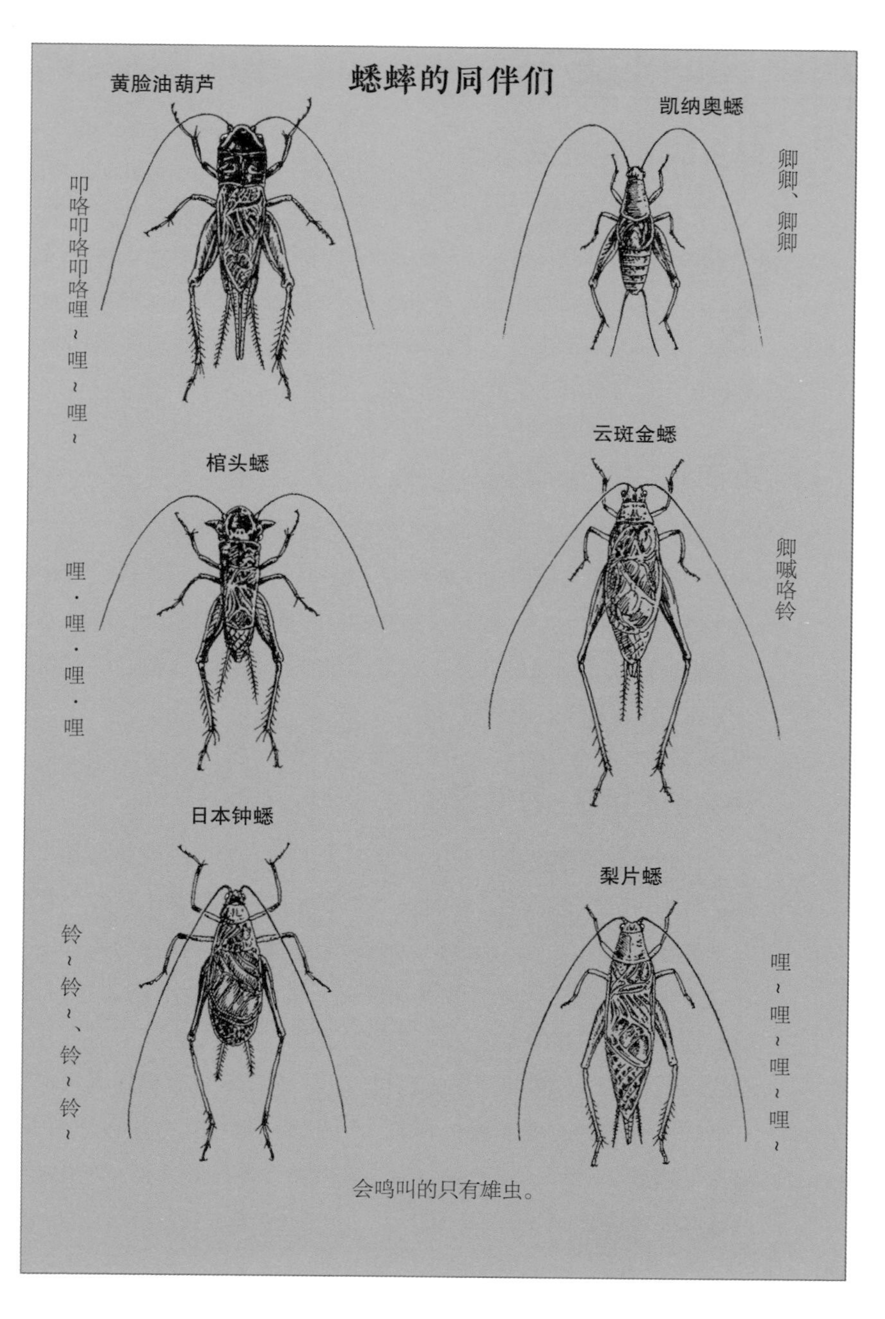
蟋蟀的同伴们
黄脸油葫芦
叩咯叩咯叩咯哩~哩~哩~
凯纳奥蟋
卿卿、卿卿
棺头蟋
哩·哩·哩·哩
云斑金蟋
卿喊咯铃
日本钟蟋
铃~铃~、铃~铃~
梨片蟋
哩~哩~哩~哩~
会鸣叫的只有雄虫。

观察鸣叫的方式

鸣虫的翅膀是弦乐器

对会鸣叫的昆虫而言，前翅膀就是它们的发音器。其中一边的翅膀，就像小提琴的弓，而这把弓会去摩擦另一边的翅膀发出声音。当弓用的翅膀内侧，有像砂纸一样粗糙的线。捉到它们的时候，请用放大镜观察一下。蟋蟀在鸣叫的时候，右边的前翅会在上方，而螽斯则是左前翅在上方。

夜间观察是必要的

为了观察虫儿们的鸣叫方式，就得捕捉它们就近观察。首先必须准备手电筒与透明的空玻璃瓶（也可以是塑料瓶）。进行观察的时候，有放大镜会比较好。夜间观察可能会有些危险，所以要尽可能选择较为熟悉的环境。如果能穿着长筒雨靴前往，就可以不用一直注意脚下，会比较轻松。

探究它们所在的位置

首先静心倾听声音是从哪个方向传来的，然后逐渐靠近发声源。虫儿一旦停止鸣叫，就静止不动等待它们再度发出声音。它们一定会再度鸣叫。当距离约剩 1 米时，用手电筒找寻和锁定位置，然后小心接近。虽然可以直接用手抓，但为了不伤害它们，用空瓶盖住是更好的方法。放入空瓶之后，就用手电筒照亮，并以放大镜观察。直接装回家放进虫笼里，慢慢来观察鸣叫方式也不错。还有一种有趣的采集方式，就是以细树枝穿过葱或洋葱，放在草丛里面，大约 30 分钟之后，螽斯类大多都会出现。你也来试试这种方式吧。

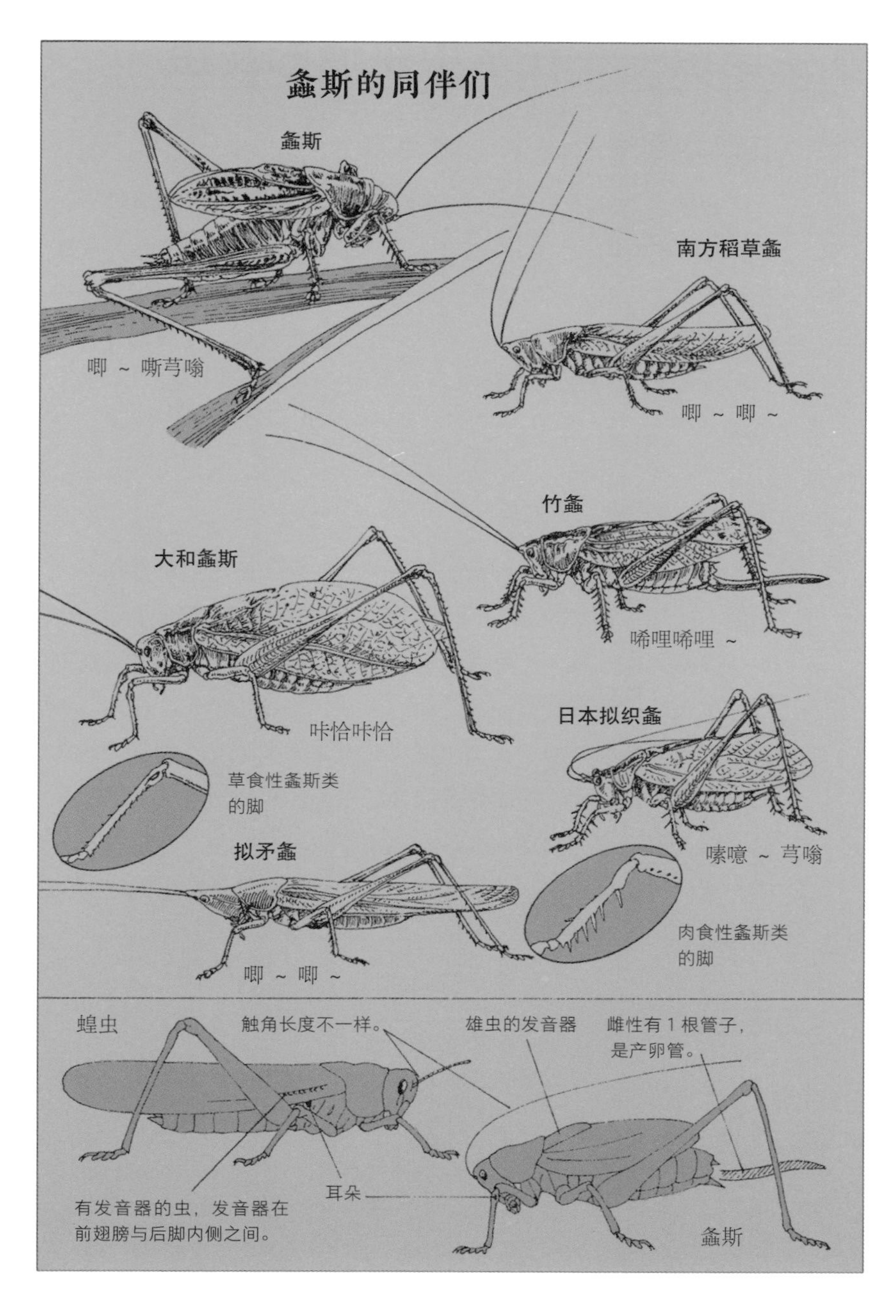
螽斯的同伴们
螽斯
唧 ~ 嘶咢嗡
南方稻草螽
唧 ~ 唧 ~
竹螽
唏哩唏哩 ~
大和螽斯
咔恰咔恰
日本拟织螽
嗦噫 ~ 咢嗡
草食性螽斯类
的脚
拟矛螽
唧 ~ 唧 ~
肉食性螽斯类
的脚
蝗虫
触角长度不一样。
雄虫的发音器
雌性有 1 根管子，
是产卵管。
耳朵
有发音器的虫，发音器在
前翅膀与后脚内侧之间。
螽斯

水生昆虫——在水中生活的昆虫

在离水面很近、很浅的地方

能够生活在水里的昆虫，我们称之为水生昆虫。蜻蜓、石蛾、石蝇、蜉蝣等，全部的幼虫期都在水中度过。即使长为成虫还在水中生活的，则有龙虱、牙虫科、松藻虫、水螳螂等。这些昆虫全部都是生活在池塘、沼泽、湖泊、河川里水浅的地方。成虫时期的豉甲科或水黾科生物在水面上生活，所以称为半水生昆虫。

石蛾、石蝇、蜉蝣

拿起河川里的石头，我们会看见很像筒子的东西附着在石头表面。这些是石蛾的巢。石蛾的幼虫石蚕，使用砂子、小石头或水草等物品来筑巢，然后在入口处结网，捕食流动的藻类（在潮湿处生长的植物没有根、茎、叶的区别，可以进行光合作用，乍看之下很像苔藓）或小型水生昆虫以维生并长大。石蝇或蜉蝣的幼虫藏在石头下方，吃的也是同样的东西。石蝇与蜉蝣的幼虫虽然很像，但石蝇的脚是两根爪子，而蜉蝣则是一根，所以很好分辨。它们的幼虫期都长达半年至 3 年，而成虫在产卵后数小时到 1 周间便会死亡。

呼吸的方法

水生昆虫的呼吸方式有两种。一种是利用鳃过滤来摄取水中的氧气。这是石蛾、石蝇、蜉蝣、蜻蜓等幼虫的呼吸方式。另一种方式则是吸入空气中的氧气。水步行虫、牙虫科、松藻虫就是将空气积存在翅膀下来呼吸。有时它们会浮上水面换气。水螳螂拥有呼吸用的管子，可以当成换气装置来呼吸。

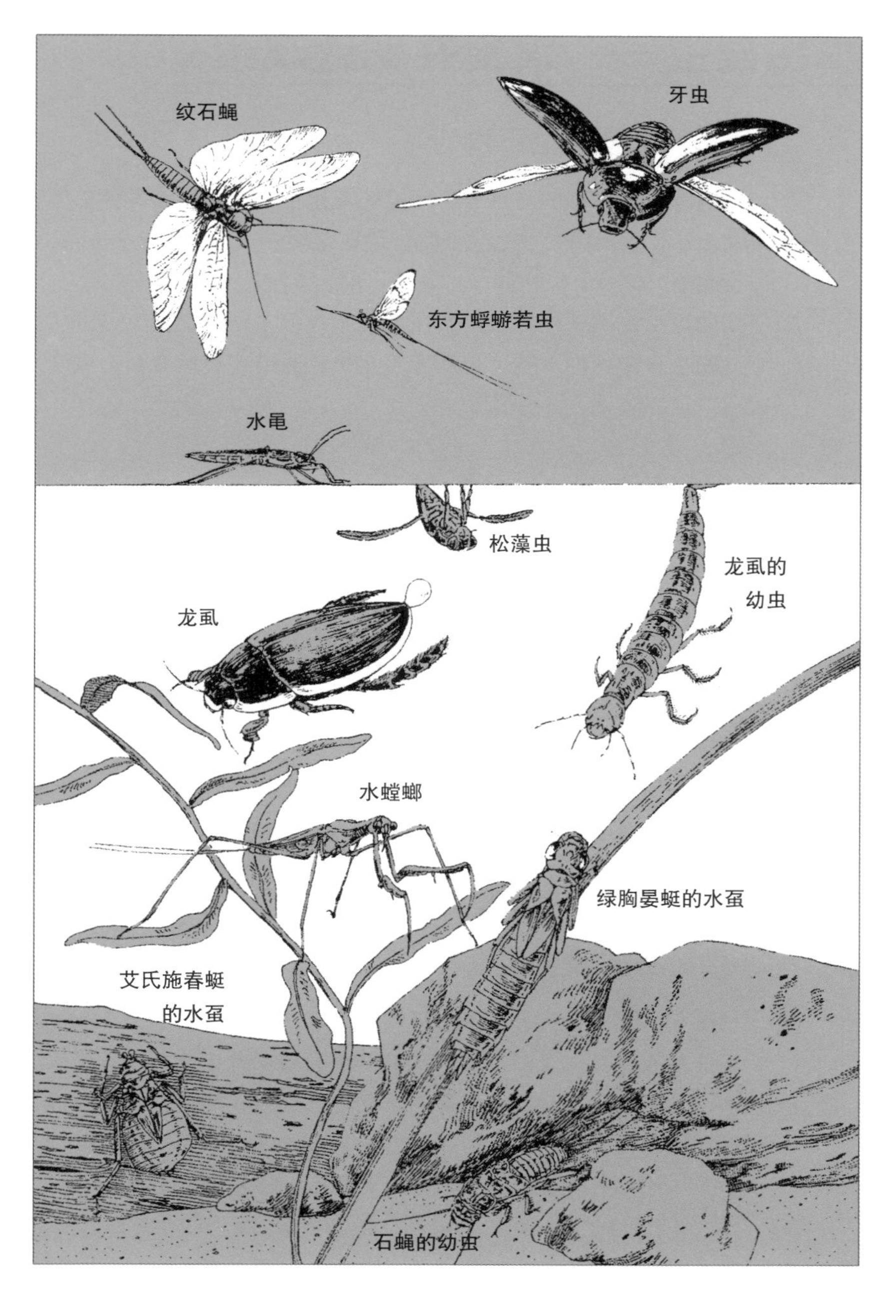
纹石蝇
牙虫
东方蜉蝣若虫
水黾
松藻虫
龙虱的
幼虫
龙虱
水螳螂
绿胸晏蜓的水虿
艾氏施春蜓
的水虿
石蝇的幼虫

水生昆虫——采集并就近观察

环境不同种类也不同

栖息在河川里的昆虫对于环境的变化很敏感，只要条件稍微有些改变，里面住的水生昆虫便会跟着变化，如河川的上中下游，以及湖泊、沼泽等。在同样一条河川里，水流湍急与缓慢的地方，栖住的昆虫也不一样。现代人在持续调查水生昆虫时，也可以从它们的变化来反推水质是否产生了变化。通过这样的研究，就能很清楚了解河川污染的情形。

捕捉时应注意的事项

不要赤脚走进河水，一定要穿上运动鞋或长筒雨靴。水生昆虫通常会在石头内侧、沙子或泥土中，要用网子或筛子采集。如果你想要带回家观察或饲养，就将它们移到空瓶等容器中。蜻蜓的幼虫水蚤很适合进行饲养观察。它们伸长下颚捕捉猎物的样子，蜕皮之后羽化变成蜻蜓的样子，这一幕幕生动的情景就像一出戏，让人看了感到无比兴奋。带水蚤回家饲养时，记得不要把两只放在一起，否则它们可能会自相残杀而吞食对方。在河川采集时，要注意遵守以下两件事：①移动过的石头一定要放回原位；②不要因为太过忘我而离岸边太远。

水生昆虫的食物链

踩在河里的石头上很容易滑倒，把石头拿在手上也是滑溜溜的，这是因为石头表面附着了藻类。藻类对于蜉蝣、石蛾、摇蚊等来说是很重要的食物。以这些草食性昆虫为食的，则是纹石蝇等肉食性昆虫。可是，它们还是会被蜻蜓的幼虫水蚤或黄石蛉的幼虫等吃掉。把水蚤或黄石蛉幼虫当作猎物的则是鹡鸰等鸟类。

放大镜
捞网
河虫网
筛子
罐筒
密封容器
瓶子
观察它们游泳的方式。
细腰晏蜓的水蚕
从尾部按压水面，
以喷射机方式游泳。
水蚕猎捕食物的方式
琵蟌科的水蚕
摆动 3 片
尾部游泳。
伸长下颚把猎物
拉近。

蜻蜓——各种产卵方式

不同的蜻蜓有不同的产卵方法

蜻蜓的幼虫称为水虿，生活在水中，这点前页已经提过。由此可以得知，蜻蜓是将卵产在水里的。在许多蜻蜓飞舞的水边，观察一段时间，就能看见它们产卵的场面。蜻蜓的种类不同，产卵的方法也就各不相同。例如白刃蜻蜓会在交配结束后，用腹部前端贴住水面，让卵随着水滴飞溅而附着到水草上。这时候，雄蜻蜓会像保镖一样，在产卵的雌蜻蜓上方飞翔巡视。无霸勾蜓是单独产卵；秋赤蜻是雌雄交配时，直接将腹部前端贴在水边附近的泥土上产卵。

蜻蜓的一生

从卵孵化出的幼虫、不同蜻蜓的水虿也各自不同，不过大多都必须经过 10～14 次的反复蜕皮。这段时间从 3 个月到 5 年，时间长短各不相同。一旦到了必须羽化的时刻，水虿就会沿着水草离开水中，大部分都会在晚上慢慢羽化直到天亮。成虫后的蜻蜓，以捕食其他的小昆虫维生，等营养充足后会进行交配，一直到产卵结束，雌、雄蜻蜓便都会死亡。

往来于平地与山区的秋赤蜻

秋赤蜻的幼虫在水田或沼泽地生长，并在初夏羽化。这时候它们的身体还没有变成红色。羽化后的秋赤蜻会离开出生的地方，渐渐往山区飞去并在山上度过夏天。等到了 9 月，山区的气温开始下降，秋赤蜻的身体开始转为红色。这时候它们会集体往地势较低的地区移动，在我们眼中看见的就是红蜻蜓了。这真是一种拥有神奇特性的蜻蜓。

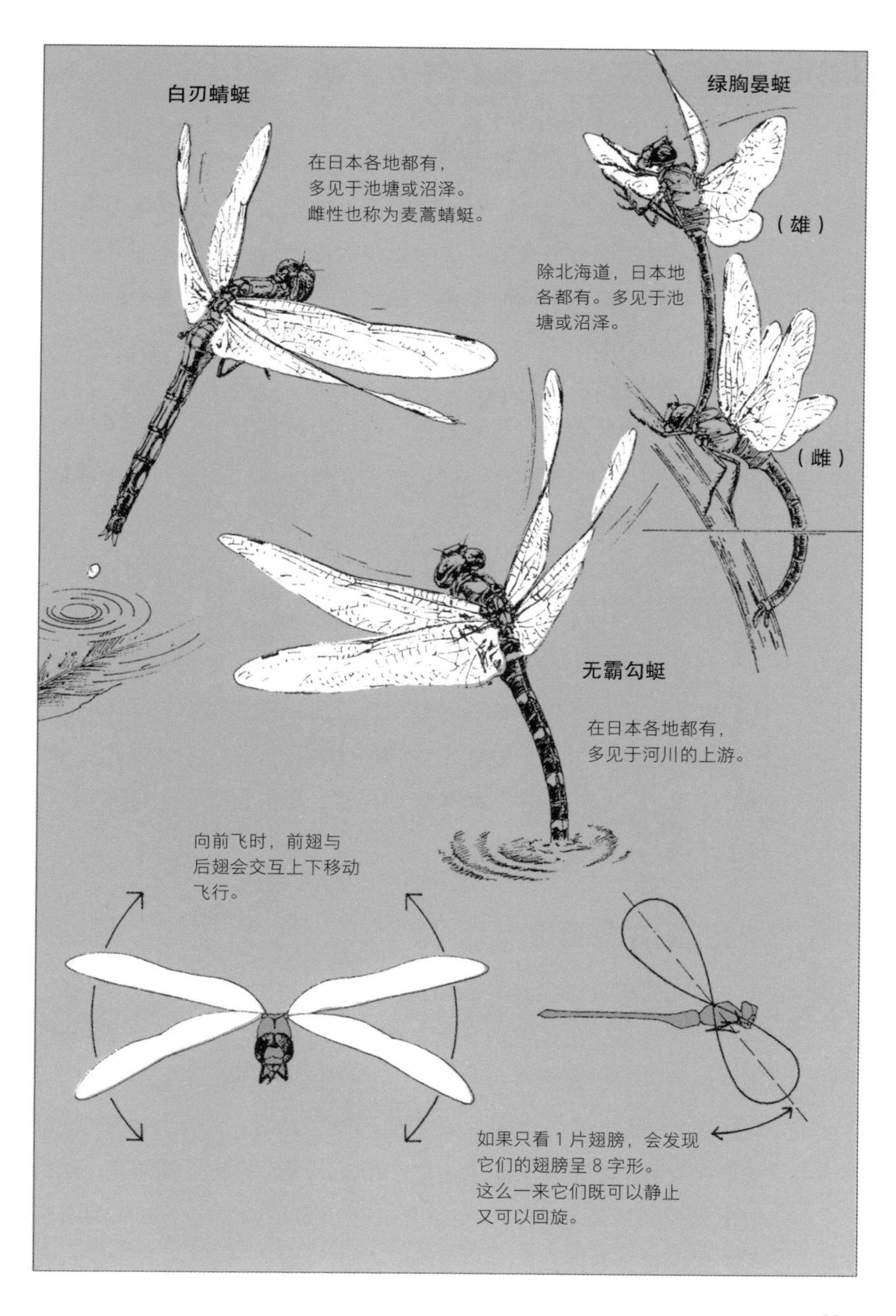
白刃蜻蜓
在日本各地都有，
多见于池塘或沼泽。
雌性也称为麦蒿蜻蜓。
绿胸晏蜓
（雄）
除北海道，日本地
各都有。多见于池
塘或沼泽。
（雌）
无霸勾蜓
在日本各地都有，
多见于河川的上游。
向前飞时，前翅与
后翅会交互上下移动
飞行。
如果只看 1 片翅膀，会发现
它们的翅膀呈 8 字形。
这么一来它们既可以静止
又可以回旋。

拍照的方法

小心手抖

在自然观察中，要活用拍照来记录环境。把昆虫或鸟类等动物的活动地点拍摄下来吧。这时要在笔记上记一下你是在哪里拍摄的，等照片洗出来以后就不会搞混了。照相时最需要小心的一点就是手抖。焦点没对好而模糊的照片，几乎都是因为按下快门的那一瞬间相机震动了。为防止手抖，请注意：①双臂紧靠腋下，拿好相机；②如果旁边有树或长椅，就把身体靠着稳定下来；③拍摄较低位置时，单膝跪地，把手肘靠在另一边的膝盖上；④调整呼吸之后，按下快门。

要拍哪个地方，得先决定构图

当你想拍摄明亮通风的树林，而且有鸟儿栖息在树上的景致时，要如何拍摄才好呢？这时就拿起相机四处移动看看。不是什么都要拍进镜头里，而是锁定想拍的主题，这么一来才能拍出好照片。近拍、远拍、左右稍微移动调整，尽量摒除多余的东西后按下快门。

决定直拍或横拍

现在的相机大多是数码相机。正常拿相机时，会拍下横幅的照片，并且呈现出景色的宽度，而直立拿相机时，拍下来的照片是长幅的，可呈现景色的高度。无论想拍哪一种，在拍摄时都要专注在拍摄目标上。此外，在拍摄远处风景时，为了让地平线或水平线看起来平直，就要水平拿着相机。因为只要稍微倾斜一点，拍出来的照片看起来就会很奇怪。想拍摄植物、昆虫或鸟类时，可以先参考野外摄影的入门书籍。

手拿相机的方法
慢慢按下
快门。
要将相机的带子挂在脖子上。
左手稳定
支撑相机。
双臂贴合
腋下。
标准镜头
变换不同的镜头后，就算
是同一个场景，也能产
生不同的效果。
广角镜头
远摄镜头

生物月历

可以见到成虫的时期（月）

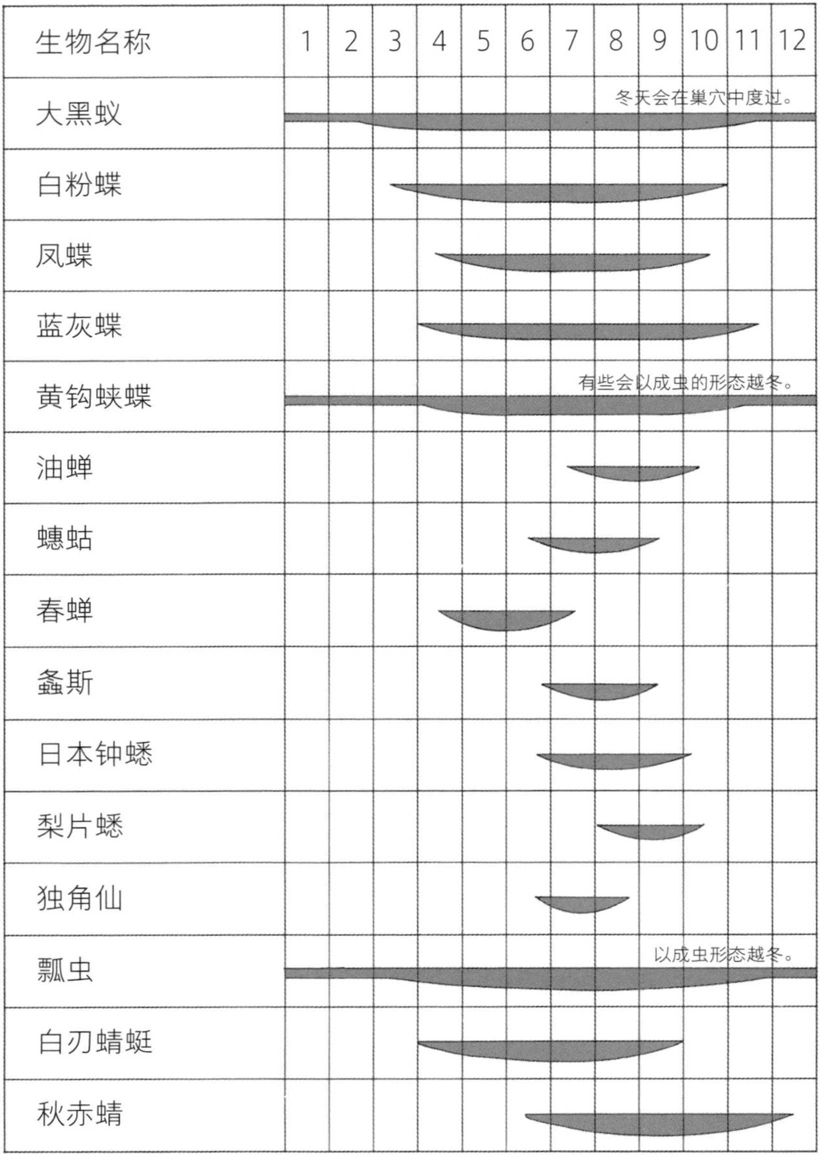

生物名称	1	2	3	4	5	6	7	8	9	10	11	12
大黑蚁								冬天会在巢穴中度过。				
白粉蝶												
凤蝶												
蓝灰蝶												
黄钩蛱蝶							有些会以成虫的形态越冬。					
油蝉												
蟪蛄												
春蝉												
螽斯												
日本钟蟋												
梨片蟋												
独角仙												
瓢虫									以成虫形态越冬。			
白刃蜻蜓												
秋赤蜻												

去杂木林找昆虫

观察时的用具与服装（20页）

好凉爽啊！
啊！
有蝴蝶！
是小环蛱蝶。
注意一下，
我往树枝的旁边
丢过去。
哇，
好漂亮！
抓到了！

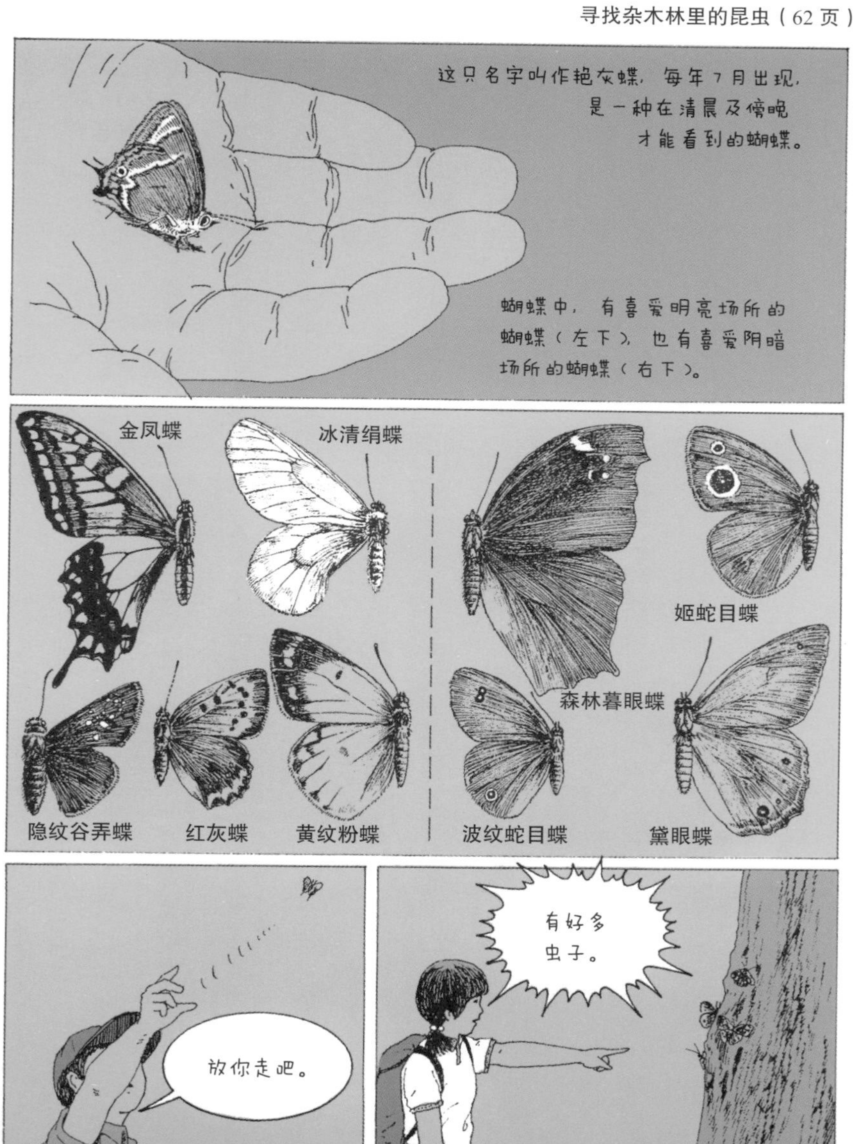
这只名字叫作艳灰蝶，每年 7 月出现，
是一种在清晨及傍晚
才能看到的蝴蝶。
蝴蝶中，有喜爱明亮场所的
蝴蝶（左下），也有喜爱阴暗
场所的蝴蝶（右下）。
金凤蝶
冰清绢蝶
隐纹谷弄蝶
红灰蝶
黄纹粉蝶
森林暮眼蝶
姬蛇目蝶
波纹蛇目蝶
黛眼蝶
放你走吧。
有好多
虫子。

它们是来
舔树液的。
那只大的蝴蝶
叫什么？
叫大紫蛱蝶。
绿罗花金龟
在发光啊！
危险！
是胡蜂。
大家都
逃走了。
尝尝看
树液的味道。
好怪。
酸酸的。

在这棵麻栎上
涂一点蜜汁吧。
你在做什么？
把刚刚那包腐肉
放进瓶子里埋起来。
明天再来看看
会变成什么样吧。
在这里做记号
好不好？
啊！
是虎甲虫。
等着瞧吧。
能看到
锹形虫吗？

锹形虫
白天都会躲起来。
在树根附近挖挖看。
有了！
它们是在晚上
或清晨活动的。
细的树干
用手摇晃。
粗的树干
就用脚踢。
有锹形虫
掉下来了。
放到瓶子里，
回去再好好观察。

快来看，
有个树洞。
里面有什么
东西……
沾上蜜水伸进去。
用纱布包住棉花。
看，跑出来了。
日本大锹形虫。
我要
拍下来。
倒下来的树木底下，
还有树皮之间，
也有很多
昆虫。
哇！
一大群。
是鼠妇。
大黑叩头虫
白条天牛
鼠妇
日本大锹形虫

来吧，
整理一下白天
捉到的昆虫。
今天看到不
少东西呢。

夜间观察
6点半
出发。

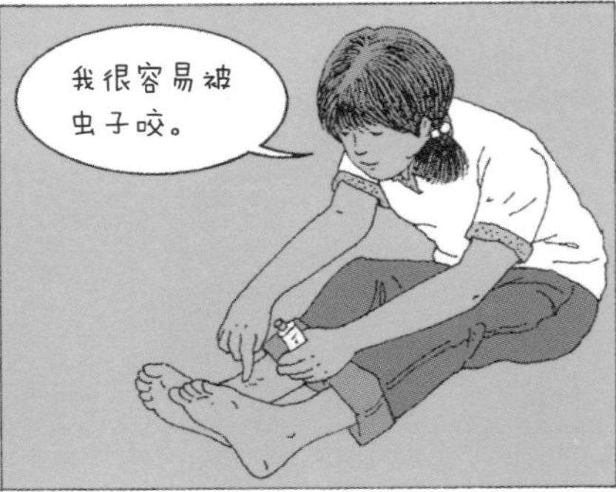
我很容易被
虫子咬。

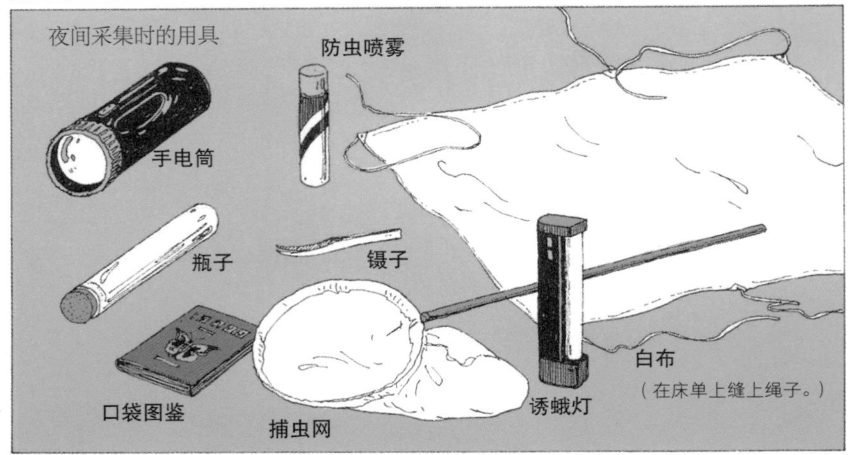
夜间采集时的用具
防虫喷雾
手电筒
瓶子
镊子
口袋图鉴
捕虫网
诱蛾灯
白布
（在床单上缝上绳子。）

聚集在树液上的昆虫（64 页）

聚集在夜晚灯光下的昆虫（38 页）

蛾——与蝴蝶哪里不同呢？（40 页）
森林里能看到的老鼠（196 页）

观察鸣叫的方式吧（84 页）

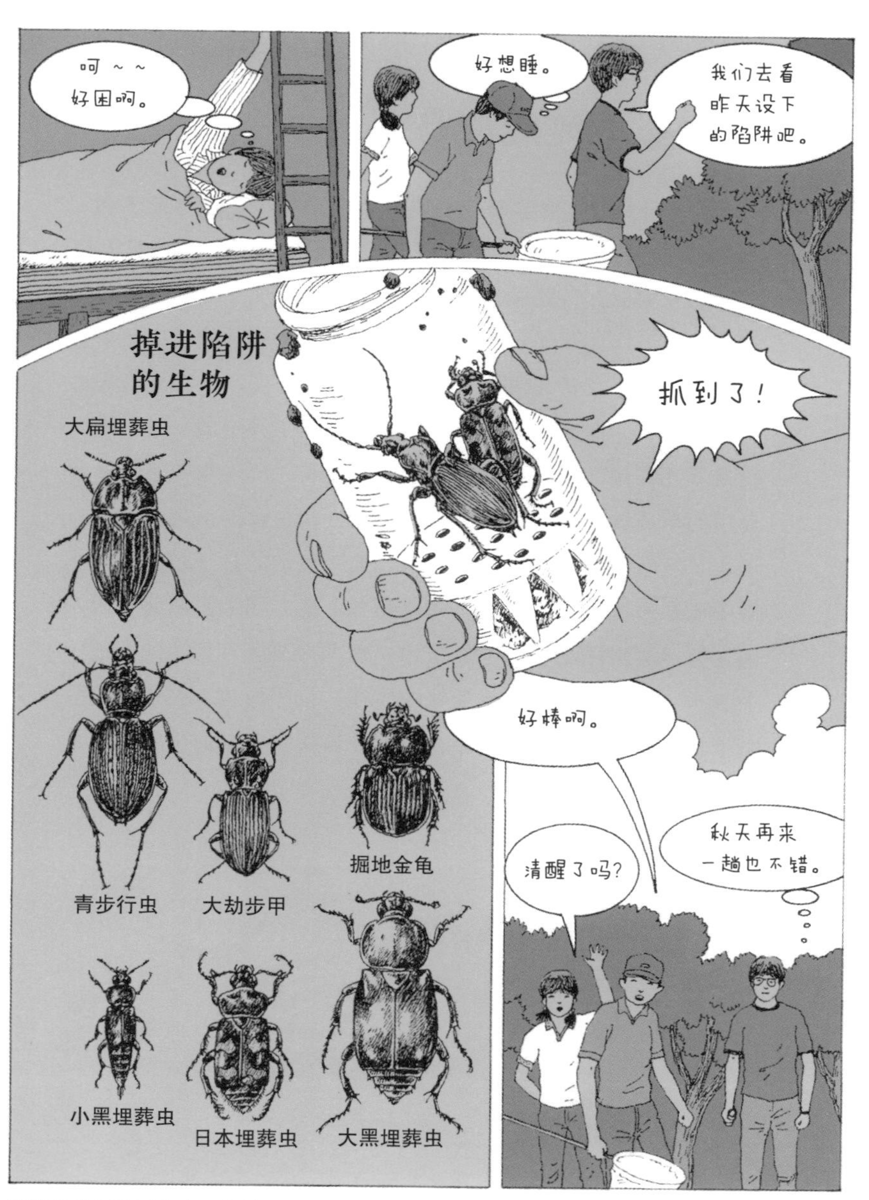

寻找落叶下的昆虫（76页）

聚集在小河边的鸟翼蝶

有一种蝴蝶会被误认为是鸟儿而受到枪击。你可能不相信，不过它们会飞行在树木的高处，并且挥动翅膀的方式与小鸟十分相似。鸟翼蝶也因此而得名。当然现在已经禁止枪击或捕捉了。鸟翼蝶属于凤蝶科，是一种大型的蝴蝶，主要居住在东南亚及新几内亚地区。我从马来西亚的金马仑高原前往伊波镇，在途经一处小河川时便看见了其中的一种，那就是翠叶红颈鸟翼蝶。想要找到某种蝴蝶，要先找到它们所食用的草或树木，然后再找有水的地方，并设下招来蝴蝶的诱饵。当时我就是要出门去找水。天气稳定的日子，小河潺潺的流水声令人心旷神怡，我看到有个地方在太阳照射下闪闪发亮，这才发现河边有多达 20 ~ 30 只蝴蝶正在河边的沙地上吸水。翠叶红颈鸟翼蝶的翠绿模样，就那样映入眼帘。我悄悄地靠近它们，一直到距离只有 2 米左右，它们仍然没有飞逃而去。

鸟　类

观察时的用具与服装

鸟类的特征

鸟类被分在脊椎动物亚门下的一个纲。它们的主要特征有：①身上长有羽毛；②体温能够保持恒定，不受外在气温变化影响（我们哺乳类的体温约 36～37℃，而鸟类则高达 42～43℃）；③有坚硬的喙，脚上有角质鳞状皮；④卵有坚硬的外壳包住，等等。而且也有为了飞行而生成的身体构造（有些例外），包括骨骼轻盈，胸部肌肉发达到几乎占了体重的一半等特点。

双筒望远镜能缩短与鸟儿之间的距离

鸟的视力极佳，虽然很难测量到底好到什么程度，不过可以确信的是，至少在我们看到鸟儿之前，它们就能先看见我们了。它们看见其他动物时会同时判断对方是否为敌人，一旦发现有危险就会立刻飞逃。我们再怎么表示只是来看看而已，也没有用。此时我们所需要的是一副双筒望远镜（选择及使用方法请参阅 168 页）。虽然天文望远镜的放大倍率比起双筒望远镜还高，但因为很重不方便携带，且价格又高，因此就先使用双筒望远镜。

选择不会惊吓到鸟儿的服装颜色

鸟儿不只视力良好，还能分辨颜色。在树林里，如果穿着与周围完全不同的颜色，尤其是红、黄、白这些特别显眼的颜色，就算距离鸟儿很远，也会让它们感到不安而逃走。绿色或茶色系在树林里就不会那么醒目了。口袋图鉴则是不可或缺的随身物品。当场查阅印象会比较深刻，也不容易认错。

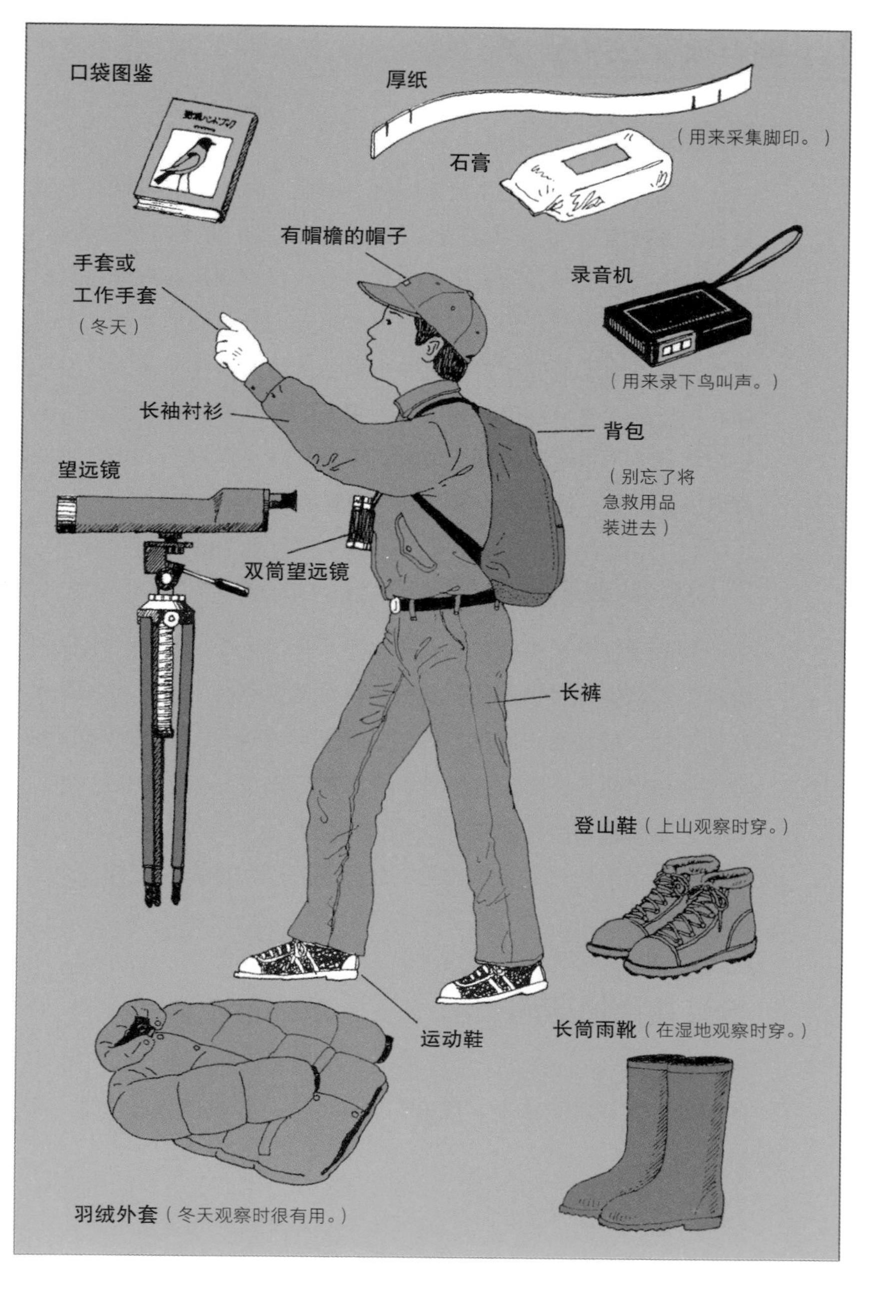
口袋图鉴
厚纸
（用来采集脚印。）
石膏
有帽檐的帽子
手套或
工作手套
（冬天）
录音机
（用来录下鸟叫声。）
长袖衬衫
背包
（别忘了将
急救用品
装进去）
望远镜
双筒望远镜
长裤
登山鞋（上山观察时穿。）
运动鞋
长筒雨靴（在湿地观察时穿。）
羽绒外套（冬天观察时很有用。）

观察鸟的羽毛

形成翅膀的羽毛

大部分的鸟都能够飞翔（鸵鸟、鸸鹋、鹬鸵、企鹅等鸟类则失去了飞行能力）。当我们看见缓缓展开巨大翅膀飞翔的红嘴鸥，或是朝水面直线飞行捕捉鱼类的燕鸥时，我们往往会陶醉在它们雄伟与壮阔的飞行姿态中。不同种类的鸟拥有不同形状与大小的翅膀，这是为了适应在树上或在水面上生活所演化而来的。但是如右图所绘，当它们展开翅膀时，羽毛的排列都是一样的。由于在自然状态下很难观察到，所以请就近观察自己饲养的鸟，例如文鸟、金丝雀、鹦鹉等，以及动物园里鸟儿的羽毛。

不同种类有不同的羽毛形状、长度

鸟的身体上覆盖着柔软的绒毛及小小的羽毛。这些羽毛保护着鸟的皮肤，也负责不让体温流失。绒毛又称为羽绒；特别是水鸟的羽绒，经常用来做成我们的防寒外套或被子。有飞行功用的是飞羽和尾羽。根据这两种羽毛的长度，鸟的飞行姿势也会不同。试着把游隼或白腰雨燕这种飞行速度很快的鸟，与海鸥这种优雅飞行的鸟做个比较。想想羽毛的长度与它们的体态、飞行方式之间有什么关系。

捡拾鸟儿掉落的羽毛

鸟儿每年会进行 1 ~ 2 次换毛。一般在春季至夏季育儿结束的时期，它们就会换毛。捡拾它们的羽毛，并调查看看是哪一部分的羽毛。

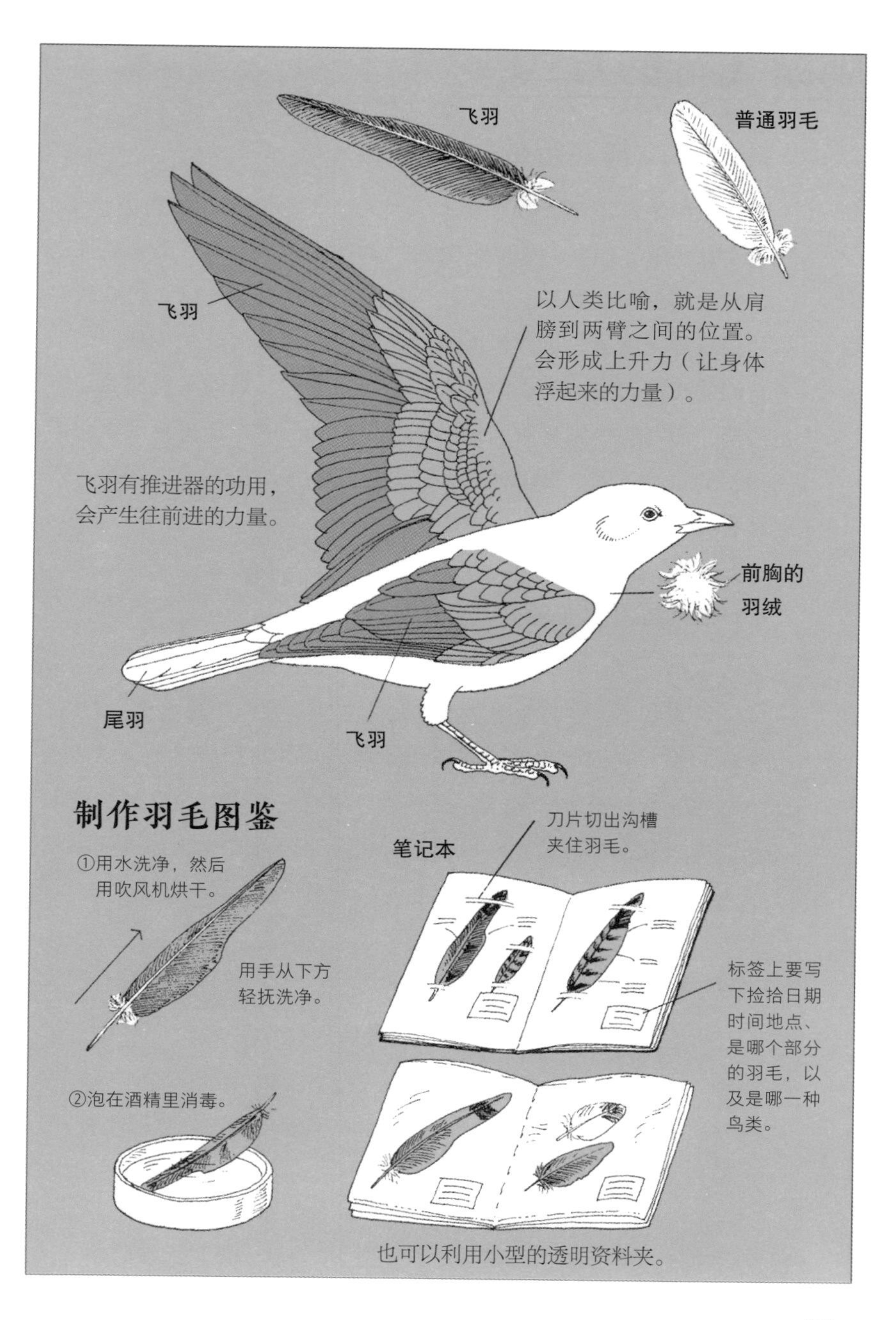
飞羽
普通羽毛
飞羽
以人类比喻，就是从肩
膀到两臂之间的位置。
会形成上升力（让身体
浮起来的力量）。
飞羽有推进器的功用，
会产生往前进的力量。
前胸的
羽绒
尾羽
飞羽
制作羽毛图鉴
①用水洗净，然后
用吹风机烘干。
笔记本
刀片切出沟槽
夹住羽毛。
用手从下方
轻抚洗净。
标签上要写
下捡拾日期
时间地点、
是哪个部分
的羽毛，以
及是哪一种
鸟类。
②泡在酒精里消毒。
也可以利用小型的透明资料夹。

观察飞行的方式

振翅方式与飞行的轨迹

鸟的个性不只表现在姿态及外形上，还表现在飞行方法上。请注意一下它们振动翅膀的方式。麻雀或乌鸦飞翔时会不断挥动它们的羽翼，而鸽子、棕耳鹎飞行时，会先振动翅膀，然后暂时呈相对静止状态，接着再次振动翅膀，不断重复这些步骤。记下它们的飞行轨迹，画出路线来。你会知道棕耳鹎的飞行路线是波浪形，而乌鸦的则是直线形。下次发现鸟儿时，记得要观察它们翅膀的振动方式、振动速度，以及它们的飞行路线是波浪形，还是直线形。

利用气流的鸟类

观察的第一步，就是对平常并不在意的鸟的动作一一提出疑问。鹫与鹰类，还有海鸥之类的鸟儿，总是在空中悠游地飞翔着。比较起来，我们可曾看过麻雀、棕耳鹎，以及野鸭等水鸟悠哉地飞行吗？鹫与鹰类、海鸥类都是善于乘着气流飞行的鸟类，它们会漂亮地让身体顺着上升气流浮起，几乎不需要怎么振动翅膀就能飞行几个小时。

滑翔与空中悬停

观察这些善于将身体乘着气流的鸟儿的飞行方式。仿佛画圈圈般，一圈一圈地滑向空中，这种飞行方式称为“滑翔”。这些在上空的鸟儿，边寻找猎物边飞行。一旦发现猎物，就将翅膀张开，几乎固定在同一点上，锁定猎物，像这样的飞翔方式称为“空中悬停”。接着，它们就会朝着猎物急速下降。

直线式飞行

波浪式飞行

种类不同，波形的大小也不一样。

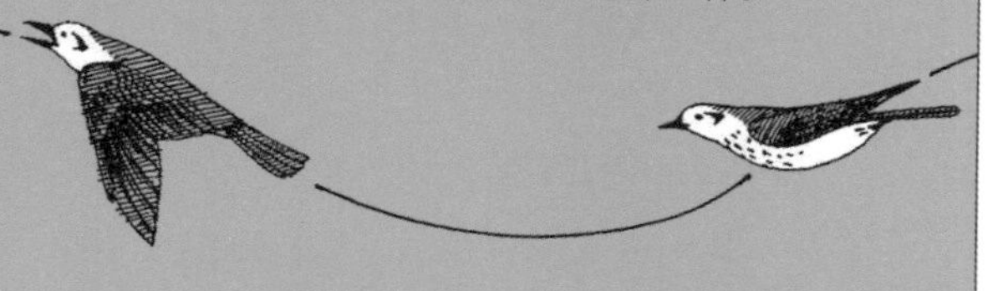

滑翔

不太振动翅膀，缓缓地顺着气流。

空中悬停

锁定猎物的时候。是一种特殊的翅膀振动方式。

从前方观看的飞行姿态（鹫与鹰类）

黑鸢

近乎水平

东方泽鹞

V 字形

鵟

浅 V 字形

进食的方式与喙

观察鸟儿的进食方式

把注意力放在鸟喙上。粗的鸟喙、又细又长的鸟喙、又尖又弯的鸟喙……这些形状与大小的不同，都与饵食有很大的关系。让我们用双筒望远镜来观察没有牙齿的鸟儿们，是吃些什么，又是如何进食的。

拥有粗喙的鸟

有些鸟儿的喙比麻雀或鸽子的还要粗，包括锡嘴雀、红腹灰雀、黑头蜡嘴雀，以及饲养鸟中的文鸟等。这些坚固的鸟喙适合用来咬破谷类的壳、坚硬的树木果实等。其中上下嘴交叉的红交嘴雀，喙的样子非常有趣。虽然看起来好像不太方便进食，但对于把嘴伸入松果里，并撑开果壳取食，是非常有用的。

拥有长喙的鸟

包括大斑啄木鸟在内的各种啄木鸟，都会捕食藏在树皮下的昆虫。它们拥有又长又坚固的喙，能够挖出树皮里的虫。至于翠鸟类，则会用精彩的泳技潜入水里，然后用长长的喙来捉鱼。不过要说拥有长喙的代表选手，莫过于鹬科鸟类。它们最擅长将贝类、螃蟹、沙蚕等藏身在沙土泥穴中的生物拉出来吃掉。

拥有又尖又弯鸟喙的鸟

拥有这种鸟喙的大部分都是肉食性鸟类，包括会捕食青蛙或昆虫的红头伯劳，以及猎捕老鼠或蛇的鹭或鹰类等。都是为了方便咬碎肉类，他们的喙的前端才会呈弯曲状。

红交嘴雀
火刺木等树的果实
锡嘴雀
杉树的果实
松树的果实
棕耳鹎
黑头蜡嘴雀
木蜡树的果实
普通夜鹰
短翅树莺
大斑啄木鸟
昆虫的幼虫等
躲在树皮下的
昆虫幼虫等
昆虫等
翠鸟
黑尾鸥
鱼
大杓鹬
游隼
其他的小鸟等
螃蟹等

各式各样的脚形

观察鸟儿的脚

比起翅膀与喙，鸟儿的脚给人的印象比较模糊，这是因为在它们移动时，我们没有什么机会可以看清楚。但是就算它们栖息在树梢上，脚也会被羽毛遮住而不容易看到。可是仔细看，就会发现它们的脚与喙一样，也会因种类的不同而不一样，相当有趣。鸟的脚一般有 4 趾。有些鸟是全 4 趾都在前面，有些是前 3 趾后 1 趾，也有些是前面 2 趾后面 2 趾。有些鸟的脚趾与脚趾之间还会有膜。所以，在观察鸟类的时候也要注意它们的脚，观察结束可以试着画下来。

有蹼的脚

雁与鸭这些种类，以及海鸥等水鸟的脚上，都长有蹼。至于鹭科与鹬科的脚虽然也有蹼，但比较小。多数鸻科鸟类的脚只有 3 趾，算是比较例外的，但 3 只脚趾之间也有小小的蹼。有趣的是，䴙䴘科与红冠水鸡一类的鸟，它们的脚被称为瓣足。脚趾周围呈鳍状，踢后方的水的时候会张开，缩回前方时为了降低水的阻力又会闭起来。因此在水鸟中，它们可是一等一的潜水高手。

脚趾的位置与姿势的关系

除了水鸟之外，几乎所有鸟的脚趾都是前 3 趾后 1 趾，或前 2 趾后 2 趾。拥有前后各 2 趾的是鸱鸮科（俗称猫头鹰）与鹦鹉科，还有大部分都会停在树干上的啄木鸟科等种类。请试着比较这些鸟儿的姿势。除此之外，比较有特色的还有脚几乎被羽毛覆盖的鸱鸮科、岩雷鸟、白腹毛脚燕，以及爪子非常发达的鹰或鹫等类别。

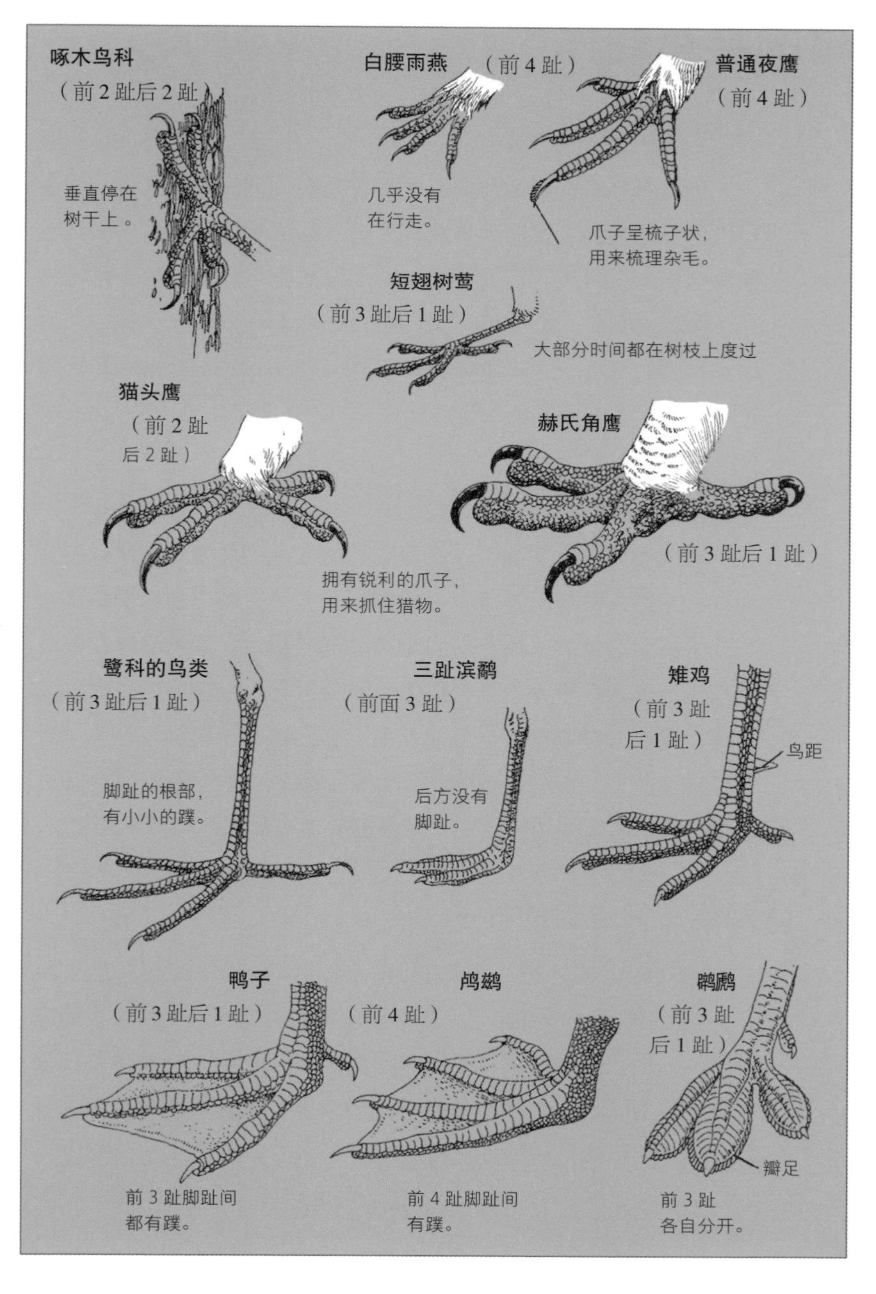
啄木鸟科
（前2趾后2趾）
垂直停在
树干上。
白腰雨燕
（前4趾）
几乎没有
在行走。
普通夜鹰
（前4趾）
爪子呈梳子状，
用来梳理杂毛。
短翅树莺
（前3趾后1趾）
大部分时间都在树枝上度过
猫头鹰
（前2趾
后2趾）
拥有锐利的爪子，
用来抓住猎物。
赫氏角鹰
（前3趾后1趾）
鹭科的鸟类
（前3趾后1趾）
脚趾的根部，
有小小的蹼。
三趾滨鹬
（前面3趾）
后方没有
脚趾。
雉鸡
（前3趾
后1趾）
鸟距
鸭子
（前3趾后1趾）
前3趾脚趾间
都有蹼。
鸬鹚
（前4趾）
前4趾脚趾间
有蹼。
䴙䴘
（前3趾
后1趾）
瓣足
前3趾
各自分开。

鸟的特有动作

头与尾的动作

鸟类有许多特别的动作，例如总是抬头挺胸睥睨一切，或是尾巴不停地左摇右摆。就算距离太远没办法看清楚鸟的样子，也能从动作大概猜出它们的种类。首先注意头与尾部。鹡鸰科的鸟类会振动它们长长的尾巴；黄尾鸲会低下头好像敬礼一样，然后摇动尾巴；会抬起尾巴激烈摆动，不住拍打翅膀的鸟则是短翅树莺。

搔头的动作

对鸟类而言，羽毛可以说像它们的生命一样重要，所以要仔细看看它们在栖息时整理羽毛的样子。大部分鸟类的尾羽根部都有分泌油脂的地方，而它们会用喙蘸取油脂，仔细地涂抹在羽毛上面进行整理。可是，不管再怎么努力，它们也没办法用喙触及头部，所以如果要梳理头部的羽毛，它们就会使用脚来搔头。看看麻雀和鸽子，它们都是把脚抬起越过翅膀，再弯着身子搔头的。那么其他的鸟又是如何做呢？顺便也调查看看动作与脚长的关系。

观察它们走路的样子

飞到地上的麻雀，都是双脚一起蹦蹦跳跳地往前行进（跳跃）。不过鸽子或棕耳鹎等，却都是用左右脚交互踏出的方式前进（行走）。所以鸟类依种类不同，走路的方式也不一样。乌鸦则是两种前进方法都会使用。找到鸟儿的时候，调查看看它们用哪一种方式走路，或是两种方式都用。

短翅树莺
白鹡鸰
鹡鸰科的鸟类，尾巴会
上下拍打振动。
翘起尾部，
激烈地振动。
灰鹡鸰
反嘴鹬
脚跨过翅膀
搔头。
直接从前方
搔头。
旋木雀
环绕着树干
往上攀爬。
茶腹䴓
逆向走下树干。
走路的方式
行走
鸻
以弯曲的路线
行走。
跳跃

拥有奇特习性的鸟

红头伯劳怪异的储食方式

能看到红头伯劳的时节，多为9月到10月。它们会“唧～”地用这种尖锐的叫声，来告知秋天的到来。尽管如此，这也只有在日本本州地区才听得到。因为天气一变冷，红头伯劳就会往温暖的地方移动。在夏天的北海道可以见得到它们，九州则在冬天能看到。这种红头伯劳有个很不可思议的习性。它们会用树枝、铁丝等刺穿捕捉到的青蛙或蜥蜴等猎物。日本人称这种习性为“速贽”，但为什么会有这样的习性，目前还不太清楚。让我们也来调查看看，红头伯劳会在什么地点存放什么食物，以及时节不同，储食的方式是不是也会改变。

聪明的乌鸦

听说有人去远足时，一个不留神就让便当被乌鸦抢走，还听说乌鸦会在市区的垃圾场里啄破塑料袋把垃圾拖出来等趣闻。乌鸦是非常聪明的鸟类，它们会从高处仔细观察人类的举动。有人曾看到它们叼着外壳很硬的核桃，从空中丢到路上，让核桃壳弄破后再吃掉核桃仁。还有些乌鸦会收集又圆又亮的东西，如弹珠、瓶盖等，并且把它们藏在同一个地方。仔细注意乌鸦的活动并进行观察吧。

会回到起飞地点的鹟科鸟类

鸟类捕食的方式有很多种。有许多鸟会捕捉正在飞行的昆虫。我们来观察鹟科的鸟类，它们会停在视野良好的树枝或电线上，一旦发现昆虫便迅速飞起捕捉，然后再回到原来栖息的地方。动作之快，好像什么都没发生过一样。

储食的红头伯劳
红头伯劳
浅橘色
有白色的斑点
黑
记录范例
2月20日 地点 野川公园
储食 蟋蟀
2天后 稍微吃了一些
5天后 没什么改变
摔破核桃壳的乌鸦
接着，乌鸦会降落到地上
吃壳碎掉的核桃仁。
这样的行为
也常见于黄眉黄鹟、
乌鹟、灰鹟等。
黑喉鸲（野鹟）

鸟的结婚与筑巢

春天开始筑巢

鸟类的巢和我们人类的家是一样的吗？不同种类的鸟，会筑出各式各样的鸟巢。在鸟巢里哺育小孩，这点与我们人类一样。可是，一旦雏鸟长大，鸟巢对于鸟爸爸鸟妈妈而言就没有用了。原本还相亲相爱一起筑巢的雄鸟与雌鸟，大部分都会再度回到群体里一起生活。所以，把鸟巢想成是为了养育小鸟而临时盖的家会比较适合。

雄鸟对雌鸟的求爱行为

春天，是雄鸟与雌鸟寻找配偶的季节，这时我们就可以看见鸟类的神奇行为。雄鸟在雌鸟面前，会展开美丽的羽毛吸引雌鸟目光，头部上下摆动，高声啼叫等。不同种类会有不一样的动作，不过全部都是为了结婚而展开的求爱行为。此外，还会见到雄鸟喂食雌鸟，就好像喂食给雏鸟的动作一般。这些在其他季节看不到的求偶举动，看了真令人会心一笑。如果你有机会看到，一定要仔细分辨谁是雌鸟、谁是雄鸟，还要观察它们做了些什么动作。

筑巢期间要小心观察

结为伴侣的雄鸟与雌鸟会共同筑巢、产卵，然后养育幼鸟。鸟巢有直接利用地面的简易鸟巢，也有在树上用小树枝与稻草仔细编织的鸟巢等，依地点不同，形状的变化也会很丰富。另外有一种精打细算的鸟，如大杜鹃或小杜鹃，它们不但不筑巢，反而把卵产在别种鸟的巢里。如果你发现了鸟巢，要从远处用望远镜悄悄观察，因为正在哺育子代的鸟类，是非常敏感的。而这也是鸟儿一生中最重要的时期，所以千万要小心。

大山雀
雀类会在树上的
小洞穴等地方里
产卵。
大斑啄木鸟
会在土堤岸等地挖出很深的洞
穴，然后在里面产卵。
啄木鸟类会
在树干上挖洞
后，在里面产卵。
翠鸟
大杜鹃
双眉苇莺
大杜鹃的母亲会把卵产在
双眉苇莺等其他鸟的巢里。
而比巢里其他卵还快孵化
出来的大杜鹃雏鸟，就会
把其他的卵从巢里推下树。
喂食比自
己体形还
大的雏鸟。
小环颈鸻
会把卵产在河边小石
头的洼洞中。卵和小
石头的颜色与形状都
非常相似。

寻找身边的鸟

制作生物地图，并记录下来

首先从住家附近开始，观察住在周遭自然环境中的鸟儿。麻雀、乌鸦、野鸽、棕耳鹎、金背鸠等，都是城市中常见的鸟类。仔细留意，还有可能看到大山雀。除了这些全年都能见到的鸟，秋天还有斑鸫会来造访，冬天则看得到短翅树莺，到了春天燕子也都会出现。就算在城市里面，也可以看见很多野鸟。正因为城市里的野鸟离我们很近，所以很多细微的地方都能观察到。它们大约几点会出现，白天都在做些什么事、吃些什么东西，傍晚又到哪里去等，请你尽可能地持续记录下来。例如，大约 10 年前在城市里都还不太看得到棕耳鹎，它们主要栖息在山林里。但由于环境变迁，鸟儿的生态也随之改变。所以现在开始持续做的记录，可能会成为将来的珍贵资料。

观察的重点

我们再一次把观察鸟类的重点列出来。

①现在它们在做什么？正在捕捉猎物，还是在进食？在啼叫，还是安静地休息？在整理羽毛、戏水，还是在筑巢？等等。

②它们都吃些什么东西？会不会吃其他种类的食物？

③天敌是什么？仔细想想以这种鸟为中心所形成的食物链（参考 8 页）。

④是单独一只行动吗？还是和同伴集体行动？

⑤观察行走方式、飞行方式，还有动作的特征。

⑥晚上睡在哪里？调查它们傍晚飞去的方向。

⑦在哪里筑巢？巢的形状、材料、养育雏鸟的方式等，在不惊动鸟的范围内，安静地用望远镜调查。

小嘴鸦
金背鸠
野鸽
燕子
麻雀
棕耳鹎
金翅雀

麻雀——与人类共同生活的鸟

城市是安全的场所

麻雀的生活与我们人类的生活紧密相关。没有人类居住的地方就没有麻雀的栖息，从这点就能看出两者的关系。麻雀是杂食性的鸟，昆虫、树实、草籽、谷类等什么都吃，连人类的厨余也吃。城市里有丰富的食物，而且没有鹰或鹫等天敌，所以对于麻雀来说，城市是非常安全的地方。

来观察筑巢吧

麻雀大约在2月左右开始筑巢。虽然它们大多会利用住家墙壁或电线杆上的洞穴当巢，但近年钢筋水泥房屋增多，麻雀要找巢穴似乎也变得困难多了。尽管如此，它们还是会找到房屋的通风口等地方，在那里筑巢居住。此外，它们也会利用旧的麻雀巢穴，或是抢其他鸟类正在使用的巢。麻雀从2、3月至夏天，会繁殖2～3次。每次产下4～8个卵，两周左右就会孵化。母鸟会抓昆虫的幼虫哺育雏鸟。这时期，有些身体较孱弱的雏鸟无法顺利长大，而实际上能够离巢独立的鸟，大约只占卵的数量的一半。雏鸟的嘴喙边缘是黄色的，羽毛膨膨软软，动作也很笨拙，所以很容易分辨出来。仔细观察它们与鸟妈妈是如何接触的，观察它们的飞行练习。

寻找麻雀的栖息地

8月至9月初，当养育雏鸟的任务结束后，麻雀一到了傍晚便会成群飞回栖息地。数量之庞大是白天看到的麻雀群无法比拟的。有的麻雀栖息在公园的树上，还有的栖息在河边的芦苇丛里。麻雀们在什么样的地点来回移动，的确很引人好奇。让我们来调查看看，傍晚时分的麻雀到底往哪个方向飞去。

麻雀　雀形目　麻雀科
双颊呈黑色。
有白色纹路。
把燕子的窝
抢来作巢。
在大自然里，会在草丛茂密
的地方筑巢。筑巢的材料，
也会使用其他鸟类的羽毛。
雏鸟的饵食是昆
虫的幼虫，逐渐
长大后就可以吃
成虫了。
如果麻雀的雏鸟掉下来
虽然最好的方式是将它放回巢里，但万一
巢筑得太高放不回去，就好好照顾它，等
它会飞之后再野放。
免洗筷
用温水泡软的小米

乌鸦——聪明伶俐的鸟

巨嘴鸦与小嘴鸦

观察乌鸦要首先从分辨巨嘴鸦与小嘴鸦开始。乌鸦可以住在任何地方——从高山到城市，甚至是海边。在城市中能看见的乌鸦以巨嘴鸦居多。它们的特征是鸟喙又粗又厚。如果到郊外的田园地区，小嘴鸦就会变多了。两种乌鸦的啼叫声也不同。“咔啊咔啊”这种比较清澈的叫声属于巨嘴鸦，而“嘎啊嘎啊”这种比较混浊的叫声是小嘴鸦的叫声。

观察乌鸦的进食

乌鸦是杂食性鸟类，在城市中则依赖人类的厨余生存。它们会啄破垃圾堆里的袋子，也会熟练地打开塑料瓶盖觅食。在自然环境中，它们则大多以鱼或动物的尸体为食，扮演着重要的“清道夫”角色。乌鸦不怕人，会靠近人类飞行，所以观察起来很方便。它们吃些什么？是找到食物当场吃掉，还是会叼到别的地方再吃？都可以好好观查一番。

调查筑巢的材料

乌鸦筑巢的时间是3月到6月之间。因为它们大多在很高的树上筑巢，所以不容易观察，不过也许能看见它们搬运筑巢材料的过程。乌鸦不只利用小树枝、枯草等自然界的东西，有时也会使用绳子、毛线、铁丝、头发、纸等人造物品筑巢。在这一段时期里，如果它们嘴里叼的不是食物，那么大概就是用来筑巢的材料。此外，从秋天到冬天的这一段时间，树叶掉落后也能够发现乌鸦用过的旧巢。靠近一点，用望远镜仔细看看。

巨嘴鸦
雀形目　鸦科
小嘴鸦
喙是细的。
喙是粗的。
啼叫时会低头，像敬礼一般。啼叫声是“嘎啊～嘎啊～咕啊～”。
啼叫的时候会把头往前伸，然后尾部上下振动（尤其是在繁殖期时）。啼叫的声音是“咔啊～咔啊～发啊～发啊～”。
在接近树顶的位置筑巢。
在傍晚会一整群回到栖息处。
记录范例
5月5日　上午9点
巨嘴5只
啄破塑料袋
吃袋里的水果皮
小嘴2只
粗
细

燕子——报春的鸟

记下初次见到燕子的日期

“已经看见燕子的身影”——这种新闻报道，会让我们感受到春天的来临。燕子从距离几千公里外的菲律宾、印尼等地起飞旅行，在 3 月底的时候陆续抵达。在日本，第一次见到某生物身影的日子称为“初认日”。3 月一到就要特别留意，把初次看到燕子的日期与地点记在日历或笔记本上。反过来说，最后一次看见某种生物的日子称为“终认日”。与初次见到燕子的日期相比，要确认最后一次看见燕子的日期困难多了。大部分的时候都是不知不觉就看不到了。燕子大约在 8 月到 10 月间离去，因为地区不同，飞离的时间也都不一样，试着在这段时间特别留意看看。

燕子的同类们

燕子是雀形目燕科的鸟类，一般是指家燕。在日本能看见的燕科鸟类有家燕、赤腰燕、白腹毛脚燕、灰沙燕（分布在北海道）、洋燕（分布地由奄美大岛至冲绳）共 5 个种类。全日本都看得见的是前 3 种。赤腰燕的腰部是红色的，白腹毛脚燕的特征则是腰部白色、尾巴较短，白腰雨燕的名称虽然也有个燕字，但它是属于雨燕目雨燕科的鸟类，与燕科的类别不同。

观察燕子筑巢

燕子喜爱人类居住的城市或村庄，而且多会在屋檐下筑巢。附近有能够用来筑巢的泥土，以及能当作饵食的昆虫，都是选择筑巢地点的条件。燕子在何时何地开始筑巢，雄燕与雌燕又是如何分工合作的，请好好观察吧。

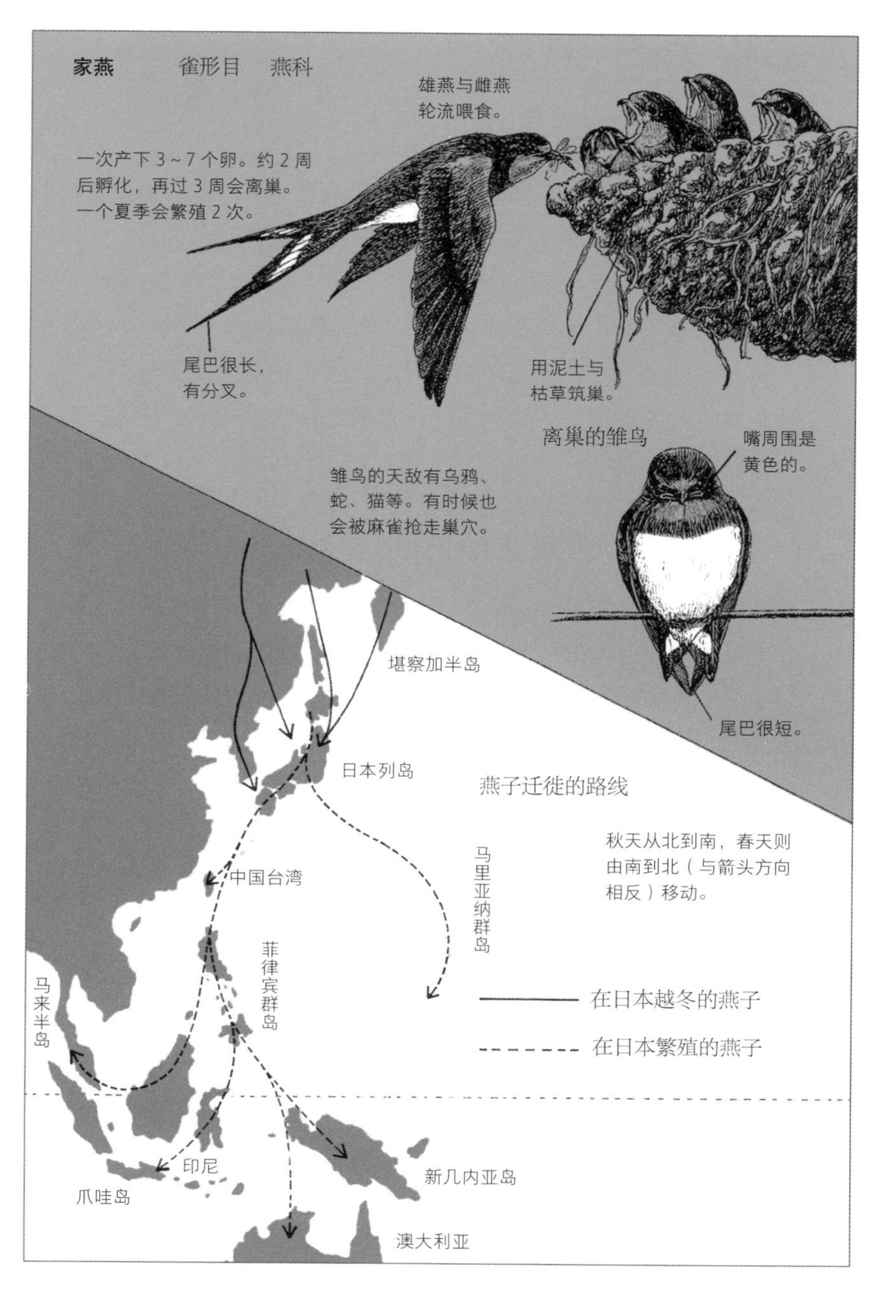
家燕 雀形目 燕科
雄燕与雌燕
轮流喂食。
一次产下 3～7 个卵。约 2 周
后孵化，再过 3 周会离巢。
一个夏季会繁殖 2 次。
尾巴很长，
有分叉。
用泥土与
枯草筑巢。
离巢的雏鸟
嘴周围是
黄色的。
雏鸟的天敌有乌鸦、
蛇、猫等。有时候也
会被麻雀抢走巢穴。
尾巴很短。
堪察加半岛
日本列岛
燕子迁徙的路线
秋天从北到南，春天则
由南到北（与箭头方向
相反）移动。
中国台湾
马里亚纳群岛
菲律宾群岛
马来半岛
在日本越冬的燕子
在日本繁殖的燕子
印尼
爪哇岛
新几内亚岛
澳大利亚

逃出牢笼的鸟

野化的宠物鸟

养在家里的虎皮鹦鹉、文鸟等逃出笼子后，有可能会野化。它们逃走的原因有很多，可能是喂食时不小心让它们飞走了，也有些是饲主不想养而把它们放走的。要尽量避免犯下让宠物鸟逃跑的疏忽，因为既然照顾了，就应该要负责到底，否则从笼子里逃出去的宠物鸟，几乎都会因无法觅食，或是被猫等动物袭击，而面临死亡的威胁。残存下来的较强壮的鸟，则会群聚在一起，野化并生存下来。

被当成宠物带进来的鸟

有许多宠物鸟都是原产于东南亚、印度、非洲等地。鹦鹉类的鸟在印度、斯里兰卡、澳大利亚等地都被视为会破坏农作物的害鸟，并不受欢迎，因此被当成宠物鸟廉价地销往海外。能记住语言，并会流利说话的鹦鹉类，在日本的人气很高。虽然它们是被带到不同环境生活的鸟，不过一旦在日本繁殖后，它们就能适应新的环境。

发现稀有鸟类时

图鉴里也没有记载的稀奇鸟类，当你发现它们的时候，要先怀疑它们是不是从笼子里逃出来的宠物鸟。红梅花雀、黑头文鸟、虎皮鹦鹉、文鸟，还有东京近郊最近出现的红领绿鹦鹉群，都曾被观察到。它们是几只聚成一群的？如何觅食？靠近食物时会不会与其他种的野鸟打架？这些都可以好好观察一番。

聚群的红领绿鹦鹉
喙是
红色的。
尾巴很长，身体
也比虎皮鹦鹉大上许多，
颈部是一圈红色的毛。
虎皮鹦鹉
以黄色或绿色
为主。
红梅花雀
全身是红色的。
雄鸟身上
有白色斑点。
带点蓝
的灰色。
黑色
红褐色
胸前是
白色的。
带点蓝
的灰色。
黑色
胸前是
红褐色的。
黑头文鸟（白腹）
黑头文鸟（栗腹）

田间能看到的鸟

农家周围的树林里

一般农田是很宽阔的，四处也都有农家。我们可以在农家周围看见防风的树林。这是日本随处可见的田园风光。如果附近有溪流，应该还可以看见丛生的芒草或芦苇。在这样的环境里，到底能看到什么样的鸟呢？农家周围林立的树木，形成一片小小的树林。喜爱林木稀疏、四周环境开阔的鸟类会栖息在这里，包括灰喜鹊、灰椋鸟、红头伯劳、大杜鹃、小嘴鸦等。而竹林大多是麻雀或灰椋鸟的栖息地。

稻穗成长时期的田里

插秧时期，稻田里会有许多水。所以除了稻子之外，也会生出杂草，昆虫、青蛙、小鱼也会栖息在这里。小白鹭或鹬科鸟类等会飞来捕捉这些小动物。它们的身影在青绿色的水田中十分醒目，所以很容易观察。近来增加的休耕田或旱田，也称得上是小规模的草原环境，这是云雀喜爱的地方。在芦苇丛中则能够发现大苇莺或棕扇尾莺的身影。如果草长得很茂盛，不容易发现，那就静下心来倾听它们的啼叫声。

观察的重点

①发现鸟儿时，要确认是干燥的地方还是潮湿的地方。

②它们吃些什么？

③只有一只，还是有一群？

④活动范围大概多大？傍晚时会不会迁移地点？

⑤试着去询问农家是否会因为鸟儿而感到困扰。如果会，就问他们都采取什么方法应对。

大杜鹃
灰喜鹊
小白鹭
小嘴鸦
灰椋鸟
竹鸡
红头伯劳

云雀——美妙声音的拥有者

云雀的高亢啭啼声

春天时，去一趟云雀喜爱的草原，听听美妙的啭啼声。静静观察，就会看见云雀从草丛盘旋升到高空中，并听到它们不断发出清澈又嘹亮的啭啼。以前的人，把“噼 ~ 啾、噼 ~ 啾”的叫声，听成“一天一分、一天一分”（日语谐音），所以就说是因为云雀借钱给太阳后却被赖账，只好每天催促地叫着“不还钱每天收你一分利息”（分是古代的钱币单位）。这个说法真是既有趣，又能够充分表现出啭啼着朝向太阳直飞升起的云雀姿态。那么，你觉得听起来又像什么呢？

宣告地盘

云雀会啭啼，是雄鸟为了吸引雌鸟，并告知其他雄鸟自己的地盘（也叫领域，就是生活的空间）。春天，云雀高亢啭啼时就是繁殖期，大部分啭啼的地方附近就有鸟巢。巢直接筑在干燥的草原地面上。就算颜色跟草地很相近，但是比起筑在树上的鸟巢来说，也未免太没有防备。云雀父母感觉到危险时，并不会直接回巢，而是飞到距离稍远的地方混淆敌人的注意力，也有些会用走的方式回巢。

观察的重点

①云雀的啼叫声从 3 月初至 4 月在全日本都能听得到。请将第一次听到的日期记录下来。

②确认云雀啭啼的位置，以及在草原上降落的位置。

③就算发现云雀的鸟巢，也请不要靠近，要使用望远镜安静地观察。

④调查云雀从夏天到秋天的行动。它们会啭啼吗？

云雀
雀形目　百灵科
在天空中啼叫的云雀
类似云雀的鸟
有短短的
冠羽。
田鹀　雀科
红褐色
喉部呈
白色。
云雀是居住在草原或田里的留鸟。
田鹀与水鹨是冬鸟，要在约 10 月至
4 月前后才能看到。
水鹨　鹡鸰科
下巴的
黑色很显眼。
深褐色
为雏鸟带来饵食的云雀
有冠羽。
全身呈淡褐色，
有黑色的斑纹。
会将枯草等铺在地面上筑巢。
一次产 4 ~ 5 个卵。
后趾的爪子非常长。

聆听鸟的鸣叫声

日常啼叫与啭啼

鸟为什么会鸣叫呢？如果能听懂鸟说的话，不知会有多开心，世界会变得多宽广。不过很可惜，我们也只能推测鸟的“会话”内容。鸟也是会彼此交换意见的。因此借由研究鸟语的人们的一番努力，我们将鸟的鸣叫声分为日常啼叫与啭啼两大类。日常鸣叫用来联络同伴，在通知是否有食物、有没有危险等时候使用。啭啼则是雄鸟为了吸引雌鸟所发出的爱的“告白”，也是以鸟巢为中心，为了守护家人所做的地盘宣告。

仔细聆听啭啼声

日常鸣叫虽然很单调，但无论什么鸟类，啭啼的歌声都非常高亢。从春天到夏天的筑巢时期，大概都能听得到。古代的人都会把这些啭啼与人类的语意相结合，例如把短翅树莺的啭啼声听作“法、法华经”，把角鸮在黑夜里的叫声听作“佛法僧”等。暂且不管其意义，如今听在我们的耳里，也的确是“吼 ～ 吼开卟”“卜波嗽”（日语发音）。经过时代变迁，像这样将听到的鸟鸣声配上人类的语意，也叫拟声词。

创作拟声词

对于过去传下来的拟声词，我想听了之后还是很疑惑的人应该不少。所以，拟声词就是自己去听、去创作就好。你听起来觉得像是什么，就把它记下来。此外，文字很难表现鸣叫声，因为声音也有强弱之别。鸟儿究竟是以清澈又纤细的声音鸣叫，还是强烈的声音鸣叫？把这些配上你的拟声词记录下来。

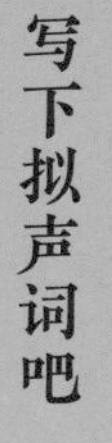

写下拟声词吧

短翅树莺

吼 ~ 吼开叩

角鸮

卜波嗽

金背鸠

贴嗞贴嗞贴嗞波 ~

绿绣眼

啾贝、啾贝、啾啾贝

燕子

嗞喊库太、嘟了库太、唏卜 ~ 噫

小杜鹃

头叩　叩卡　叩库

草鹀

噫噼嗞　开伊啾　嗞卡马嗞哩索咯

黑头蜡嘴雀

喔唧库　呢啾 ~ 嘻

杂木林中能看到的鸟

林中鸟的栖地区隔

杂木林中有许多麻栎或枹栎等落叶阔叶树木。在这种树林里，常见的鸟类有银喉长尾山雀、小星头啄木鸟、大山雀等。而常绿的阔叶树一多，就能看得到赤腹山雀与大斑啄木鸟。见过大斑啄木鸟、日本绿啄木鸟、小星头啄木鸟等啄木鸟科的人，一定会被它们逗趣的动作深深吸引。啄木鸟不会啭啼，而是用敲啄树干来传递讯息。如果是慢慢地“叩、叩、叩”的敲啄，那就是在寻找树皮下的虫子。“嗒啦啦啦 ~ 透”这种激烈快速地敲击，则是在宣示地盘。

倾听啄木鸟的敲啄声

啄木鸟科的鸟并不是完全不会啼叫。小星头啄木鸟会发出“唧 ~”这种尖锐叫声，大斑啄木鸟则是较响亮的“哔悠 ~”叫声。可是进入春天繁殖期时，它们都会敲击树干，发出“嗒啦啦啦 ~ 透”的声音，这是用来保护巢穴并宣示地盘，我们称之为敲啄声。啄木鸟用嘴在树上挖洞，做成自己的巢。有时候能够靠着它们筑巢时落在地上的木屑，来找到啄木鸟的巢穴。

观察的重点

①春天至夏天时期，因为树叶茂密，所以不容易看见鸟的身影。把它们鸣叫的声音、鸣叫的地点（例如枝头或树干等）都一一记下来。可以的话也调查一下树的种类。

②是一只鸟？还是一群？

③鸟类大多以昆虫为食。对照第 8 页后，想一想食物链的关系。它们又是如何度过冬天的？

黑头蜡嘴雀
灰喜鹊
小星头啄木鸟
大斑啄木鸟
短翅树莺
银喉长尾
山雀
赤腹山雀
大山雀

大山雀的同类——可爱的黑白小鸟

记住黑色与白色花纹的差异

说到在树林里常见的鸟，那就是比麻雀还要稍微小一点、身上黑白纹路清楚的大山雀一类。除了有鲜明茶色的赤腹山雀外，其他几乎都是黑白花纹，不容易辨别，不过还是可以依靠它们颈部的纹路来辨识。这些鸟在住家附近也经常可以见到，是我们很熟悉的鸟类。而且我们也知道它们是最善用挂在树林中的巢箱的鸟。有人可能觉得只要挂上巢箱，各种鸟儿都会飞来使用。实际上，树林里只有大山雀这一类，而住家附近则只有麻雀、灰椋鸟等会来使用。

混杂群居的鸟

大山雀的同类除繁殖期之外，都是群居在一起的。而且大多数的鸟群中，还混杂着茶腹䴓、旋木雀等一些也住在杂木林中的鸟。茶腹䴓的日文发音与大山雀的名称很像，但外表灰白相间，并不起眼。它们的尾巴短，而且能够头下脚上地走下树干。至于旋木雀则多数会直接停在树干上，据此能与很少停在树干上的大山雀类做区别。

观察它们的进食方式

一旦你发现正在吃树木果实或昆虫的大山雀类，就安静地继续观察吧。如果它们吃的是较大的果实或是昆虫的幼虫，它们就会用脚压住食物，然后用喙撕扯下来。像这样会用脚来辅助的鸟类有限，也就是鹫鹰等猛禽类、乌鸦，还有绿绣眼及大山雀的同类而已。仔细观察它们为了不让食物掉落，是如何喙脚并用的。

大山雀
煤山雀
褐头山雀
银喉长尾山雀
嗞～噼～嗞～噼～
嗞拼嗞拼
唏喊 ～ 唏喊 ～
喊 ～ 喊 ～ 喊、恰嗞恰嗞
在它们进食时进
行观察吧
茶腹鳾
吃幼虫的大山雀
橘色
带点蓝的灰色
黑色的条纹
呼噫呼噫呼噫
用脚把食物压住。

调查鸟的活动范围

鸟儿都有栖地区隔

水田或旱田、杂木林、河川旁、有许多针叶树的高山……不同的环境，栖息于其间的鸟类也会不同。虽然我们看不到界线，但鸟类之间是有明确划分的生活空间的，这被称为“栖地区隔”。形成栖地区隔需要许多条件：①落叶阔叶树、常绿阔叶树、针叶树等林木的种类；②树林的情况（是日照充分的树林，还是树木茂密的阴暗树林等）；③季节；④白天或晚上；⑤一棵树顶部、中间、下方等同不同位置。

常会在树的哪个部分呢?

来看看第⑤点，一棵树上的栖地区隔。不同种类的鸟会吃不同的食物，筑巢的地点也不一样。有的鸟以叶子上的虫为食物，还有的鸟会停在树干上，以树皮下的虫为食物。一棵树不会只被一种鸟独占，而是能够供多种鸟分享居住。如果想要调查鸟类的栖地区隔，就必须去观察同一棵树好几次。虽然要花时间去观察，但应该可以得到很有趣的结果。

绘制栖地区隔的地图

因为鸟的活动范围很广，所以调查范围也稍微扩大一点比较好。首先，可以依树木的特征简单地画一张图。接着在发现鸟的地方做上记号，并且依种类在手绘地图上用不同的颜色来辨别，或是用“○”“△”“×”等符号区别。有时候一次调查就能做出很多记号，有时候却必须再回去好几次才行。最后画线把同样的记号连起来。这样就能分辨清楚哪些鸟的活动范围相似，哪些鸟的活动范围完全不同。

○ 短翅树莺
× 大山雀
△ 黑鸢
戴菊
栖地区隔地图的范例
鸟类在各自不同的地点
用各自不同的方式觅食。
乌鸫
小星头
啄木鸟
大山雀
红腹灰雀
旋木雀
短翅树莺
灰椋鸟

在河边能看到的鸟

什么样的地方会有什么样的鸟

河边有捕鱼吃的鸟、捕河虫吃的鸟，而且是个很适合观察野鸟的好地方，因为不会被树木挡到，所以可以很清楚地观察。而整条河从上游到下游，环境也都各不相同。当你发现鸟的时候，记住它们是在什么地点、河床有多大、河流有多宽等，这些环境因素是很重要的。

寻找鹡鸰的同类

动作轻巧、飞翔灵活，而且会上下摆尾的鹡鸰，在河床上总能经常看见它们可爱的身影。灰鹡鸰、白鹡鸰、日本鹡鸰都很常见。在夏天与冬天，它们的羽毛颜色会稍微不同，因为动作很有特色，所以不容易和其他鸟类弄错。鹡鸰的飞行路线呈波浪形，有些能在空中捕捉昆虫，但大多是在河边或浅滩上寻找猎物。

善于俯冲潜水的翠鸟

翠鸟那巨大的喙与美丽的体色，让初次见到的人都赞叹不已。它俯冲潜水捉鱼的技巧也十分高超。它会瞄准目标，然后急速俯冲潜进水里捉鱼。如果你看到翠鸟衔住鱼从水里飞起，就赶紧拿望远镜追踪看看。它飞行的方式是直线的。它会先不断地用捉到的鱼敲打树枝，等鱼不再挣扎后才吃掉。而且，它一定从头部开始吞食。这一点无论哪种鸟类都一样，为的是避免鱼鳞卡在口中。翠鸟的同类，还有整个喙通红的赤翡翠，以及黑白斑纹的冠鱼狗等，它们都栖息在溪流边，但因为数量逐渐减少，所以发现的机会也少了。

白腹姬鹟
翠鸟
黄斑苇鹭
褐河乌
白鹡鸰（夏）
日本鹡鸰
白鹡鸰（冬）
灰鹡鸰
翅膀上的黑色
会变淡变灰。

鸭的同类——相亲相爱的一对

华丽的雄鸭与朴素的雌鸭

众所周知，鸭子是秋天时会飞来日本的冬候鸟。在右页的图中，虽然没有直接称为鸭子的鸟，但有绿头鸭、尖尾鸭等鸭子的同类。它们会来到城市里公园的水池或沼泽地，所以是我们很熟悉的鸟。鸭的种类很多，但雄鸭的特点是都拥有华丽羽毛，因此很容易记住。雌鸭虽然很朴素，比较难分辨，但它们身边大多有同类的雄鸭伴随着。秋天才刚飞来的雄鸭，身上的羽色与雌鸭一样朴素，很难区分。经过了换毛期，雄鸭就会长出颜色美丽的羽毛。鸭科和其他的鸟类不同，雄鸭会在冬季里做出求爱的举动以吸引雌鸭，并交配繁衍。

水面觅食的鸭与潜水觅食的鸭

鸭的同类，又分为在水面觅食的鸭，以及潜入水里觅食的鸭。有些人也称前者为陆鸭，后者为潜水鸭。水面觅食的鸭会吃浮在水面上的水草或种子等，如果水上的食物少了，就会把头伸进水里，以倒立的姿态吃水里的植物，同时会拼命划动双脚，不让身体浮起来。相较之下，潜水觅食的鸭在入水前，会往上挺起身体，这时你会以为它要往上飞，但它却猛然钻入水中，过了一会儿再从另一个地方冒出来。它吃的是鱼或水中的植物。

观察的重点

①数数看有几种鸭子，每种有几只。

②潜水觅食的鸭会潜水几秒钟？计时看看。

③观察水面觅食的鸭使用脚的方法。把第一次看见鸭子的日期，也就是初认日，记录下来。

水面觅食的鸭
捕猎方式
起飞方式
尖尾鸭
绿头鸭
斑嘴鸭
鸳鸯
潜水觅食的鸭
捕猎方式
起飞方式
斑背潜鸭
凤头潜鸭
红头潜鸭
鹊鸭

泥滩地能看到的鸟

在泥滩地补充营养的旅鸟

泥滩地的泥土中富含从河川带来的有机物质。会吃这些有机物质的是微生物，而专吃这些微生物的是沙蚕及螃蟹等底栖生物，最后以这些底栖生物为食的水鸟就会聚集而来。鹬科或鸻科鸟类是其中的代表。鹬科或鸻科鸟类在西伯利亚或阿拉斯加繁殖，8～10月的时候会过境日本飞往东南亚，并在那里过冬。等到4～6月时再度经过日本，北上回家。行经日本，是为了休息与补充能量。这种鸟类就称为旅鸟。为了满足长途旅行所需，鹬科或鸻科鸟类的觅食活动非常活跃。

冬季的泥滩地能看到的鸻科鸟类

走过泥滩就会知道，因为非常泥泞，不穿长筒雨靴就几乎寸步难行。针对这一点，鹬科或鸻科鸟类都有着很适合在泥滩地活动的体形。因为它们的脚又细又长。而且脚趾很长，所以能轻松地走在泥泞上。虽然上一段提到鸻科是旅鸟，但东方环颈鸻及剑鸻则是例外，它们全年都会待在日本，在河边或沙滩上挖个很简单的凹洞当成巢，并产下3～4颗卵。冬天泥滩地上能够见到的就是东方环颈鸻及剑鸻。有时也能看见灰斑鸻的身影。

观察的重点

①在泥滩地邻近陆地的地方找食物，还是在浪潮拍打的地方找？依据鸟的种类调查看看。

②它们吃些什么东西？

③走路的样子、头或颈部摆动的样子有没有什么特征？

灰斑鸻
灰黑色与
白色的斑纹
黑色
东方环颈鸻
黑色部分中断，
不形成条纹
近似黑色
白色部分中断，
不形成条纹。
剑鸻
比小环颈鸻的
喙还长。
黑色条纹
黄色
小环颈鸻
眼睛四周是黄色的。
有白色
条纹。
胸前
有黑色条纹。
黄色
蒙古沙鸻
橘色
（夏天的羽毛。冬天会变成褐色。）
接近黑色。

鹬的同类——在看不到的地方觅食

鹬科各式各样的喙

观察鹬和它的同类（不以鹬为名，但以右页图为代表的鸟也属于这一类），最有趣的就是喙的形状。这些喙的形状都很不可思议，有的比头还要长好几倍，有的弯弯曲曲，有的前端扁平。可是当你看见鹬鸟在捕捉食物时的身影，就会不由得赞叹这些形状奇特的喙真是神奇极了！又细又长的喙，可以很方便地拉出躲在泥滩地洞穴里的沙蚕。前端扁平的喙，又很适合钻入贝类稍微打开的缝隙中，把壳撬开。请利用望远镜，好好观察它们觅食的样子。

用喙觅食

鸻是用大眼睛快速搜寻躲在泥土里的贝类或虾子，相较之下，鹬是不断地把长长的喙插进泥土中觅食。虽然鹬的喙看起来很坚硬，但是实际上在前端，尤其是上喙的部分是很柔软的，而且聚集了很多神经，只要泥沙中的沙蚕或贝类稍微有点动静，鹬就能够敏感地察觉到。它们会一边用眼睛确认自己有没有危险，一边用喙来觅食。

观察的重点

①观察鹬进食的样子。它会将贝类连壳吃掉吗？吃螃蟹时会整只吞下吗？鹬飞走之后，请走到它刚刚停留的地方，调查看看有没有残留些什么东西。

②鹬挖出食物后会立刻吃掉吗？据说有一种鹬会将捕获的食物在水中洗一洗再吃掉，试着调查看看。

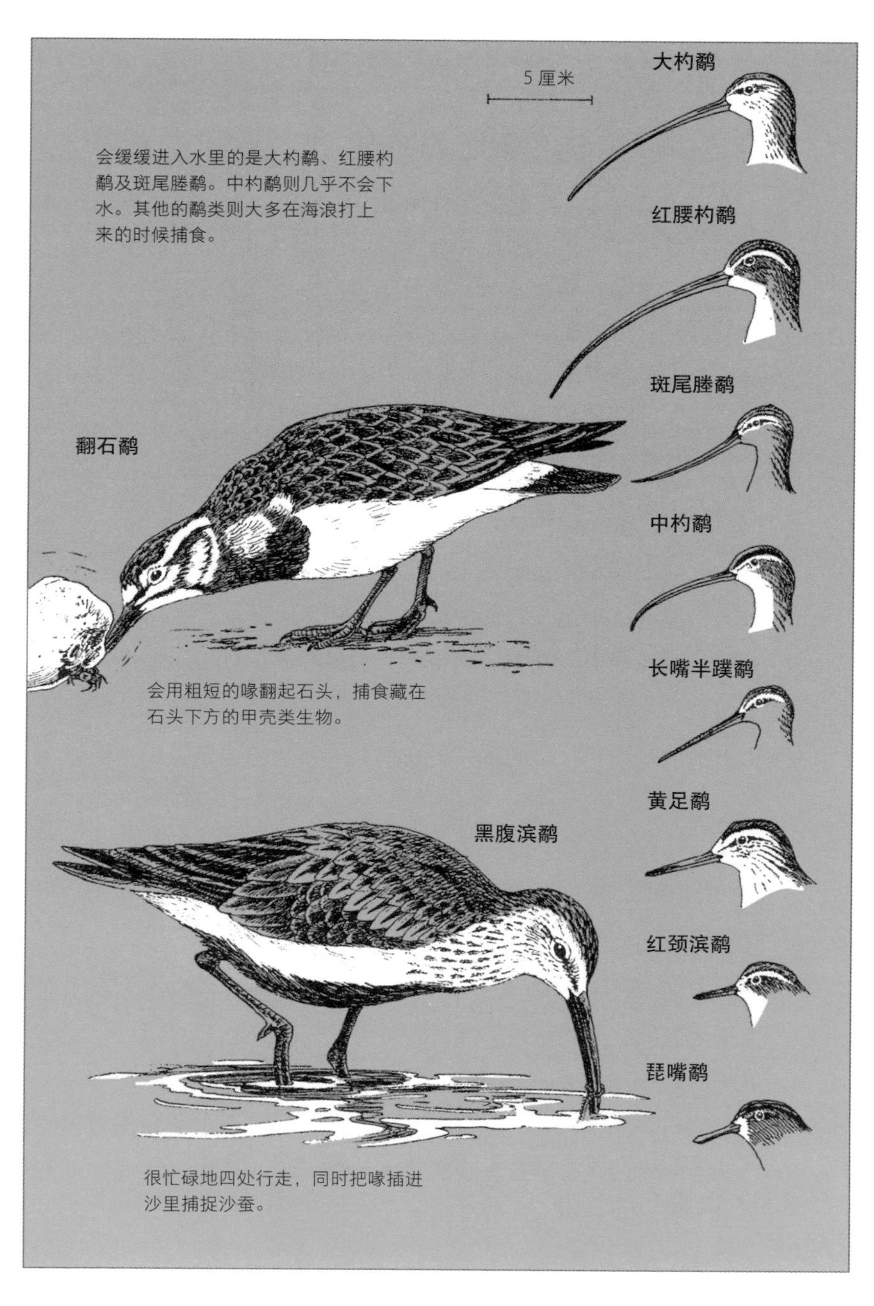
5 厘米
大杓鹬
会缓缓进入水里的是大杓鹬、红腰杓鹬及斑尾塍鹬。中杓鹬则几乎不会下水。其他的鹬类则大多在海浪打上来的时候捕食。
红腰杓鹬
斑尾塍鹬
翻石鹬
中杓鹬
会用粗短的喙翻起石头，捕食藏在石头下方的甲壳类生物。
长嘴半蹼鹬
黄足鹬
黑腹滨鹬
红颈滨鹬
琵嘴鹬
很忙碌地四处行走，同时把喙插进沙里捕捉沙蚕。

海鸥——在空中悠游翱翔

会告诉我们鱼在哪里的海鸥

悠然地挥动大大的翅膀、在海上或河口上空盘旋的海鸥，是秋天会造访日本的冬候鸟。海鸥会从上空侦察海面、沙滩、泥滩等地，一发现鱼或螃蟹就会急速下冲。因此只要有鱼群的地方，上空就会有大量的海鸥，而渔夫们以前就知道海鸥能说明鱼群的所在。日本能看到的鸥科鸟类，按体形由大至小依序为银鸥、黑尾鸥、海鸥、红嘴鸥。

在同一个地方出现的燕鸥

海鸥的同类，在背部、喙、脚的颜色等方面都各有特色。不管是海鸥或红嘴鸥，只要把常见的几种牢牢记住，就比较容易辨别了。与海鸥会出现在同一个地方的是燕鸥。燕鸥的喙比海鸥的还要尖，也比较直，而且尾巴就像燕子一样从中央分叉，所以马上就能分辨出来。燕鸥是旅鸟，在春天与秋天都会造访日本。此外，小燕鸥则是夏候鸟，在日本本州南边的河边或沙滩都能看到。

观察的重点

①比较海鸥与燕鸥休息与飞行的样子。

②比较冬天的红嘴鸥与 4 ~ 5 月的红嘴鸥。4 ~ 5 月是换上夏季羽毛的时期，应该可以见到它们的头变成茶褐色。

③海鸥或黑尾鸥到 4 ~ 5 月又会有什么变化?

④如果外观看起来是海鸥，但颜色却不同，就有可能是年轻的海鸥。年轻的海鸥全身呈茶色。

⑤数数看，它们一群的数量是多少只。

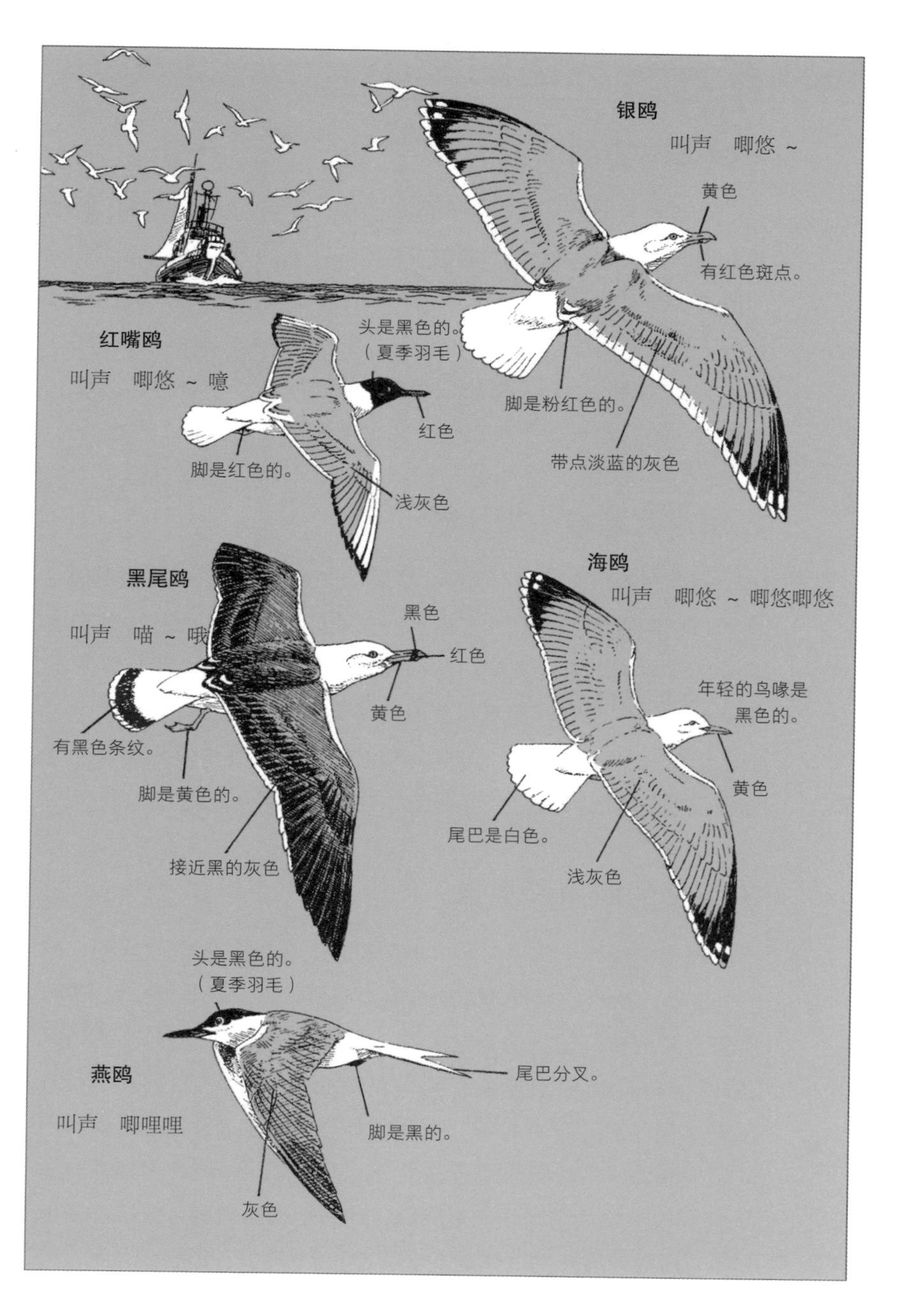
银鸥
叫声　唧悠 ~
黄色
有红色斑点。
脚是粉红色的。
带点淡蓝的灰色
红嘴鸥
叫声　唧悠 ~ 噫
头是黑色的。
（夏季羽毛）
红色
脚是红色的。
浅灰色
黑尾鸥
叫声　喵 ~ 哦
黑色
红色
黄色
有黑色条纹。
脚是黄色的。
接近黑的灰色
海鸥
叫声　唧悠 ~ 唧悠唧悠
年轻的鸟喙是
黑色的。
黄色
尾巴是白色。
浅灰色
头是黑色的。
（夏季羽毛）
燕鸥
叫声　唧哩哩
尾巴分叉。
脚是黑的。
灰色

猛禽类——威猛的姿态

寻找鹫与鹰的同类

猛禽类，也就是鹰、鹫和猫头鹰等，在爱鸟人士间拥有很高的人气。或许它们那威猛的姿态与难得一见的身影，正是吸引人的原因。鹰鹫类属于肉食性动物，主要以其他的鸟类、小动物、鱼等为食。它们乘着气流在天空中滑翔，以锐利的眼睛寻找猎物。当你去海边或山上，不妨抬头找找，应该经常可以看见它们在空中翱翔，不过也可能发现它们栖息在树顶或山崖上的身影。

以黑鸢为基准来做比较

在鹰鹫类中，最常见的就是黑鸢。拥有“噼～咻咯咯～”这种特别叫声的黑鸢，大多出现在海边或河川边，而且比起吃活的动物，它们更多以死掉的动物或鱼类为主食。只要能仔细观察黑鸢并牢牢记住它，等发现其他鹰鹫类时，就能轻易区别了。尾巴的形状、翅膀的形状，都是分辨时的重点。其中游隼的特色是翅膀前端是尖的，而且它也是猛禽类中飞行速度最快的。

鸱鸮类的叫声是重点

鸱鸮类俗称猫头鹰，最大的特征就是像戴着眼镜般并列在前方的双眼，所以它目视的方式与人类相似。猫头鹰是夜行性动物，会猎食同为夜行动物的老鼠或蛇，而且翅膀能在飞行时不发出声音，这样有利于捕捉猎物。因为在夜晚中很难找到它们的身影，所以要先仔细聆听鸣叫声。在阔叶林中发出“吼～吼～”叫声的是褐鹰鸮。虽然巽他领角鸮也会发出类似的声音，但褐鹰鸮的“吼～吼～”两个音之间有间隔，而巽他领角鸮则是持续不断地鸣叫，所以能够辨别。外观上，两者的头部也长得完全不同。

黑鸢（老鹰）
约 160 厘米。
乌鸦展开
翅膀时的宽度
约 100 厘米。
有白色斑点。
尾巴呈拨片状
或 M 状。
黑鸢
游隼
前端是尖的。
尾巴很长。
静止的时候，尾巴
正中间会垂下来。
鱼鹰
腹部是白的。
褐鹰鸮
眼睛是黄色的。
猫头鹰
眼睛是黑的。
巽他领角鸮
眼睛是
橘色的。
约 30 厘米。
约 25 厘米。
静止时的大小约 50 厘米。

寻找食茧与足迹

会吐出无法消化物品的鸟

所谓食茧，就是当鸟吃掉整只猎物时，把无法消化的部分以圆形状态吐出来的硬块。鹫、鹰或猫头鹰等猛禽，翠鸟、鹬科等水鸟，都会吐出食茧。猛禽类会一次吞掉像老鼠这样的整只小动物。胃部无法消化的骨头与毛，就会被吐出来。鹬类则会把它吞食的贝类或螃蟹等甲壳类中无法消化的部分吐出来。

寻找食茧

在树林里走一走，仔细看看地面，有时会发现一些掉落的食茧。以猛禽类为例，食茧大多可以在鸟巢的附近找到，所以还可以悄悄搜寻一下四周，看看有没有巢。鹬科的食茧则多出现在它们栖息的地方。调查一下傍晚过后它们成群聚集的地方，等白天鸟儿都离去之后再去找找看。

发现足迹，就把它画下来

泥滩地或海边，以及树林里较为潮湿的地方，都可能找到鸟的脚印。依照脚趾形状以及步行方式进行观察之后，就在笔记本上画下来。测量过大小并写下来会更准确。如果没有带量尺，那就与自己的手指长度或手掌大小比较后再记下来。也要看看它们有没有长蹼，脚趾的张开状况如何，爪子有多长等，这些信息都要仔细记录。目前还没有很准确的足迹图鉴，所以自己制作野外笔记一定更有趣。如果看到非常清晰的脚印，还可以用石膏做个模型。

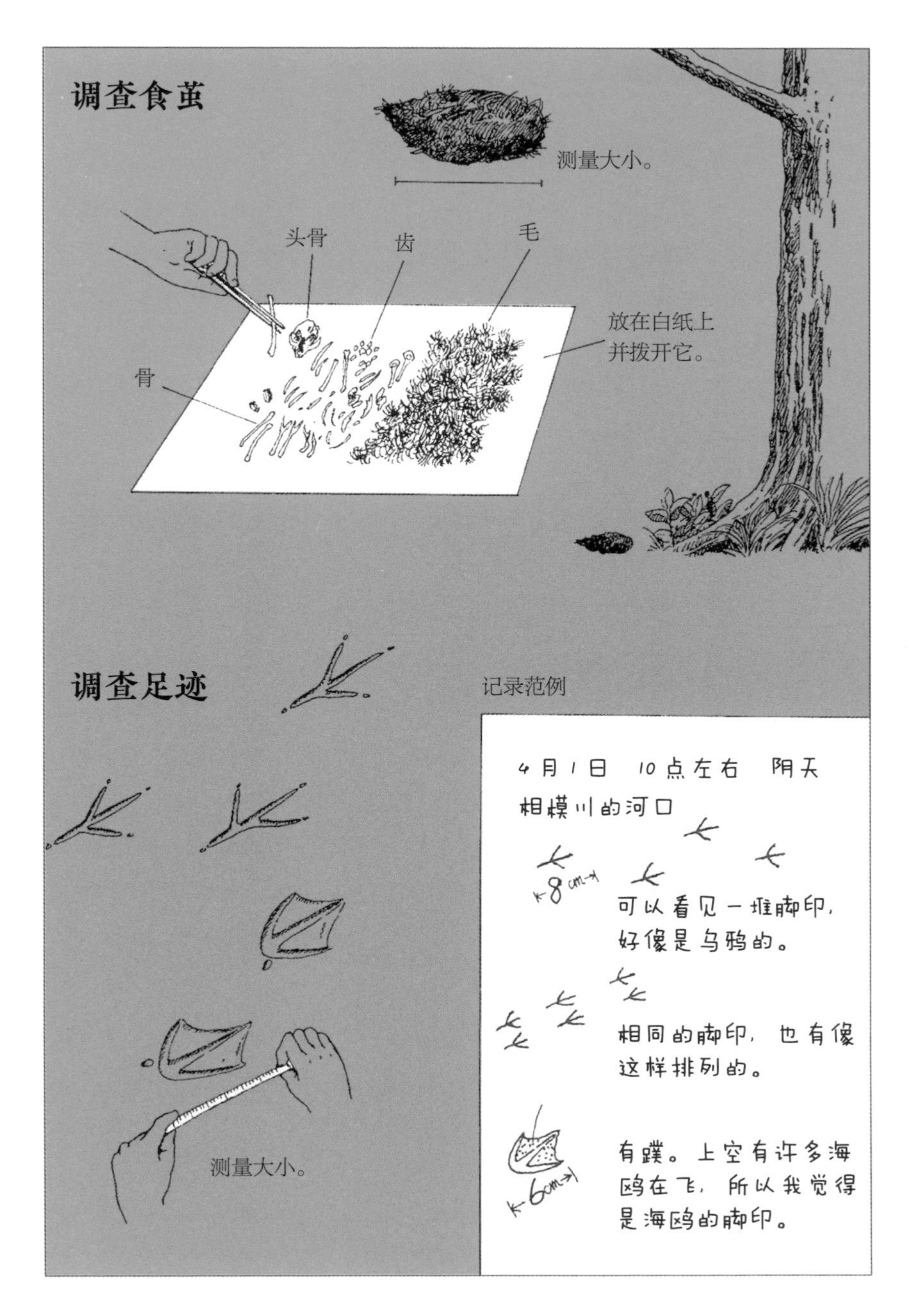
调查食茧
测量大小。
头骨
齿
毛
放在白纸上
并拨开它。
骨
调查足迹
记录范例
4月1日 10点左右 阴天
相模川的河口
8cm
可以看见一堆脚印，
好像是乌鸦的。
相同的脚印，也有像
这样排列的。
有蹼。上空有许多海
鸥在飞，所以我觉得
是海鸥的脚印。
6cm
测量大小。

候鸟的迁徙

漂鸟、夏候鸟、冬候鸟、旅鸟

靠着飞行而能够大范围移动的鸟类，会选择适合繁殖和越冬的土地来栖息。有些鸟类只是在同一个地方的高地与低地之间迁移，有些则会从北方迁到南方，甚至还有些会从更高纬度的国家到日本来，又经过日本移往更南边的国家。对鸟而言，国境是不存在的，单纯是凑巧的距离延伸罢了。从高山到乡间等窄范围移动的鸟称为漂鸟，夏天来到日本的称为夏候鸟，冬天造访日本的称为冬候鸟，而途中行经日本并稍做停留的称为旅鸟。相应地，一直在同一个地方的就称为留鸟。

夜间迁徙的鸟与日间迁徙的鸟

鸟类为什么会迁徙，至今仍不太清楚。可是，同一只燕子能够回到它原先的巢里，这就让我们觉得鸟类具备了人类难以理解的能力。在日本能看到的大规模迁徙的鸟类，有水薙鸟、雁、鸭、燕鸥、鹬、鸻、鹫、鹰、燕子、莺等。其中雁、鸭、鹬、鸻和多数小型鸟都在夜间迁徙。能在白天看到迁徙的有鹫、鹰类及燕子。10月初左右是很适合观察鸟类迁徙的时期，此时要留意眺望天空。

观察的重点

①发现鸟儿迁徙的时候，看一看它们是一只只零散地飞行，还是成群结队地飞行？

②记录发现的时间，以及候鸟飞行的方向。

③看到的是漂鸟、夏候鸟、冬候鸟、旅鸟中的哪一种？利用图鉴查查看。

（冬候鸟的迁徙参阅 179 页。）

引鸟到身边来（一）

制造鸟儿喜爱的环境

对鸟来说，有食物来源并且能够哺育雏鸟的地方，就是最舒适的居住空间。其中只要是有食物的地方，它们就会频繁造访。如果住家附近有一棵鸟儿喜爱的树木，就能够很轻松地享受到赏鸟的乐趣。种植了柿树、火刺木、桃叶珊瑚、南天竹、硃砂根、日本女贞、山黄栀、茶花等树木的庭院，应该会有各式各样的野鸟来造访。如果你打算开始种树，那么我推荐可以先种些火刺木、南天竹、南蛇藤等。

鸟儿带来的礼物

鸟儿前来造访，有时也会带给我们意想不到的礼物——鸟粪。粪便中没有被鸟消化的种子会长出新芽。在阳台上鸟儿喜爱的树木盆栽或喂食台放上只装了土的花盆，就可以期待这些种子发芽了。此外，如果在阳台栏杆上发现鸟粪，用竹签或镊子拨开看看，说不定能找到种子。有时候，还可能会因为看到橡实那么大的种子而吓一跳。

在秋天挂上巢箱

虽然鸟儿是在初春开始筑巢，但如果想要安置巢箱以便就近观察筑巢的时间，还是选择秋天比较佳。因为如果春天突然放上巢箱，会让鸟产生戒心而不会靠近。放置巢箱的位置要离喂食区有一段距离，否则看见其他的鸟频繁出现，会让它们无法安心筑巢。如果要直接使用前一年的巢箱，就要趁秋天的时候将巢箱内打扫干净。

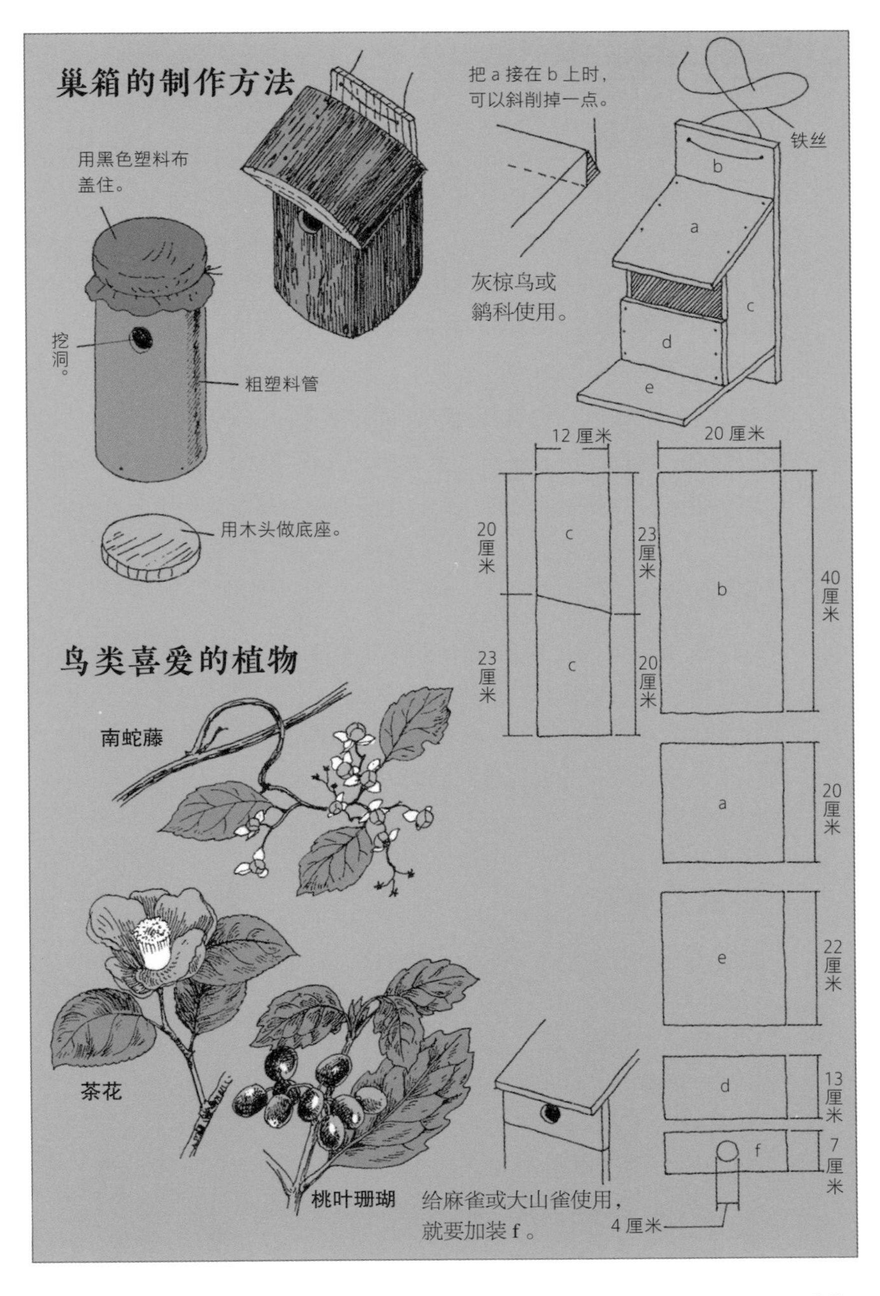
巢箱的制作方法
用黑色塑料布
盖住。
挖洞。
粗塑料管
用木头做底座。
把 a 接在 b 上时，
可以斜削掉一点。
灰椋鸟或
鹟科使用。
铁丝
b
a
c
d
e
12 厘米
20 厘米
20
厘米
23
厘米
23
厘米
20
厘米
40
厘米
20
厘米
22
厘米
13
厘米
7
厘米
f
4 厘米
给麻雀或大山雀使用，
就要加装 f 。
鸟类喜爱的植物
南蛇藤
茶花
桃叶珊瑚

引鸟到身边来（二）

制造喂食区

一到冬天，城里的鸟儿就会变多，这是因为山上或森林的食物减少的关系。昆虫不见了，树木和草的种子便成了鸟的唯一食物来源。所以冬天是最适合把鸟吸引到我们身边的季节。喂食台什么样式都可以，条件是要放在猫爬不上来、够不到，也无法从别的地方跳过来的地方。至于什么样的食物会吸引什么样的鸟来，就要自己试试看。把喂食台装在可以从房间窗户看见的位置，那么即使天气很冷的日子也能躲在房里仔细观察。对鸟来说，就算距离很近，只要隔着窗户，它们也能够放心地展现自然的姿态。

制造饮水区

饮水区是指让鸟儿喝水及洗澡的地方。浅一点的水盆比较好，所以可以选择约 3 厘米深的器皿。在阳台上，也可以利用垫在盆栽下方的浅盆。因为水很容易脏，所以要很勤快地每天更换。如果饮水区旁有能够提供停歇的树枝，就能看见鸟洗完澡后整理羽毛的样子。

观察的重点

①放置一些面包、米、小米、葵花子、玉米等谷类，调查各种鸟类的不同喜好。
②放柿子、苹果、橘子又会如何？
③把食物做出不同大小，如面包撕成大小片后，看看会如何。
④喜爱肥肉的是什么样的鸟？
⑤在水的旁边放果汁看看会怎么样。
⑥观察它们喝水的方式。是直接把喙放在水里喝吗？

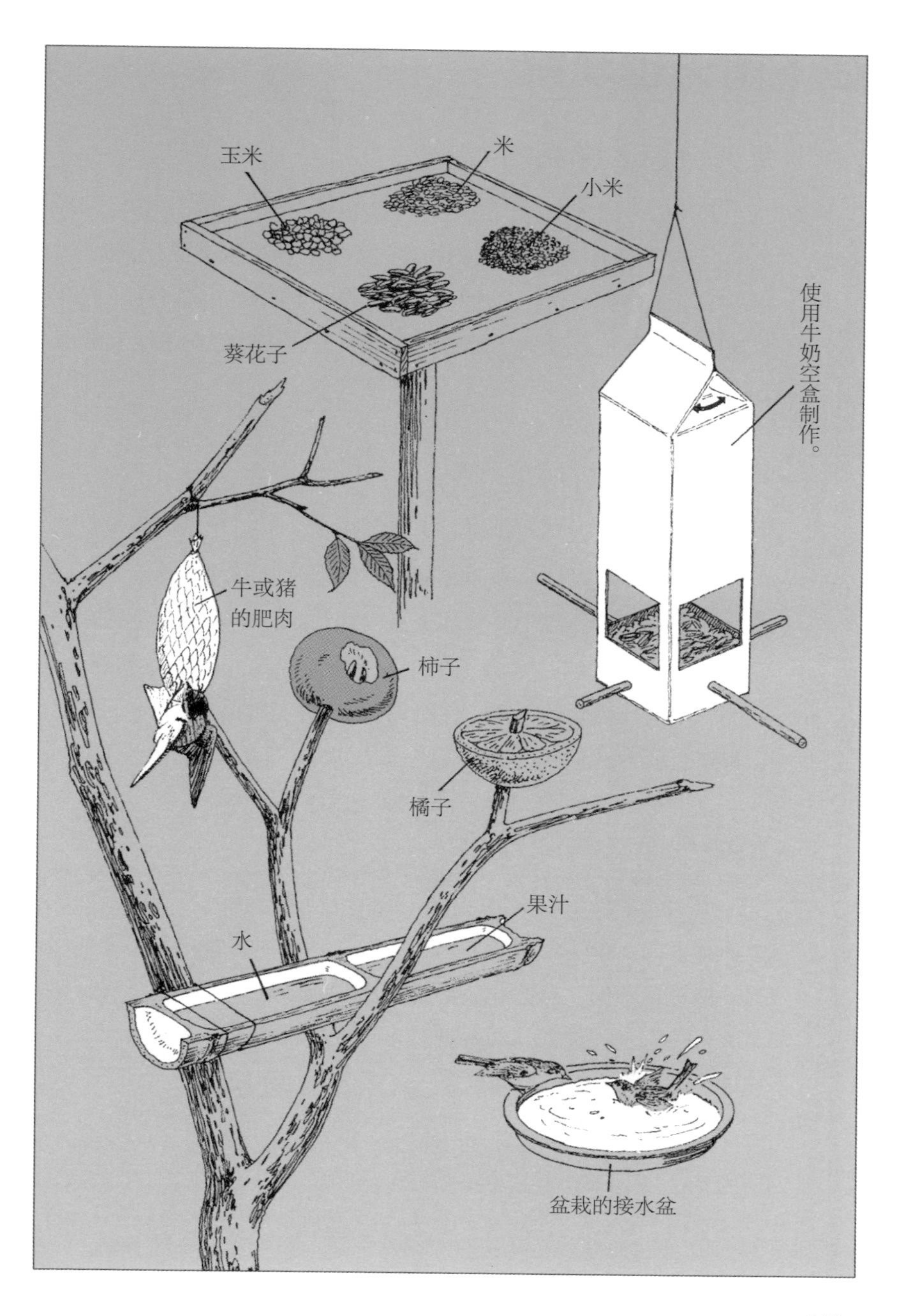
玉米
米
小米
葵花子
使用牛奶空盒制作。
牛或猪的肥肉
柿子
橘子
果汁
水
盆栽的接水盆

在下雨天也观察

鸟儿会怎么样呢?

下雨的时候，鸟儿们怎么办呢?如果是毛毛雨，大部分鸟都还是会照常飞行。毕竟鸟用脂肪整理羽毛，所以水会弹开。那么，如果下了大雨呢?请你穿上雨鞋、雨衣，出门走一趟。鸟儿们会如何呢?是不是会看见有的鸟在躲雨，也许还有停在电线上淋雨玩耍的调皮鸟儿?

昆虫会怎么样呢?

在花朵附近飞舞的蝴蝶与蜜蜂等昆虫，下雨时怎么办呢?繁茂的枝叶刚好可以被昆虫用来避雨。还有树叶的背面等地方，也都要仔细看一看。几乎所有的昆虫都很怕雨，所以会在各种地方躲雨，趁机好好观察它们。此外，下雨天也是非昆虫类的蜗牛、蛞蝓等生物最活跃的时间。你可以跟在它们后面，看看它们究竟会爬到哪里去。

植物会怎么样呢?

下雨天最显生机盎然的应该就是植物了。在城里，下雨会洗去植物上的灰尘，让树木的绿叶重现光泽。那么，花儿又会如何呢?依植物不同，有些花朵会在下雨时闭合起来。蒲公英呢?堇菜呢?还有身边能看到的各种杂草花呢?进行雨天观察时，要当场做笔记并不容易，但回到家一定要立刻记录下来。

雨天时的鸟
雨天时的蝴蝶与蜘蛛
观察雨天时的蒲公英。
晴天的时候，用喷雾器在蒲公英上面浇人工雨水，花也会紧闭起来。

双筒望远镜的使用方法

选择 7~8 倍率的望远镜

望远镜上会有 7×20 或 8×30 等数字，前面的数字表示倍率，后面的数字表示口径，也就是物镜的直径。最适合赏鸟的是 7～8 倍率、30～35 毫米口径的望远镜。倍率高虽然能够让目标看起来很大，却不容易立刻聚焦在目标物上。物镜的直径虽然越大视野就会越明亮，但物镜一大，望远镜就会变得很重。当你购买望远镜时，要考虑可能会用一辈子，所以要选择可信赖的品牌。

记住使用方法

如果调整不正确，眼睛就容易疲劳。一开始的调整是很重要的。

①每个人双眼的间隔都不同。要弯曲望远镜的弧度，确认幅度，让视野变成一个完整的圆形。

②决定一个目标物。首先用左眼看，调整中心对焦轮，让焦距对上。

③接着用右眼看。如果焦距不对，这次就调整屈光度调节环。

④睁开双眼，如果目标物看起来是一个完整个体，那么就是正确的调整。

反复练习

左右眼视力相同的人应该不需要进行步骤③。动过屈光度调节环的人在数字上做个记号即可。这么一来就算调节环被动过，也能简单地调整回来。还不习惯的时候，很难立即看清楚目标物，所以要对着不会动的目标多练习几次。等熟练之后，你就能够寻找到鸟的身影了。

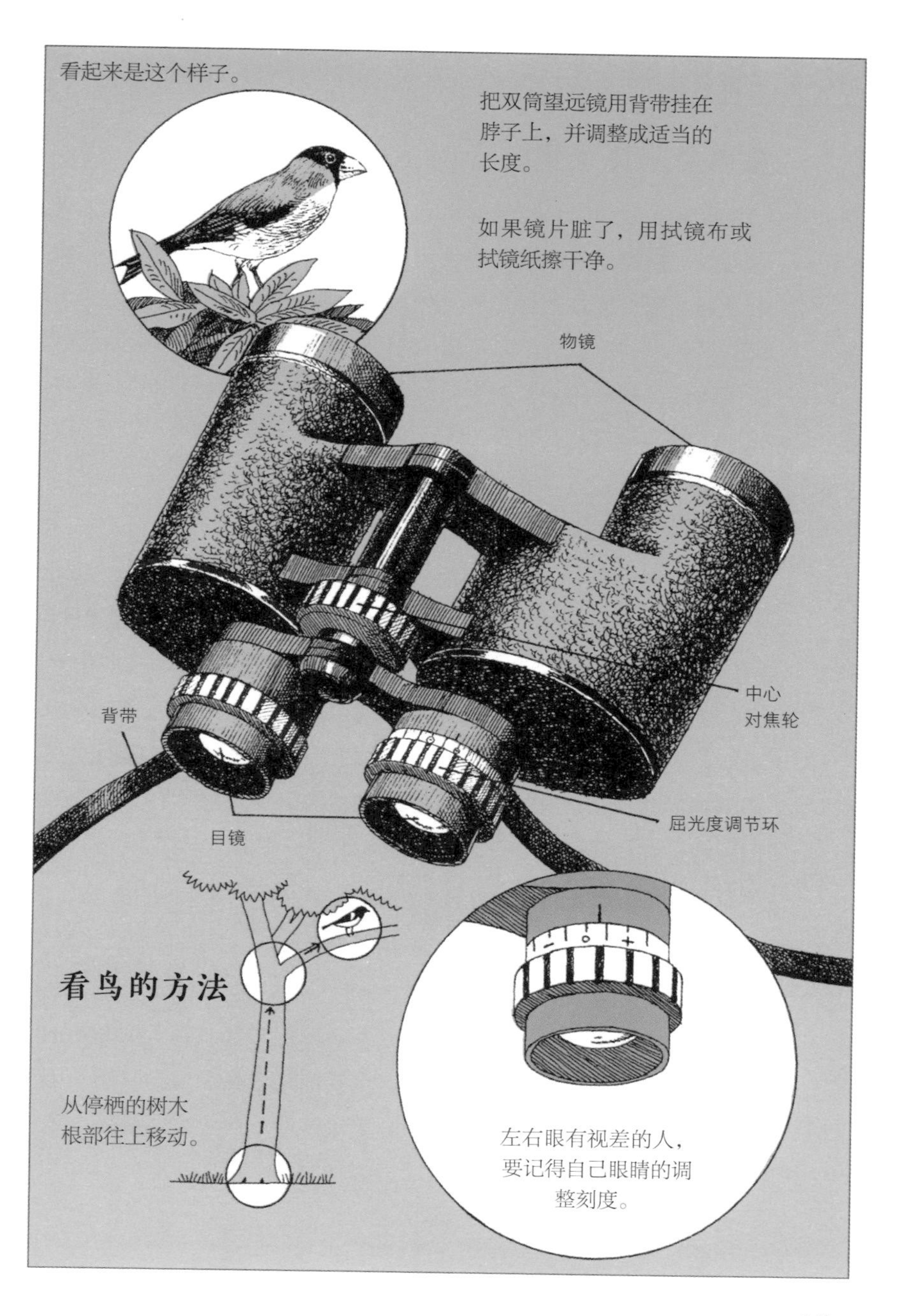
看起来是这个样子。
把双筒望远镜用背带挂在脖子上，并调整成适当的长度。
如果镜片脏了，用拭镜布或拭镜纸擦干净。
物镜
中心
对焦轮
背带
屈光度调节环
目镜
看鸟的方法
从停栖的树木根部往上移动。
左右眼有视差的人，要记得自己眼睛的调整刻度。

录下鸟的声音

重点是避免录到杂音

录音必要的工具有录音机和麦克风。拿家里现成的录音工具就可以。如果是内建式的麦克风，录起来总是混杂机械声音，所以最好是用外接式的麦克风（如果要购买，就选择单一功能的）。录下鸟叫声的重点，就是不要有杂音。首先尝试录下住家附近的麻雀或棕耳鹎的叫声，并听听看效果如何。只要直接用手拿着麦克风，似乎就会录下杂音，所以请戴着手套拿麦克风。

使用集音器

为了消除杂音，集中鸟的声音，并清晰地把它录下来，就需要集音器。塑料的碗碟状集音器在大型的电器店就买得到，但也可以利用雨伞自己制作。这是一位名叫中坪礼治先生的发明的方法，能够非常清楚地录下鸟鸣声。制作时，要准备一把透明的塑料伞。先把伞柄的部分用火烤过后拔下。接着再趁热把握柄插在雨伞的尖端，这样就完成了。麦克风朝向雨伞内侧中心，用胶带固定住。在试录的阶段，先用耳机听听看，然后把麦克风调节在声音最大的位置上。

一早就出发

准备好就立刻出发。如果要录下鸟儿的啭啼，春天到夏初的清晨最好。就算是阴天也无所谓，重要的是选择无风的日子。因为风声会变成杂音被录下来。一开始录音时，要先录下日期、地点以及天气等信息。

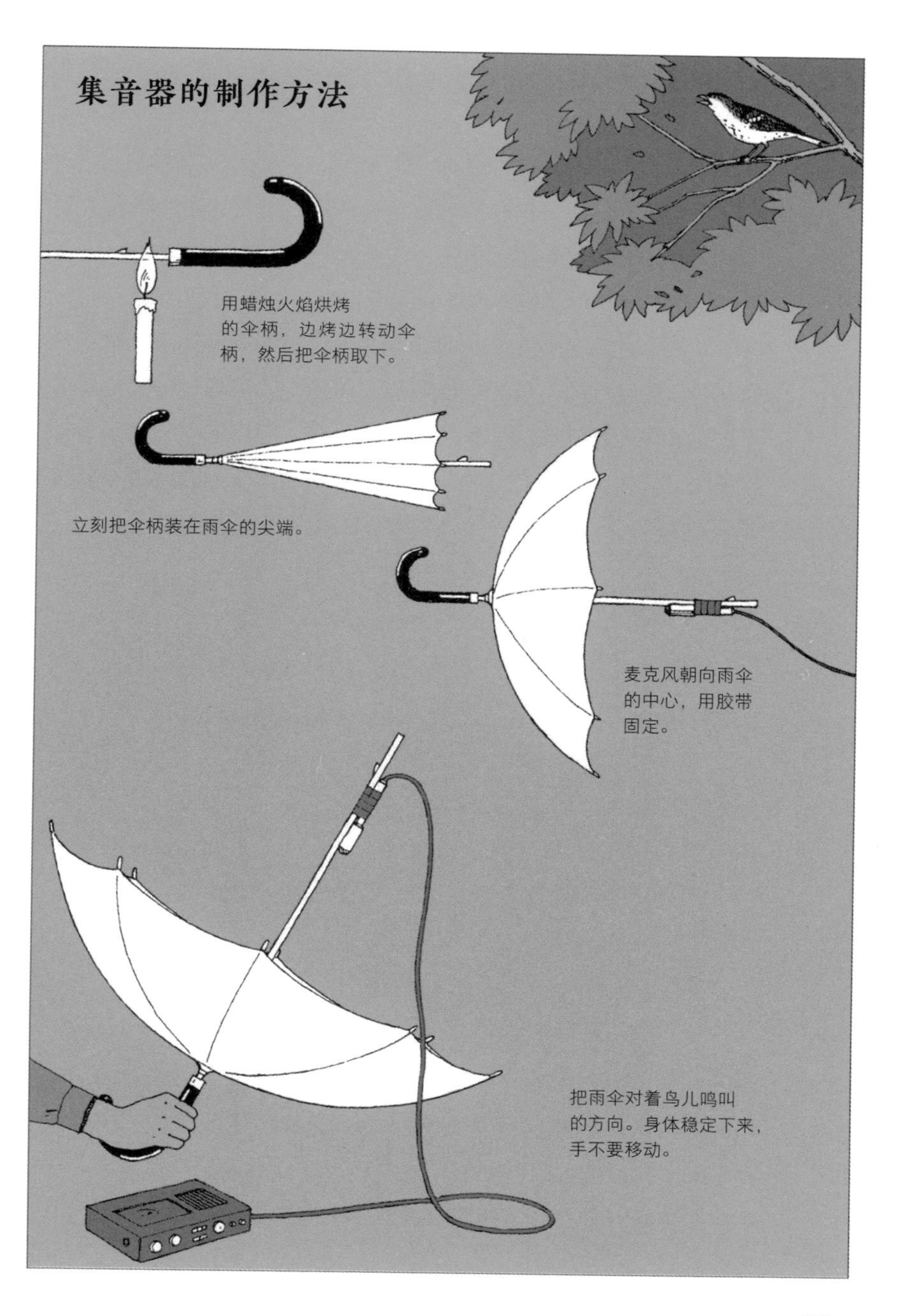
集音器的制作方法
用蜡烛火焰烘烤
的伞柄，边烤边转动伞
柄，然后把伞柄取下。
立刻把伞柄装在雨伞的尖端。
麦克风朝向雨伞
的中心，用胶带
固定。
把雨伞对着鸟儿鸣叫
的方向。身体稳定下来，
手不要移动。

参加赏鸟活动

与不知名鸟儿相遇的乐趣

与鸟儿亲近的捷径就是参加赏鸟活动。跟着熟悉鸟类的人们一起出去，能够学到很多东西。如果是自己一个人，可能只知道那是一种稀有的鸟，但是鸟类的专家们会告诉你鸟的名称、习性、叫声等。一边看着眼前鸟儿的身影，一边听着解说，印象就会非常深刻。虽然目的不是要你尽可能记住更多的名称，但只要知道名称，就会更有亲切感。我们人类也一样，知道对方的名字是增进彼此交情的开始。野鸟协会在日本各地都设有分会，还有其他的赏鸟社团，可以翻翻报纸的活动专栏或上网找找看。

赏鸟活动的礼仪

参加赏鸟活动能认识许多同好。每一个人都因为爱鸟而自然地和其他人熟稔起来。只要遵守以下的礼仪，就能度过快乐的时光。

①在约定好的时间、地点准时集合。

②听指导人员的说明，并遵从指示。

③不要大声喊叫与交谈。这是为了避免惊吓鸟类。要聊天请等到赏鸟活动结束后。

④如果有不懂的问题，要小声并积极地询问指导人员。

善用自然观察活动

赏鸟活动的目的就是观察鸟类。此外，还有“听蛙鸣的集会”或“鼯鼠观察聚会”等其他各种自然观察的活动。这些活动多是在暑假时举办，只要积极参加，就能在假期时拥有感受大自然的机会。

记录范例

1985.12.15 大晴天 无风晴朗稳定

柏市、手贺沼、大堀川周边 同行者 松冈、里内

罗纹鸭
骨顶鸡
尖尾鸭
斑嘴鸭
小水鸭
琵嘴鸭
红冠水鸡
青足鹬
田鹬
苍鹭

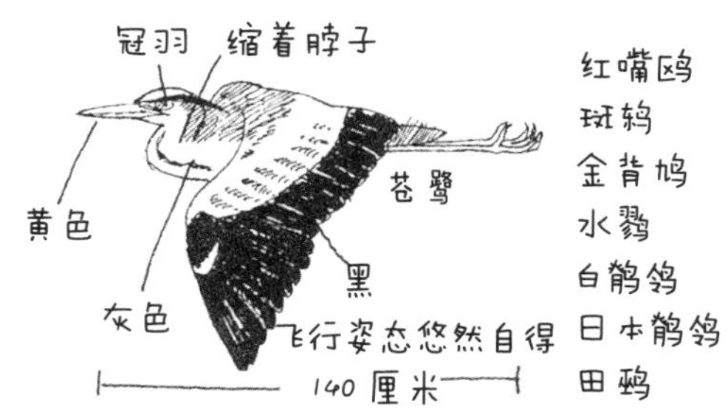

看到秧鸡，还有一大群麻雀，数量非常多。

红嘴鸥
斑鸫
金背鸠
水鹨
白鹡鸰
日本鹡鸰
田鹀
红头伯劳
棕耳鹎
小嘴鸦

'86.4.19 高尾山（6号道路）绕行

回程走东海道自然游步道

F.B.C 例行会

阴天 15人参加

队长 八锹

乌鸦（唧啊～唧啊～）

灰鹡鸰（喊晴喊晴，今天很少看到）

日本鹡鸰（群集在沼泽边觅食）

短尾莺（在沼泽深处的草丛里）

大山雀（吱吱噼～吱吱噼～）

煤山雀（声音比大山雀低，秋晴秋晴）

草鹀（简单来说，就是拼命啭啼）

小星头啄木鸟（叩吱叩吱，呈波浪状飞行）

日本绿啄木鸟（哔悠～悠哔悠～悠，但没有看到身影）

黑

黑头蜡嘴雀

黄

灰色

波～波～吼噫嘻～

飞起来会看见白色花纹，比鸽子小

生物月历

可以见到的时期（月）

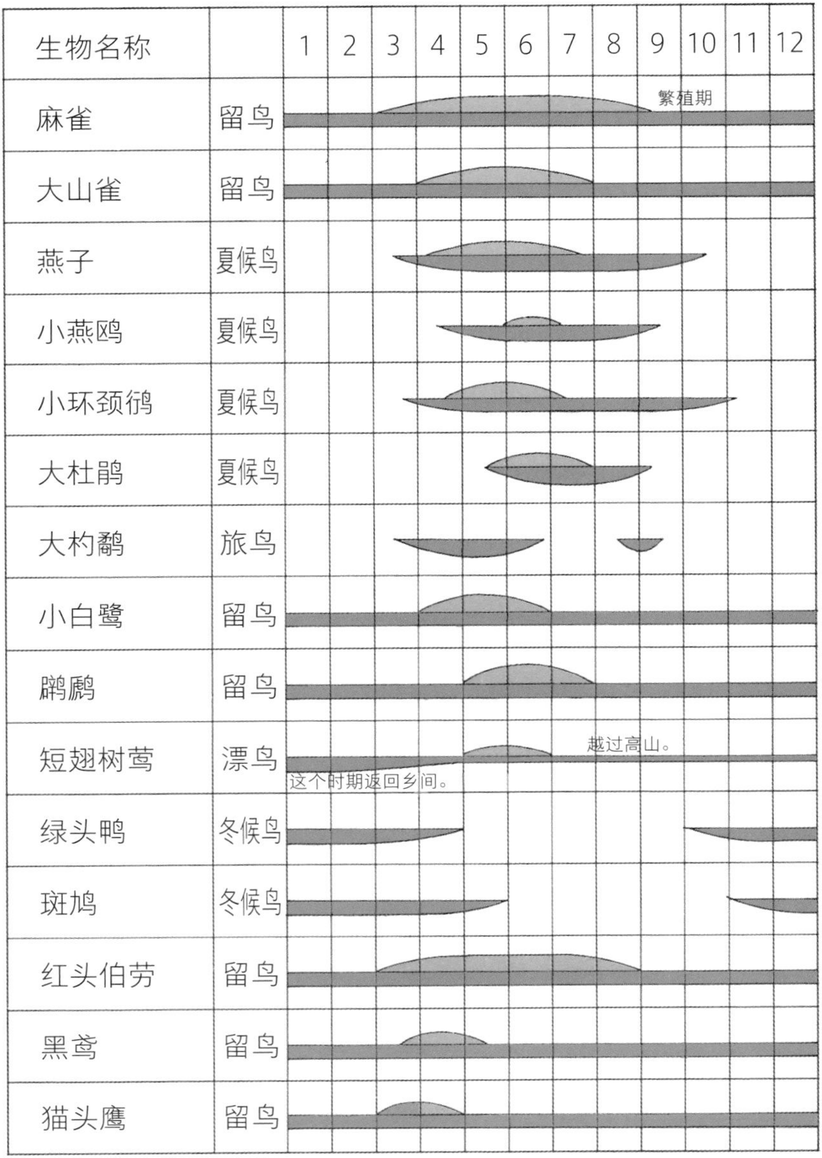

生物名称		1	2	3	4	5	6	7	8	9	10	11	12
麻雀	留鸟									繁殖期			
大山雀	留鸟												
燕子	夏候鸟												
小燕鸥	夏候鸟												
小环颈鸻	夏候鸟												
大杜鹃	夏候鸟												
大杓鹬	旅鸟												
小白鹭	留鸟												
䴙䴘	留鸟												
短翅树莺	漂鸟	这个时期返回乡间。							越过高山。				
绿头鸭	冬候鸟												
斑鸠	冬候鸟												
红头伯劳	留鸟												
黑鸢	留鸟												
猫头鹰	留鸟												

去河口赏鸟

观察时的用具与服装（108页）

双筒望远镜的使用法（168页）

那边，
说不定有鸟巢。
警戒心很强呢。
那长得
很像老伯伯的
是什么鸟？
咦？
黄斑苇鳽
换那边了。
从这边
冒出来。
啊，
钻到水里了。
䴙䴘是
潜水高手。
数数看它们到底
能潜几秒。

待在这个沼泽观察鸭子吧。
不可以吓到它们哦！
很漂亮的和很普通的在一起。
是雄鸭和雌鸭。
飞起来和鹏鹛不一样。
看得很仔细嘛。
再用望远镜来看看吧。

鸭的同类——相亲相爱的一对（148 页）

候鸟的迁徙（160 页）

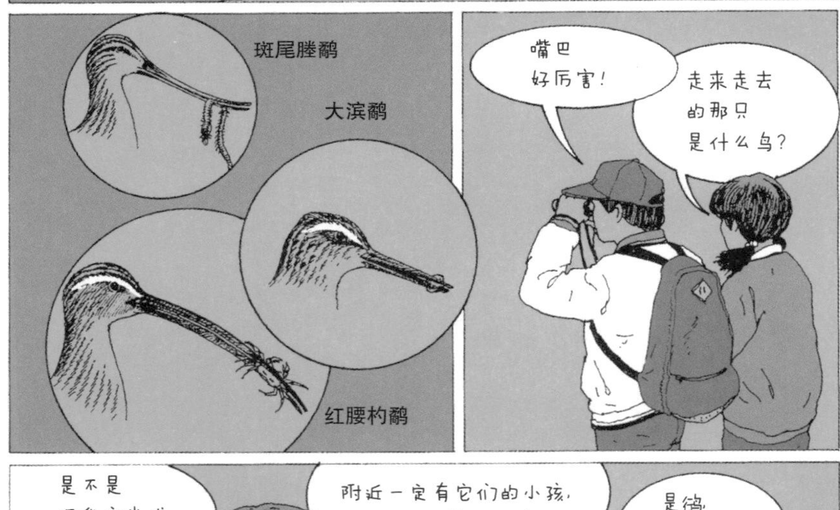

泥滩地能看到的鸟（150 页）

你看，海上飞的是什么鸟？
它在做什么呀？
是燕鸥。
好厉害啊！
我肚子也饿了。
在海边吃饭团，真棒！

吃饱了，
来画张素描吧。
我要画海鸥。
首先，画出大概
的轮廓。
再仔细描绘细节
的部分。
把颜色和特征
标上去
就完成了。
黄色
红
黑
白
灰色
白
黑
蹼
黄色
地点、
日期和时间
也要写下来。
海鸥
写入川（相
198

猛禽类——威猛的姿态(156 页)

观察鸟的羽毛（110 页）

寻找食茧与足迹（158 页）

都收集到了吗？
快看快看，
好多！

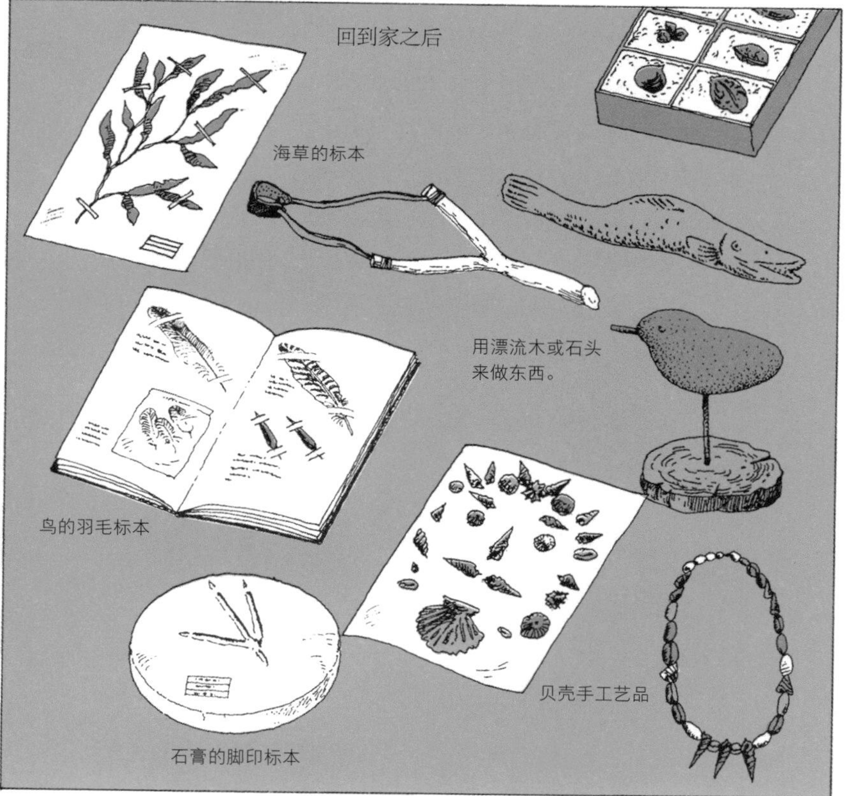
回到家之后
海草的标本
用漂流木或石头
来做东西。
鸟的羽毛标本
贝壳手工艺品
石膏的脚印标本

外形相似的犀鸟与鵎鵼

如果你觉得某种鸟和另一种鸟很相像，那么大多是因为它们在分类上很相近。可是，也有些鸟虽然分类上差得很远，却因为生活在同样的环境下而外形很相似。犀鸟与鵎鵼就是这样的例子。犀鸟居住在东南亚及非洲，大大的喙，几乎占了身体的三分之一至一半。上部的喙还有盔突，属于佛法僧目。另一方面，鵎鵼（巨嘴鸟）则住在中南美洲，而且也拥有同样大的喙，却属于鴷形目啄木鸟科。无论是犀鸟还是鵎鵼，都是住在热带雨林中，以树实或果实为主食，有些也会吃昆虫或蜥蜴等。它们应该不可能漂洋过海往来，彼此也从没见过面，但在我们看来，它们竟然如此相似，都是颜色鲜明、引人注目的鸟。去动物园参观时，要仔细看看。此外，在分类上差很远，却因为住在草原这个环境而无法飞行的两种鸟——鸵鸟与鸸鹋，外形也很相似。

彩虹巨嘴鸟（厚嘴鵎鵼）　双角犀鸟（印度大犀鸟）

哺乳类

观察时的用具与服装

哺乳类

哺乳类动物是脊椎动物门之下的一个纲。哺乳就是以喂乳养育子女的意思，因此所有的哺乳类动物生下小孩后都会喂食母乳养育后代。此外，也有人称哺乳类为兽类。这么称呼是因为哺乳类身上都覆有体毛。哺乳类的特征，是为了适应周遭环境与生存而在体形及生活形态上呈现多样化。家鼠、蓝鲸，还有我们人类，全部都是哺乳类。全世界约有 4600 种，而日本境内约有 100 种哺乳类。

适应黑暗

大部分的哺乳类都是夜行性的。白天能看见的哺乳类，只有猴子、鹿、鬣羚、松鼠等。因此，观察大部分的哺乳类都要在夜间进行。我们人类并不适应黑暗，但是如果在黑夜中暂时待一段时间，就能稍微看得见。所以首先要让五感沉静下来。只要视觉习惯了，就能看见动物些微的动静，而仔细倾听也可以听见细微的声音。

用红色玻璃纸包覆手电筒

当然，行动时手电筒是不可少的，但戴头灯比较方便，可以空出双手。如果感觉有动物的气息，不要急忙往那个方向照，要从四周逐渐把光线移近。夜行性动物对于红光的反应较为迟钝，所以用红色玻璃纸包覆手电筒才不会吓到动物。也要小心衣服摩擦时发出的声音。活动时不要穿着会发出声音的衣服，选择不太会发出脚步声的鞋子也很重要。就算是夏天的晚上也会有些凉意，所以不要忘记防寒准备。

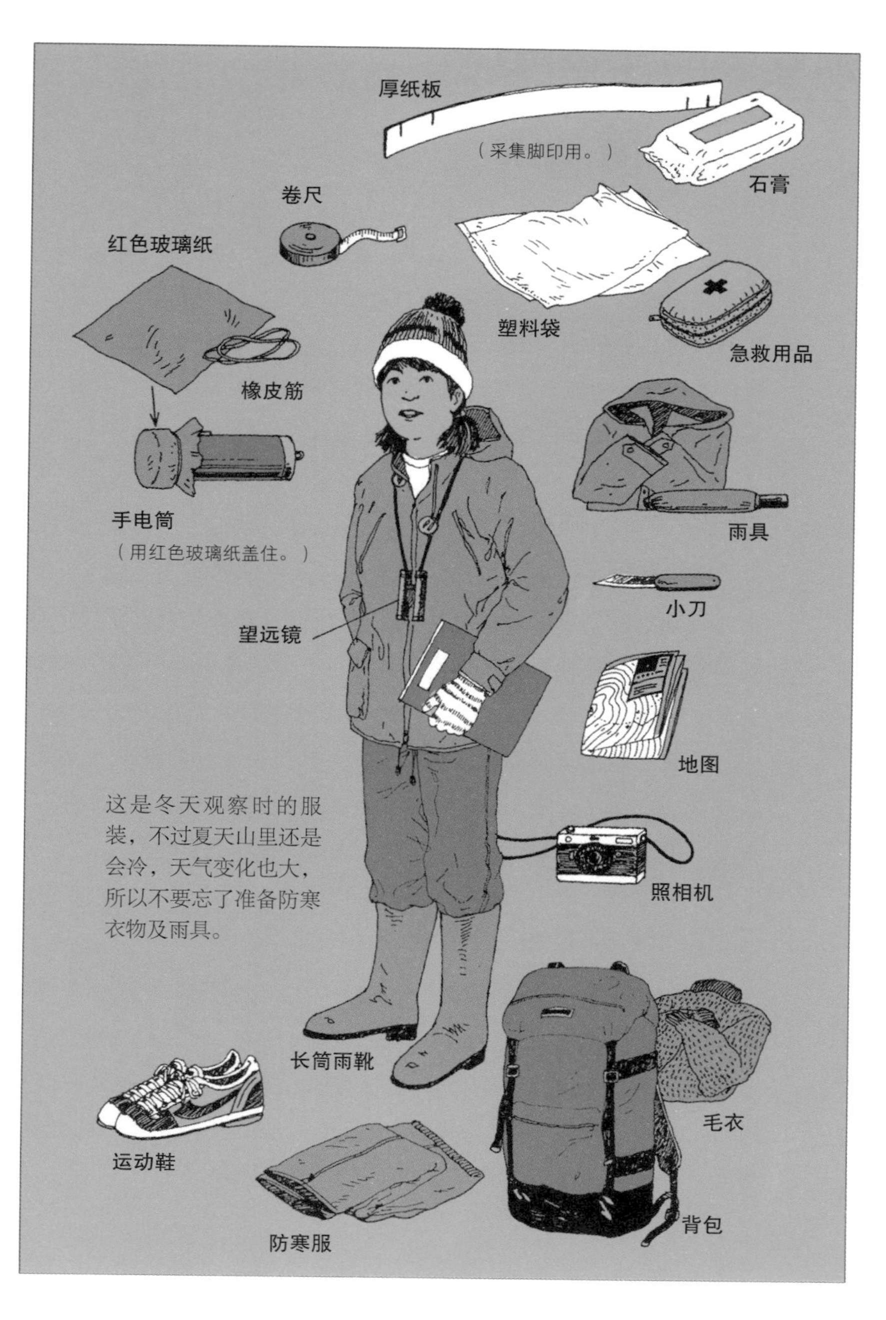
厚纸板
（采集脚印用。）
石膏
卷尺
红色玻璃纸
塑料袋
急救用品
橡皮筋
手电筒
（用红色玻璃纸盖住。）
雨具
小刀
望远镜
地图
这是冬天观察时的服装，不过夏天山里还是会冷，天气变化也大，所以不要忘了准备防寒衣物及雨具。
照相机
长筒雨靴
毛衣
运动鞋
背包
防寒服

观察时的注意事项

前去观察时人数要少

为了要了解哺乳类住在什么地方，过什么样的生活，就必须进入它们生活的地方；也就是说，我们要侵入它们的生活领域。如果用谦虚低调的态度造访，它们也就能安心地展现日常生活的样态，可是如果我们的行动太过粗率，它们会迅速地躲起来，并且离我们越来越远。所以，如果要观察哺乳类，最好只有少数人同行。尽量找能够低调、迅速、安静地进行同样活动的伙伴。

切忌心急，耐心等待

第一次观察的人，可以与经常进行动物观察的人一起前往，或是参加观察活动。就算没办法马上看到哺乳类，也不要失望，观察哺乳类时最重要的就是耐心等待。安静地等，运气好的人第一次就能遇到，但有的人去了 4～5 次后才看到。正因为如此，一旦遇到了就会倍感高兴，而且就算不能看见实际的身影，也能找到脚印、粪便、吃东西的痕迹、巢穴等。这些就是白天观察的重点。推测那是什么动物所留下的，也是一种乐趣。

了解哺乳类的活动时间

尽管哺乳类几乎都是夜行性动物，也没必要整晚都醒着等待。日落后到晚上 10 点前，以及日出前的几个小时，是动物们最活跃的时段。因此只要配合时间进行观察的准备即可，就算只能睡 5～6 个小时，身体都会感到比较轻松。白天有机会见到的鹿、髭羚、松鼠等，主要活动时间也是在日出或日落时分。

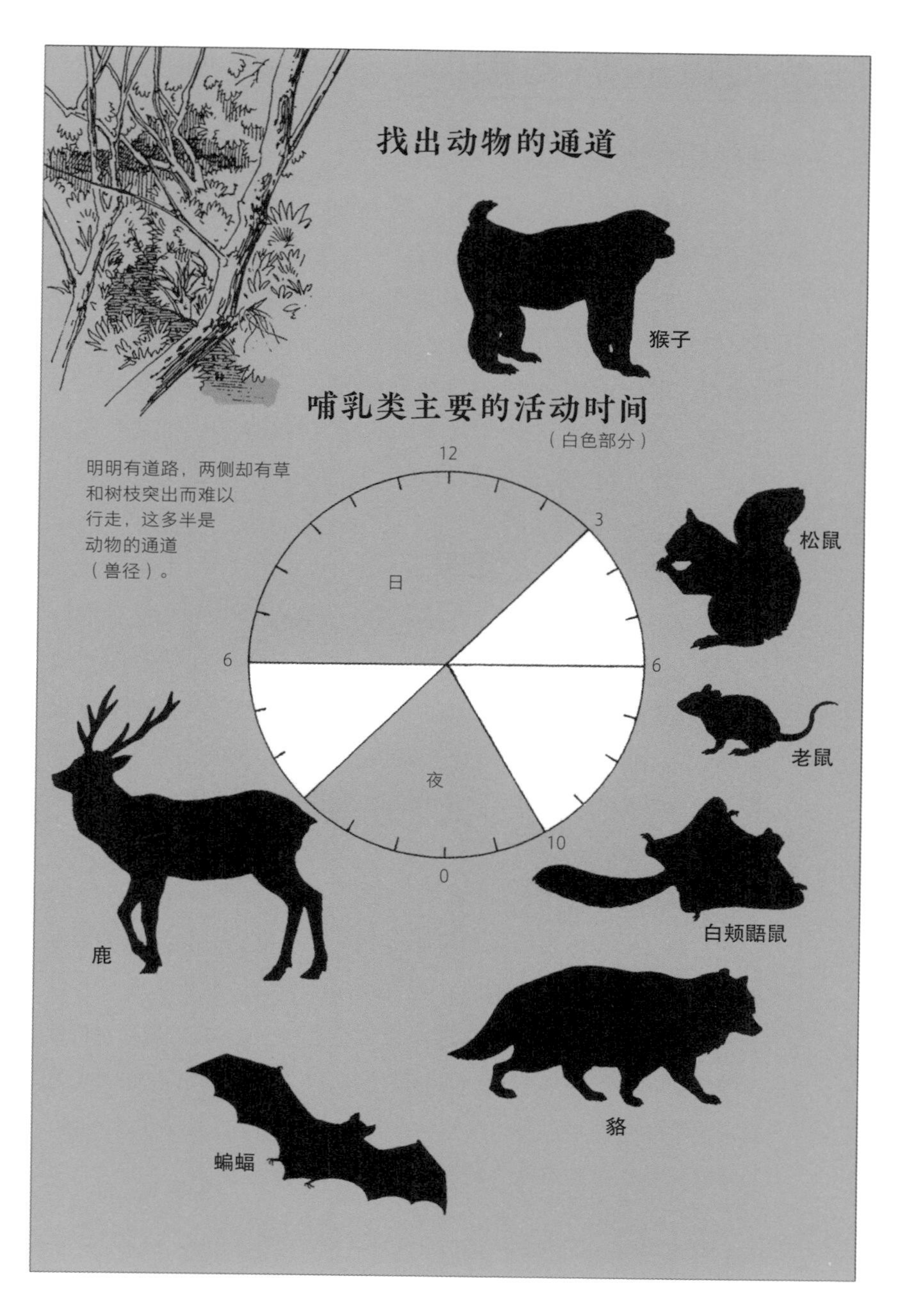
找出动物的通道
猴子
哺乳类主要的活动时间
（白色部分）
明明有道路，两侧却有草
和树枝突出而难以
行走，这多半是
动物的通道
（兽径）。
12
3
6
6
10
0
日
夜
松鼠
老鼠
白颊鼯鼠
鹿
貉
蝙蝠

寻找鼹鼠的隧道

鼹鼠就在我们住家不远处。话虽如此，问题是也要看看你住在什么地方。在日本，如果是有蚯蚓出没的土地，应该就能够找到鼹鼠（北海道并没有鼹鼠）。鼹鼠会在地底下挖隧道，并在隧道里来回视察，看看有没有食物会掉下来。它的主食是蚯蚓、昆虫的幼虫、蝼蛄、蜗牛等。鼹鼠是个大胃王，一天可以吃掉 50～60 只蚯蚓，大约等于自己体重的量。鼹鼠挖掘洞穴后，那块土地会隆起，因此可以找找看有没有那样的地方。

住家附近能看到的老鼠

野鼠或家鼠等都不是正式的名称。一般称在家里附近能看到的老鼠为家鼠，在野外能看到的老鼠为野鼠。家鼠也分成小家鼠、玄鼠、沟鼠三种。无论家里面有什么东西，只要是人吃的小家鼠都会吃，而如果是在野外，它们就吃昆虫或植物的根部等。医学实验用的白老鼠，就是从这种小家鼠改良而来的。

玄鼠与沟鼠

玄鼠与沟鼠在身形外貌上十分相似，但是喜爱住的地方完全不同。玄鼠多住在家里的天花板等较高的地方，如果你看见在屋檐上或电线上奔跑的老鼠，那一定就是玄鼠。沟鼠就像它的名称一样，喜欢下水道、河岸边等潮湿的地方。住家附近看见的老鼠是属于哪一种，不仅可以从它的体形大小、颜色、耳朵大小判断，还可以从发现的地点来确定。

玄鼠
啮齿目　鼠科
小家鼠
耳朵比沟鼠的还大。
头身长 约 7 厘米。
尾长 约 6 厘米。
头身长 16 ~ 18 厘米。
尾长 18 ~ 20 厘米。
鼹鼠隧道
沟鼠
鼹鼠
鼩形目　鼹鼠科
头身长 22 ~ 24 厘米。 尾长 16 ~ 20 厘米。
体形虽然比玄鼠大，
但耳朵却比较小。
眼睛很小，几乎
看不见。靠气味
觅食。

草丛中能看到的老鼠

给人可爱印象的野鼠

老鼠有 1000 多种，约占哺乳类全体（约 4600 种）的四分之一以上。其中因为三种家鼠给人的印象很强烈，所以总有人一听到老鼠这个名词，就会皱眉头。可是只要看过野鼠，就会因为那可爱且有趣的动作，而对老鼠的印象完全改变。住家附近的草坪以及河堤等处，一般常能看到的是巢鼠与田鼠。它们靠吃草、树根、谷类等食物维生。

用草筑成圆形巢的巢鼠

老鼠是一整年都可以观察到的。而且它们不太怕人，所以也可以靠近一点去看。如果看见了芦苇地或茅草丛，留意一下叶子上是不是有不一样的地方，并且小心地走过去。巢鼠会先咬下叶子前端弄软，并灵巧地筑出球状的巢。如果你发现了巢，就把地点与巢的大小记录下来。察看巢的内部，不要把巢捣坏。冬天时，巢鼠会在地下挖隧道过冬，所以大部分的巢就会空下来。

观察田鼠与巢鼠

巢鼠身体的颜色是接近橘色的明亮色系，但田鼠的体色却是暗褐色。巢鼠的尾巴比身体还要长，而田鼠的尾巴相当短。田鼠会在地表浅层挖隧道，全年都住在里面，并且在隧道里筑巢。田鼠与巢鼠大多都是在天亮前或日落后的几个小时里出来觅食。白天，我们要先找到巢或地道出入口，到了它们觅食的时间再等在附近观察。

巢鼠　　啮齿目　鼠科
长长的尾巴
卷起来。
主要吃草的果实
或树木的果实。
在芒草或日本榧的
茎与叶的交接处筑
圆形的巢。
头身长 约 6 厘米。
尾长 约 7 厘米。
田鼠　　啮齿目　鼠科
头身长 约 10 厘米，
尾巴很短。
会在草原或旱田的地下
挖长长的隧道，并居住
在里面。

树林里能看到的老鼠

非常喜爱树木果实的老鼠

试着从平地稍微往山上的方向去。有许多麻栎、枹栎的杂木林，以及水栎、日本山毛榉、枫与低矮的榛木混杂的落叶树林，对于老鼠及松鼠类而言是非常棒的居住地点。到了秋天，橡实等各种树木果实纷纷落到地面，就成了它们的主食。它们最爱的是核桃。在树实结满的时期，它们可是非常忙碌的。如果吃不完，它们就会贮存起来。

姬鼠的生活

日本大姬鼠是日本落叶林带中常见的代表性老鼠。在稍微高一点的地区有日本姬鼠，针叶林带中则有安氏绒鼠。日本大姬鼠会挖掘地道，并在其中分别制作睡觉的房间、贮存食物的房间、厕所等。它们也会在地道以外的地方贮存食物，就好像不放心把大量的金钱藏在同一个地点似的，把重要的粮食分散存放。对我们来说宽阔又难掌握的树林，在日本大姬鼠的脑子里却似乎有自己居住地的完整地图。它们贮存起来的食物则是粮荒时期的主要食物。

寻找姬鼠喜爱的地方

要找日本大姬鼠，去哪里找比较好呢？行走时仔细注意地面，就可以看见树实的残渣。通常贮存了许多食物的地方，也会是它们进食的地点之一。此外，它们也喜爱树根的凹洞处、道路两旁陷下去的地方，总之就是易于躲藏的地方。先找到这些地点，然后在天亮前或日落后的几个小时里，准备好观察的用具，出门去观察。

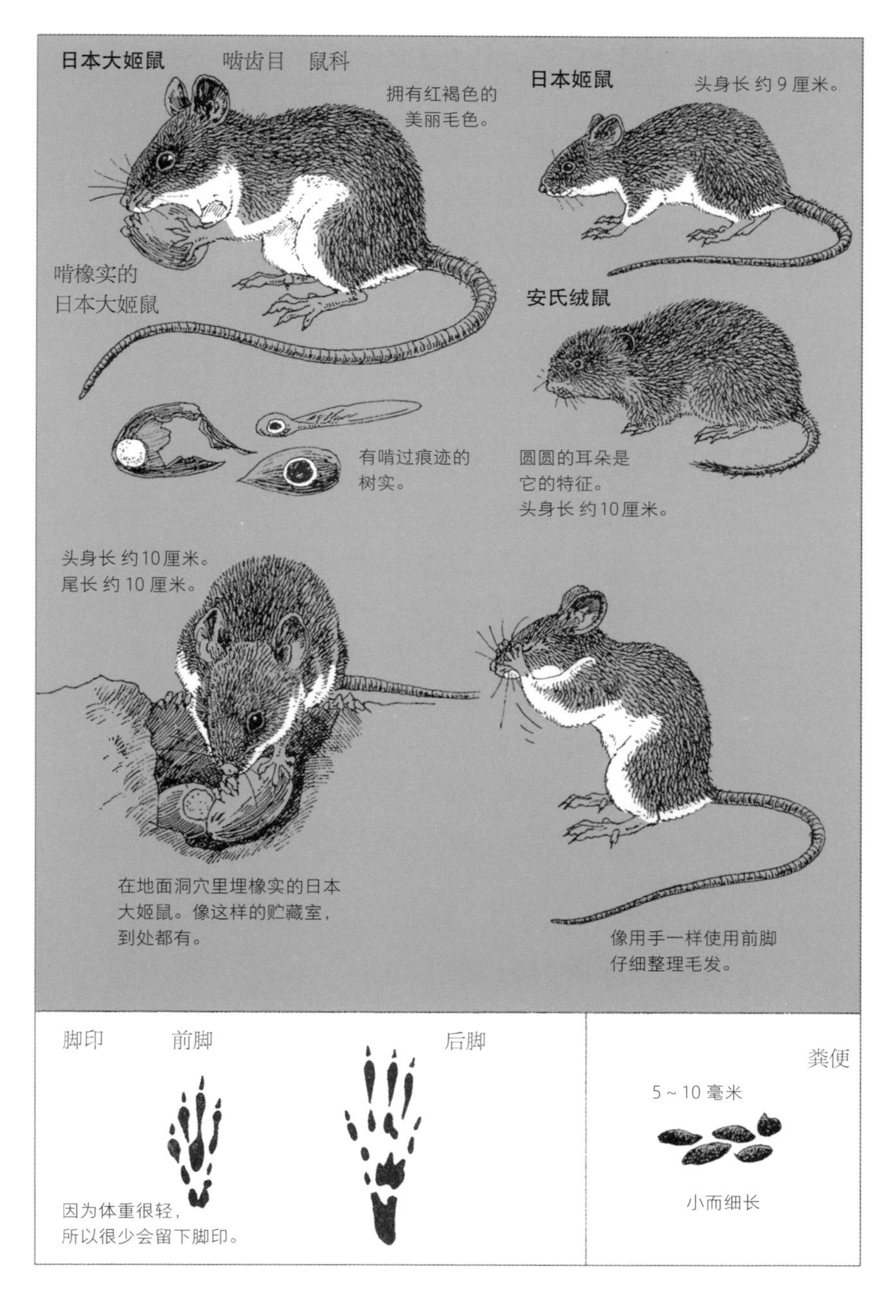
日本大姬鼠
啮齿目　鼠科
拥有红褐色的
美丽毛色。
日本姬鼠
头身长 约 9 厘米。
啃橡实的
日本大姬鼠
安氏绒鼠
有啃过痕迹的
树实。
圆圆的耳朵是
它的特征。
头身长 约10厘米。
头身长 约10厘米。
尾长 约 10 厘米。
在地面洞穴里埋橡实的日本
大姬鼠。像这样的贮藏室，
到处都有。
像用手一样使用前脚
仔细整理毛发。
脚印
前脚
后脚
因为体重很轻，
所以很少会留下脚印。
粪便
5 ~ 10 毫米
小而细长

松鼠——与橡实的互助合作

贮存食物的习性

松鼠与老鼠是非常相近的同类。用手遮住松鼠蓬松的尾巴看看会是什么样呢？应该很像老鼠吧？它们的生活习性也很像。松鼠主要吃树木的果实，并且也有吃不完就贮存在土里或树洞中的习性。除了橡实与核桃，松鼠也吃松树或杉树的果实，因此混有针叶树的明亮树林中，多能见到松鼠的身影。

帮助橡实发芽

松鼠应该能记住四处藏匿的树实，并且全部吃掉吧？但实际上不知道是忘记吃，还是吃不完，总之还是有些树实没被挖出来，而在储藏的地方长出树木的新芽。橡实如果只落在地上是很难发芽的，而且它们也不耐干燥，很快就会枯死了，但因为被埋在土里，所以能获得充足的水分而发芽。可是，如果被带到像花栗鼠居所那样地底深处的地道里，它们也无法发芽。松鼠所埋的深度（3～4 厘米）是最适合的。橡实能发芽，据说都是松鼠或老鼠忘记挖出存粮来而造成的。这是生活在树林里的植物与动物之间的奇妙关系。

在天亮与黄昏时分观察

在日本，能够见到日本松鼠、北海道松鼠、北海道花栗鼠、伊豆大岛的赤腹松鼠等。其中只有北海道花栗鼠会挖地道并冬眠。其他的松鼠都是在树上生活，要觅食时才会来到树下。大多数的松鼠会在天亮与黄昏时分出来活动。

北海道花栗鼠
冬天在耳朵的
顶端会有毛。
北海道松鼠
北海道松鼠
不会冬眠。
（冬毛）
北海道花栗鼠会在地底的
巢穴中冬眠。
冬天在耳朵的
顶端会有毛。
（夏毛）
日本松鼠
啮齿目　松鼠科
可以灵活地
运用前脚，
就像手一样。
头身长约20厘米。
尾长 约 15 厘米。
日本松鼠
不会冬眠。
会在树枝分叉的地方用小
树枝及树皮筑巢，里面铺满
了树叶与草。每年繁殖两次。
吃过的痕迹。
善于将核桃剥开。
脚印
后脚
前脚
约 3 厘米
粪便
约 5 毫米
凌乱地
四处分散。

白颊鼯鼠与日本小鼯鼠——滑翔高手

能看到白颊鼯鼠的地方

白颊鼯鼠与日本小鼯鼠都是老鼠与松鼠的同类，可以像用手一样使用前脚进食。不同的是它们很少到地面上来，几乎都在树上生活。如果要从这一棵树移动到另一棵树，它们就会展开前脚与后脚之间的膜，从空中滑翔过去。白颊鼯鼠会把大的树洞当成巢。所以要找到白颊鼯鼠，首先要找到有大树的地方（日本小鼯鼠的生活也很类似）。说到有大树的人类居住的地方，那就是庙宇了。可以到附近有大树的寺庙找找看。

日落前在大树旁等待

如果发现大树上有树洞，先确认有没有爪子抓过树皮的痕迹。用来做巢的树洞周围是用爪子抓过的，所以颜色会比其他部分浅，像既粗糙又新鲜的树皮。如果树根附近有又小又圆的一粒粒的粪便落在那里，就能更加确定那是白颊鼯鼠的窝巢。一旦确认了巢的位置，傍晚就在能清楚看到树洞的地方等着。要事先准备好包着红色玻璃纸的手电筒，还有望远镜。日落后，首先能听见“嘎”或“啾噜噜”的声音，那是白颊鼯鼠的叫声。用手电筒照，就会看见树洞里有一双发亮的眼睛。白颊鼯鼠的夜间活动就要展开了。

白颊鼯鼠的食物

白颊鼯鼠会吃树芽、叶子、花、果实等，也和老鼠或松鼠一样吃橡实。从巢的旁边用力一蹬后脚，就能在天空滑翔的白颊鼯鼠，会从一棵树移动到另一棵树上，然后再度攀上树干，又从高的地方滑到下一棵树上。请仔细观察它们的移动方式，以及它们在树枝上进食的方式。

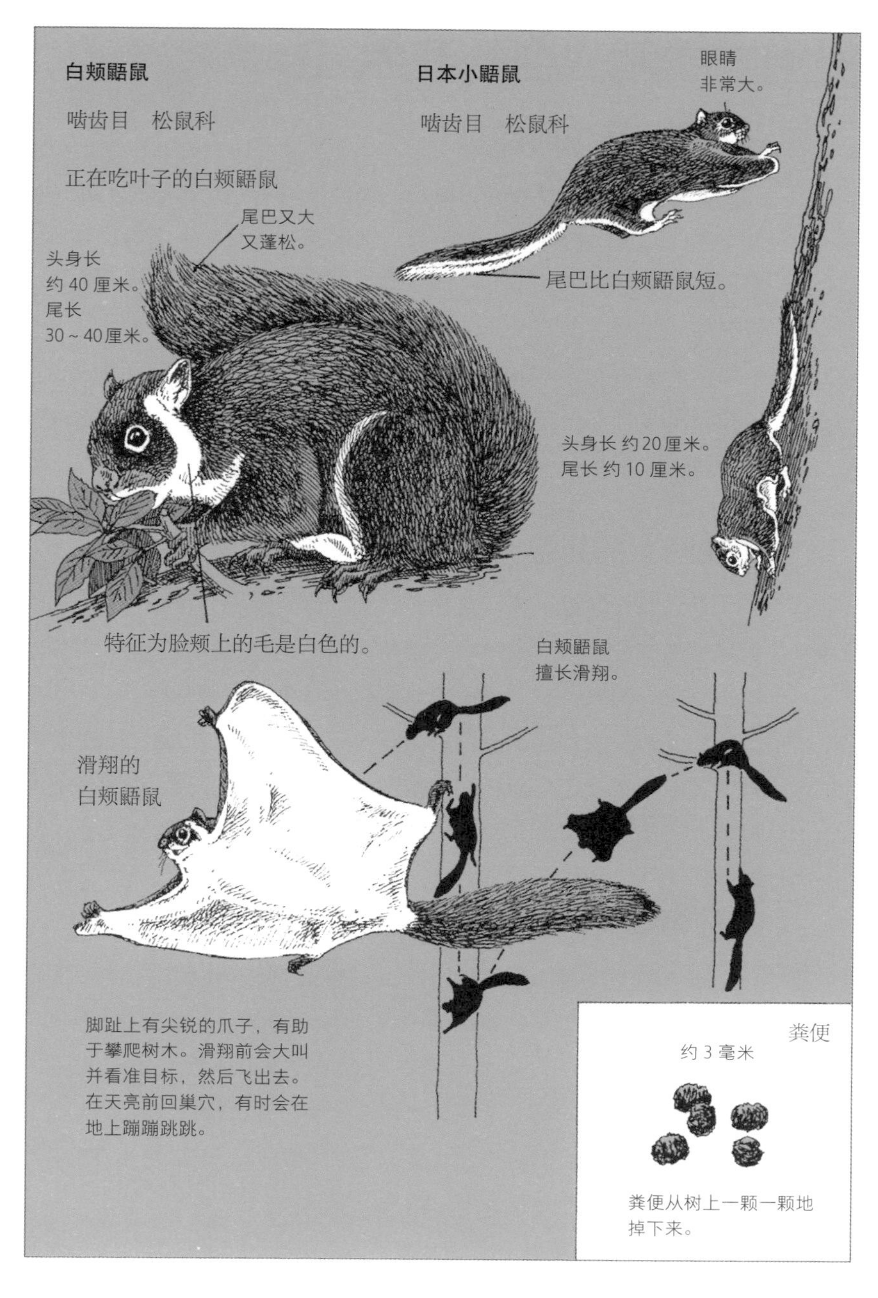
白颊鼯鼠
啮齿目　松鼠科
正在吃叶子的白颊鼯鼠
尾巴又大
又蓬松。
头身长
约 40 厘米。
尾长
30 ~ 40厘米。
特征为脸颊上的毛是白色的。
日本小鼯鼠
啮齿目　松鼠科
眼睛
非常大。
尾巴比白颊鼯鼠短。
头身长 约20厘米。
尾长 约 10 厘米。
白颊鼯鼠
擅长滑翔。
滑翔的
白颊鼯鼠
脚趾上有尖锐的爪子，有助于攀爬树木。滑翔前会大叫并看准目标，然后飞出去。在天亮前回巢穴，有时会在地上蹦蹦跳跳。
粪便
约 3 毫米
粪便从树上一颗一颗地掉下来。

蝙蝠——会飞的哺乳类

试着画出蝙蝠的样貌

当有人叫你试着画出蝙蝠来，你能画出来吗？试着把右边的页面遮住，自己画画看。和画鸟、松鼠或貉的时候不太一样，画蝙蝠很难？头是什么样子？身体呢？手脚呢？飞翔时的膜呢？能够立刻联想到洋伞的人，也算挺厉害的。和伞骨相对应的，正是蝙蝠前脚的脚趾。脚趾伸长，趾间有膜。脸部则依种类而不同。白颊鼯鼠与日本小鼯鼠都只能从高往低的地方滑翔，而哺乳类中只有蝙蝠可以像鸟一样的飞翔。

寻找晚上的光源

令人意外的是，蝙蝠离我们其实很近。晚上，可以试着找找街灯等光源处。蝙蝠的食物，就是如 39 页所呈现的趋光性昆虫。蝙蝠白天会在屋檐下、树洞中或洞窟里休息，一到傍晚就会开始活动。大部分的蝙蝠都会发出人耳听不到的超声波，超声波遇到猎物等障碍物就会反射，蝙蝠锐利的耳朵一听见，便会朝猎物的那个方向飞去。因此，再怎么黑暗，也不会有相撞的情况发生。

观察蝙蝠白天休息的样子

想要好好观察蝙蝠的外观，可以在白天前往蝙蝠休息的地方。首先，要收集有关蝙蝠的情报。如果是在寺庙或民宅的屋檐下就很容易观察，可是如果是在洞窟里，千万不要一个人前往，一定要有人陪伴同行。要穿防滑的鞋子和不怕脏的衣服，戴上工作手套再出门。在洞窟里使用头灯会比较方便。蝙蝠是用什么样的姿势休息，粪便又在哪里，调查看看。

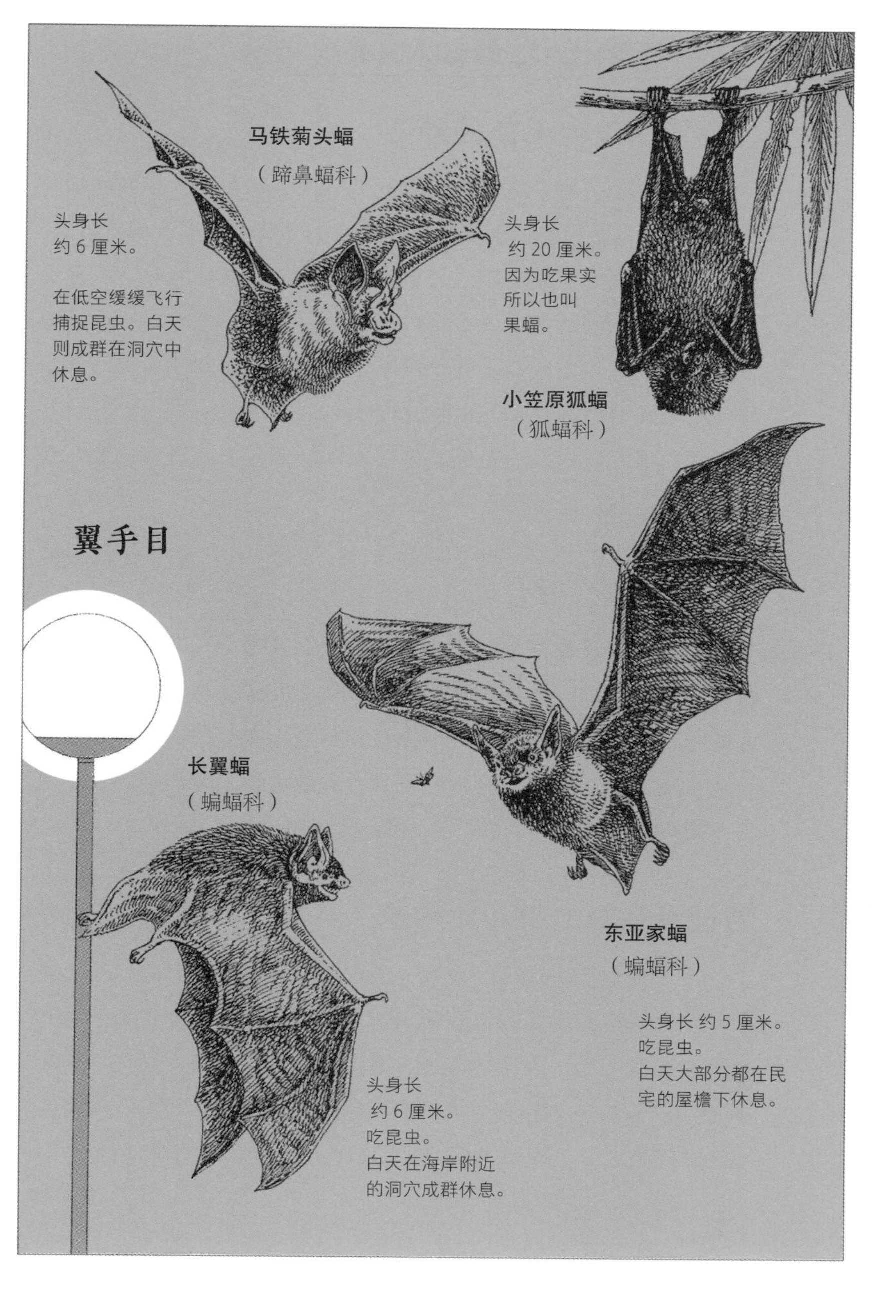
马铁菊头蝠
（蹄鼻蝠科）
头身长
约 6 厘米。
在低空缓缓飞行
捕捉昆虫。白天
则成群在洞穴中
休息。
头身长
约 20 厘米。
因为吃果实
所以也叫
果蝠。
小笠原狐蝠
（狐蝠科）
翼手目
长翼蝠
（蝙蝠科）
东亚家蝠
（蝙蝠科）
头身长 约 5 厘米。
吃昆虫。
白天大部分都在民
宅的屋檐下休息。
头身长
约 6 厘米。
吃昆虫。
白天在海岸附近
的洞穴成群休息。

野兔——卓越的跳跃力

依环境而改变毛色的野兔

说到兔子，似乎与我们很亲近，但野兔和其他大多数的哺乳类动物一样是夜行性的，所以在自然状态下我们很少有机会看到。可是如果运气好，在清晨或黄昏走进山里就有机会能看到。夏天的兔毛是褐色的，而冬天下雪时见到的野兔，毛色多会变白。两者都是能融入相应季节的环境而不显眼的颜色。到了冬天气温下降，四周开始降雪变成一片银白的时候，野兔的毛也会逐渐变白。当天气再度回暖时，白毛就会掉落，新的褐色毛就会长出来。在不下雪的地方，野兔的毛则不会变白。

野兔觅食的方法

野兔靠着吃树芽、叶子、树皮等植物维生。一般野兔的粪便都是一颗一颗的，偶尔也会排泄出较软的粪便，然后野兔就会把它吃掉。就算你看到在洞穴中休息的野兔吃自己的粪便，也不是因为食物不足，而是因为再度吃下柔软的粪便，营养能够被更进一步吸收。最终，它们会排出一颗一颗的粪便。

特征是后脚的脚印比较长

野兔后脚印比较长，让人一眼就能够辨别。尤其是雪地上的脚印非常清楚，要找到很容易。就算你不是住在雪国的人，如果有机会去滑雪场，也不妨留意一下。从步伐的幅度，可以分辨野兔像是平常般地走路还是在跳跃。测量脚印与脚印之间的距离，写在野外笔记中。同时也记下它们是直线行走，还是弯曲前进。

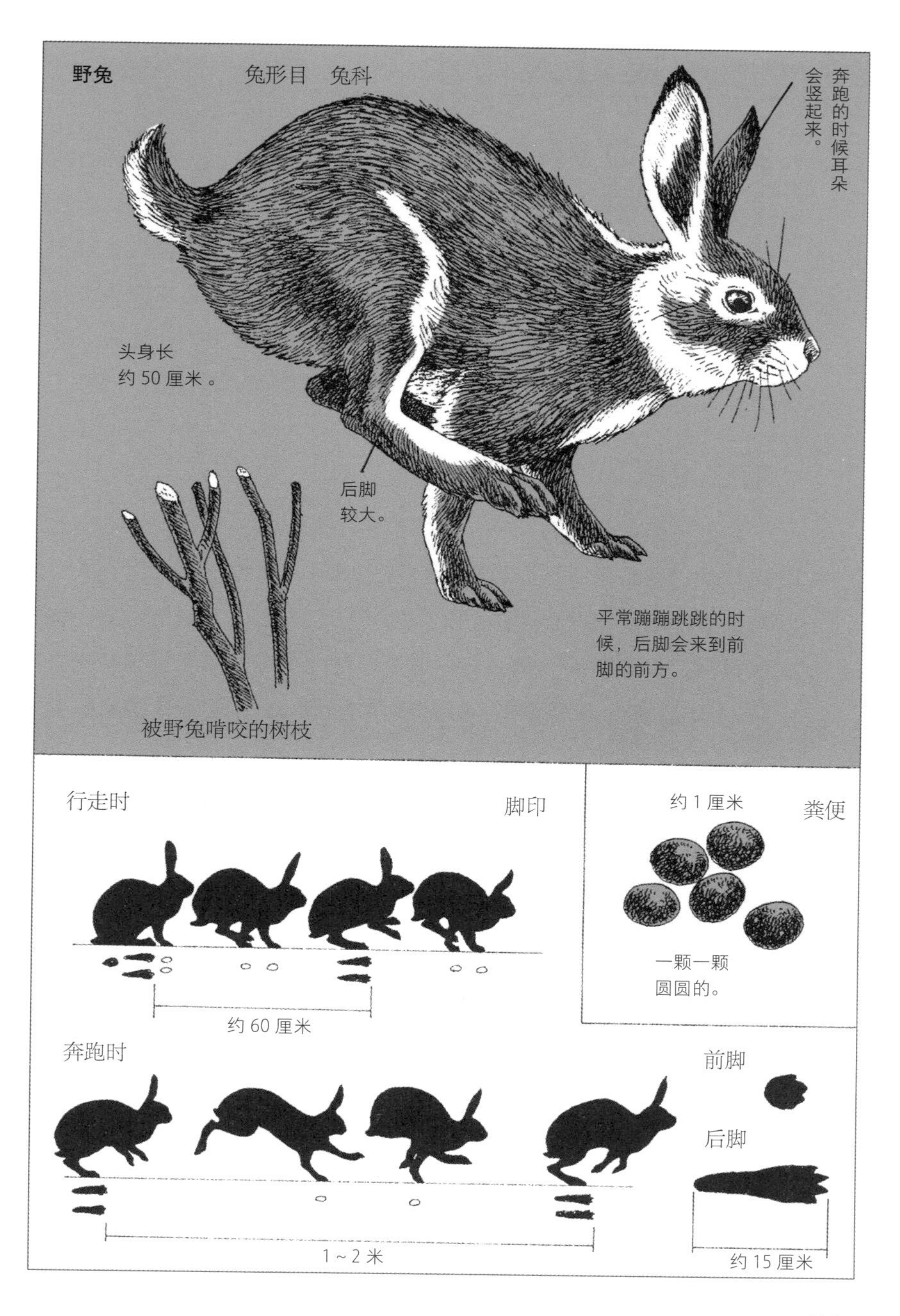

野兔
兔形目　兔科
奔跑的时候耳朵会竖起来。
头身长
约 50 厘米。
后脚
较大。
平常蹦蹦跳跳的时候，后脚会来到前脚的前方。
被野兔啃咬的树枝
行走时
脚印
约 60 厘米
约 1 厘米
粪便
一颗一颗
圆圆的。
奔跑时
1～2 米
前脚
后脚
约 15 厘米

貉——杂食性大胃王

各式各样的丰富食物

貉是杂食性动物。从昆虫、蛞蝓、蚯蚓、蜈蚣、青蛙、螃蟹、鱼等动物，到橡实等树实或果实都吃。因为貉的食物非常多样化，所以很难见到它们狩猎的情形。虽然偶尔也会攻击鸟或蛇类，但终究还是比较常见到它们把鼻尖探入落叶里，在地面上磨蹭着、蹑手蹑脚地寻找食物，似乎天生有着慢吞吞的悠哉性格。

与貉相遇

因为貉是杂食性动物，所以也常吃人类的剩饭。在日本靠近树林的民家常常有机会看见貉。首先就收集这些情报。也有人会喂食（定期喂养野生动物，让它们习惯），让貉主动靠近。貉会在黄昏前后开始活动。是一公一母？还是较多成员的全家出动呢？5～6 月是貉生产的季节，因此从夏季到秋季也能看见幼貉的身影。白天的观察就是去找脚印及粪便。貉排便时都是定点的，所以很容易找。堆粪的地方就是貉的公共厕所，家族成员和同类都会来相同的地点排泄。

獾与貉的不同

獾有时会被错认为貉。仔细观察貉之后再看看獾，就会发现两者之间的差异。首先獾的脚要比貉的粗短，看起来好像全身从上方被压扁的样子，脸上的双眼部分有黑色的线条。日本有些地方称獾为“mujina”，有些地方称貉为“mujina”，试着调查看看。

貉　食肉目　犬科
嬉闹的幼貉
头身长 50 ~ 60 厘米。
尾长 约 20 厘米。
黑色部分往横向延伸。
幼貉成长很快，
约半年就能长成
与父母一样大。
脚很细。
排便定点。
獾　食肉目　鼬科
黑色部分是纵向延伸。
貉会利用树的洞穴或岩石裂缝作为巢穴。爱干净，所以不会在窝里排便，一定会在固定的“厕所”排泄。
爪子很长。
脚很粗。
前脚弯向内侧。
后脚，
有脚后跟。
貉的脚印
约 50 厘米
前脚
后脚
约 4 厘米
粪便
约 6 厘米

鼬——树林中的打猎高手

鼬是老鼠的天敌

鼬的行动十分敏捷，锁定猎物之后会迅速跳起飞扑上去。鼬是肉食性动物，主要以老鼠为食，不过也会吃雏鸟、鸟蛋、青蛙、螃蟹等。因为老鼠危害甚大而放养老鼠的天敌鼬，会造成鼬的数量过多，转而去袭击饲养的鸡，这种情形时有所闻。人类为了配合自己的需求，而去随意操纵自然界的生物，其实并不是一件容易的事。身为打猎高手的鼬，其捕捉老鼠时的凶猛姿态也许会令你吃惊，但那也只是自然生态的一部分。

与鼬相遇

鼬既会出现在树林里，也会出现在农田或民宅附近。因为野鼠是它的主要食物，所以往野鼠多的地方去找就对了。它也喜爱水边，有一堆鱼或螃蟹尸体的渔港边，以及河川旁也能看到它。另外还可以留意树林附近的民宅垃圾场，还有山中小屋的垃圾集中处。鼬常在天刚亮时与太阳下山后活动。母鼬只有公鼬的一半大小。

寻找固定的排便点

鼬无论是奔跑或爬树都很灵活，因为脚趾之间有蹼，所以也会游泳。活动时间是在夜晚，所以很难看到它的身影，但白天如果能仔细找出脚印或粪便，就能发现它们。排便习惯与貉相同，都会在同一个地方做定点排便，粪便比起貉的更小更细长。鼬似乎能透过闻排便定点的粪便，了解附近有什么样的同伴在行动。有时候固定的排便点也会有堆得像小山一样高的粪便。

鼬
食肉目　鼬科
眼睛周围是黑色的。
头身长 约30厘米。
尾长 约12厘米。
母鼬只有这个的
一半大小。
下颚是白色的。
一激动就会
放出臭气。
捕捉老鼠的鼬
与身体相较之下，
手和脚都很大。
一次跳跃
可以前进约1米。
脚印
约
3
厘
米
前脚
后脚
约30厘米
粪便
约2厘米
在固定的地方
排便。

狐——敏锐的听觉与嗅觉

日本红狐与北狐

貉与狐都是犬科动物。可是狐比较接近我们所熟知的犬的外形，而且比犬还要瘦一点。狐的嘴巴前端较尖，有较长的蓬松尾巴。住在日本本州、四国、九州的日本红狐，与其他哺乳类一样，也因为居住的林地锐减，以及人类的捕猎，数量在逐渐减少。而住在北海道的北狐，由于自然环境比起其他地方要好，因此见到它们身影的机会也比较多。如果你有机会前往北海道，一定要问问当地人有关狐的出没地点，然后观看它们的自然生态。

与狐相遇

狐的食物主要为野鼠与野兔等。不管多么细微的声音，都逃不过它的耳朵。狐有时也会袭击鸟类，秋天的时候也会吃树实以及民宅的剩饭。能看见貉的地方，大多能也看见狐的踪影。因为它们是天刚亮时及入夜后行动，所以要进行夜间观察。只要静静地在可能看到狐的地方等待，就能看见它在警戒四周环境的状态下出现。会将头靠在地面闻味道的貉，以及会抬起头环顾四周的狐，你可以将两者进行一番比较。

分辨狐与貉的方法

这里所指的并不是外形，因为两者不只行动的地点重叠，甚至连粪便和脚印都很相似。狐的粪便有一端比较尖，据此能够区别。脚印的部分，将脚印画线连接起来，会发现狐的脚印接近直线。这是因为狐的胸部宽度比貉小。

狐　　食肉目　犬科

头身长 60 ~ 70 厘米。
尾长 40 ~ 50 厘米。

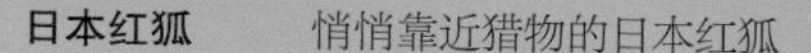

日本红狐　　悄悄靠近猎物的日本红狐

跳向猎物，用前脚压住。

北狐

比日本红狐稍微大一点。

狐会挖掘巢穴，并在里面产子。
春天生下的幼狐，到了秋天就会独立。

脚印

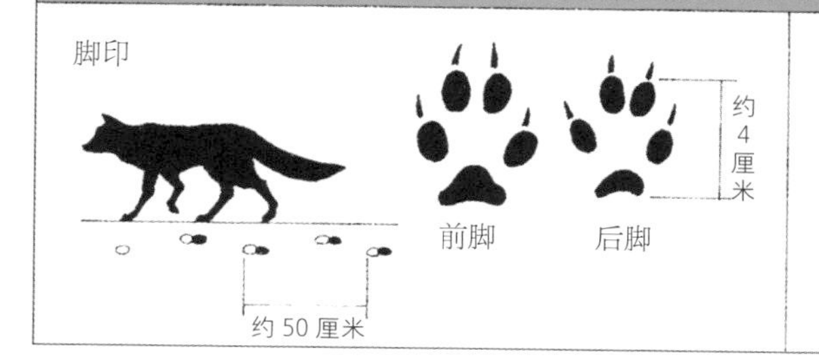

粪便

一边的前端比较细长且尖。

野猪——最爱洗泥巴澡

无法在雪国居住的野猪

请参阅227页的野猪分布地图。野猪只分布在西日本一带，这与当地是否积雪有关。仔细看看野猪的身体，就会发现它们的躯体所占比例很大，脚很短。只要积雪厚达30~40厘米以上，野猪就无法行动。所以野猪的体形使它并不适合居住在会下雪的地方。以同样的观点，也来思考鹿及髭羚的体形与它们分布区域的关联。

有蹄的野生动物

在日本，有蹄的野生动物有鹿、髭羚及野猪。虽然山羊、牛、马也都有蹄，但它们都被当成家畜养着。而这三种野生动物，都是每只脚上各有两个大蹄和两个小蹄，有这种蹄的动物就称为偶蹄类。可是尽管同样都是偶蹄类，野猪却有个不同之处，我们可以看看它们的脚印。鹿和髭羚并不会留下小蹄的脚印，但是野猪所有的蹄都会接触地面。此外，反刍（将吞进胃里的食物吐回嘴里再嚼）是偶蹄类的特征，但只有野猪是例外，它不会反刍。

寻找泥沼地

野猪栖息在离人类村落很近的山里，但因为是夜行性动物，所以不太有机会能见到。可是一旦确认某处是安全的地方，有时候也会在白天跑出来活动。野猪是杂食性动物，所以会用鼻子挖土，吃些植物的根、树实、蚯蚓、青蛙、昆虫等，食量非常大。此外，它们还有用烂泥摩擦身体的习惯。野猪挖洞并在里面洗泥巴澡的地方，我们也称为泥沼地。

日本野猪
偶蹄目　猪科
脖子很短。
常常在树干或石头上拼命摩擦身体。似乎是为了要擦掉泥巴，并将身上的寄生虫除掉。
上下的犬齿变成獠牙。
在挖土的时候，会用坚硬的鼻尖压住，然后左右摆动头部挖掘。
在湿地里挖掘洞穴，或在泥沼中翻滚、睡觉。这是为了去除寄生虫并在身上留下气味。
乳猪
幼猪身上有纹路，此时的幼猪称为乳猪。纹路约 6 个月后会消失。
野猪筑巢会挖土和收集草，并在里面生产。
脚印
约9厘米
约 50 厘米
粪便
约 7 厘米
没有固定形状。也有更小的粪便。

鹿——与同伴一起生活

与鹿相遇

鹿遍布于日本全境，除了像奈良公园一样受到特别保护的地方外，并不是任何地方都能够轻易看见它们的踪影。如果你想看鹿，那么首先要收集“某处可以看见鹿”这样的新闻。鹿多半会出现在有倾斜坡地的树林中。这种时候就要选择视野良好的对面斜坡当作观察地点。只要知道它们经常出现的地方，就在白天去那附近走走，确认是否有粪便或吃东西的痕迹。如果找到，那么在白天看见的可能性也会提高，因为鹿的活动范围并不太会改变。

进食的地点与反刍的地点

鹿会吃草、树叶、树芽、树皮等。你可以早晨到鹿常出没的觅食点去。切忌发出声音，要静静地行动。仔细观察它们吃东西的样子，以及公鹿角的形状，并数一数有几头。公鹿与母鹿的区别也要记录下来。等到太阳高高升起，鹿就会停止进食并离开。鹿会在早晨和傍晚进食，而在白天与晚上则是一边反刍一边休息。反刍的地点与进食的地点不一样。如果在树林里散步，也有可能看见它们反刍的场面。

鹿一年中的生活

鹿大抵上分为母鹿与小鹿一群、公鹿一群，两个群体各自生活。到了秋天的交配时期，才会有公鹿与母鹿在一起的情形。5～6月是生小鹿的时期，所以母鹿会变得较为敏感且具有攻击性，因此观察时要特别小心。就算看到了小鹿，也千万不要靠近它或伸手摸它。

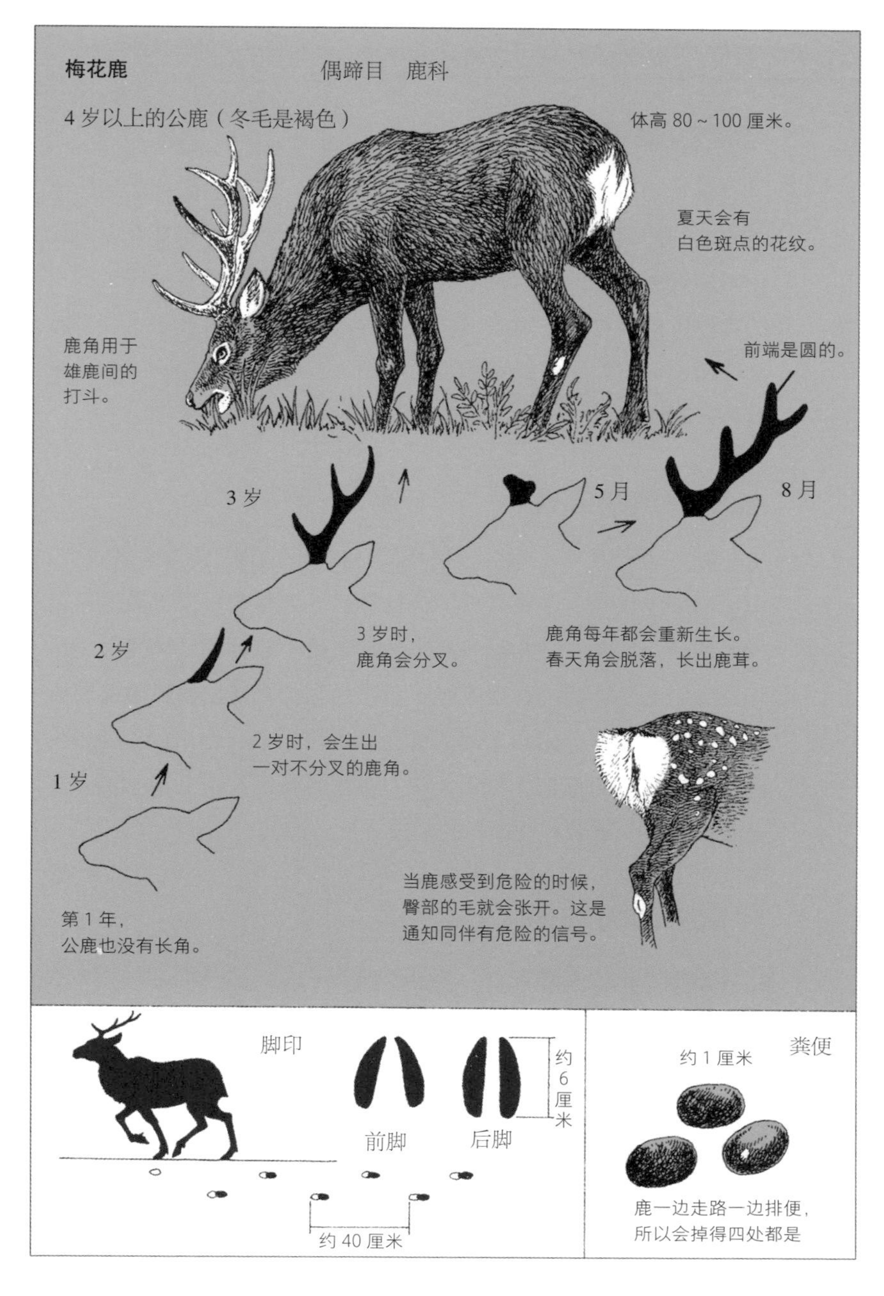
梅花鹿
偶蹄目 鹿科
4岁以上的公鹿（冬毛是褐色）
体高80～100厘米。
夏天会有
白色斑点的花纹。
鹿角用于
雄鹿间的
打斗。
前端是圆的。
3岁
5月
8月
2岁
3岁时，
鹿角会分叉。
鹿角每年都会重新生长。
春天角会脱落，长出鹿茸。
2岁时，会生出
一对不分叉的鹿角。
1岁
当鹿感受到危险的时候，
臀部的毛就会张开。这是
通知同伴有危险的信号。
第1年，
公鹿也没有长角。
脚印
前脚
后脚
约6厘米
约40厘米
粪便
约1厘米
鹿一边走路一边排便，
所以会掉得四处都是

鬣羚——挺拔的姿态

与鬣羚相遇

要看到鬣羚，比要看到鹿还困难许多。除了它们的数量很少之外，它们的体色是灰色或褐色，因此在树林里很难被发现。比较容易看到它们的季节是冬天。使用望远镜就能够看见一片银白的雪地中，鬣羚正在啃着树枝的身影。但是，冬天在山上观察常常伴随着危险，一定要请熟悉山路的人或经常进行动物观察的人带你一起去。

寻找磨角的痕迹

鬣羚主要吃草、树叶、树实等。它们会在清晨与傍晚进食，白天与晚上反刍，并在岩石阴凉处休息。公羊与母羊都有既短且尖锐的角，并常常会用这些角去磨树。这个被称为“磨角”的动作，除了磨角本身外，还有画下自己地盘的意味。它们也会将眼睛下方的眼下腺分泌出来的液体涂抹在树干上。像这种做记号的动作，也被称为标记。白天走在森林里时是否有看到树木的表皮被摩擦过呢？试着找找磨角的痕迹。

观察脚印与粪便

如果有机会看到鬣羚，那真的是很幸运。可是那的确不太容易，因此我们先专注于寻找磨角的痕迹、脚印、粪便。脚印虽然与鹿相似，不过要稍微大一点、圆一点。无论地面是坚硬还是柔软的，它们都会随之调整蹄的开合状况。在岩石上方，它们就会用这样子的蹄一步一步地夹着地面攀爬上去。鬣羚会在同一个地方排便，而鹿会边走边排便，所以看看粪便是否成堆，就可以将它们与鹿区别开来。

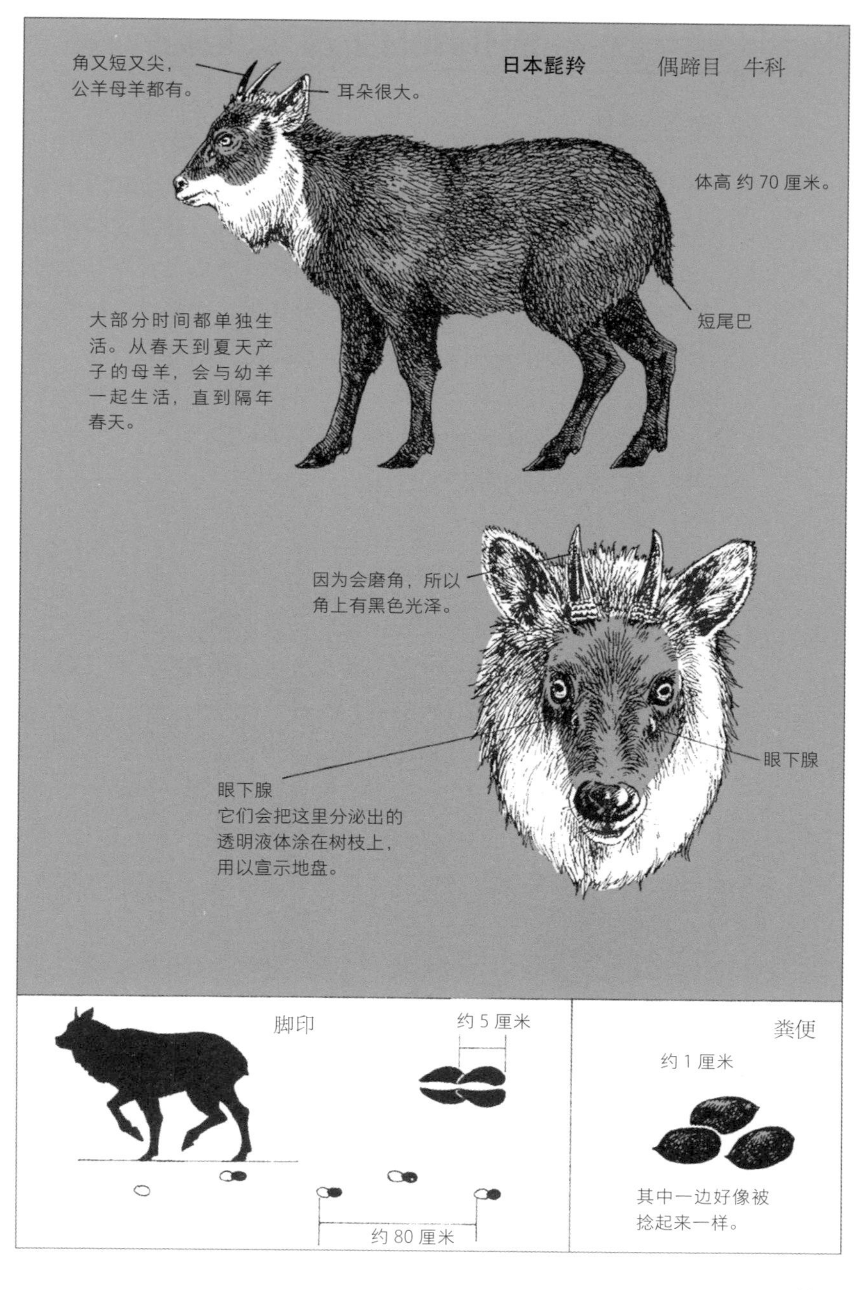

日本鬣羚
偶蹄目　牛科
角又短又尖，
公羊母羊都有。
耳朵很大。
体高 约 70 厘米。
大部分时间都单独生活。从春天到夏天产子的母羊，会与幼羊一起生活，直到隔年春天。
短尾巴
因为会磨角，所以
角上有黑色光泽。
眼下腺
眼下腺
它们会把这里分泌出的
透明液体涂在树枝上，
用以宣示地盘。
脚印
约 5 厘米
约 80 厘米
粪便
约 1 厘米
其中一边好像被
捻起来一样。

猴子——观察它们的行为很有趣

与猴子相遇

猴子是群居动物。为了觅食，它们活动范围很广。它们主要的食物是树实、树芽、树叶与草叶等，到了冬天，没有这些食物时，它们就会刨下树皮吃。走在山里或河边，有机会看见野生猴子。大多时候它们都是突然间从一棵树跳到另一棵树上，接着就消失无踪。不过如果隔一段距离，它们就会比较放心且松懈。在大多数为夜行性动物的哺乳类中，猴子是少数的日行性动物。在日本，能确定看见猴子的地方就是野猿公园（229 页）。这是个定期喂食、野生猿猴会前来造访的地方。

观察它们的行为

它们进食的时候是如何使用手呢？又是用什么姿势进食呢？母猴、小猴或成年猴子之间的理毛动作也要仔细观察。相互理毛是在彼此信赖的对象之间进行的行为，是一种爱的表现。从背后攀爬在其他猴子的背上，这种行为叫作跨骑，常见于公猴之间宣示地位的场合，表示骑在同伴背上的那只比较强势。无论是跨骑还是相互理毛，都会在同伴之间增进情谊时使用。母与子、公猴与公猴、公猴与母猴之间等，什么样的组合会进行这些行为呢？来观察看看。

在野猿公园内要遵守的事项

①不要擅自喂食。只要看到食物，猴子可能会整群包围过来。

②虽然与母猴在一起的小猴很可爱，但绝对不要伸手去摸。母猴会大叫引来猴王，有可能会威吓你。

③当猴子威吓你的时候，就避开它的目光。看它的话，它会更进一步威吓。

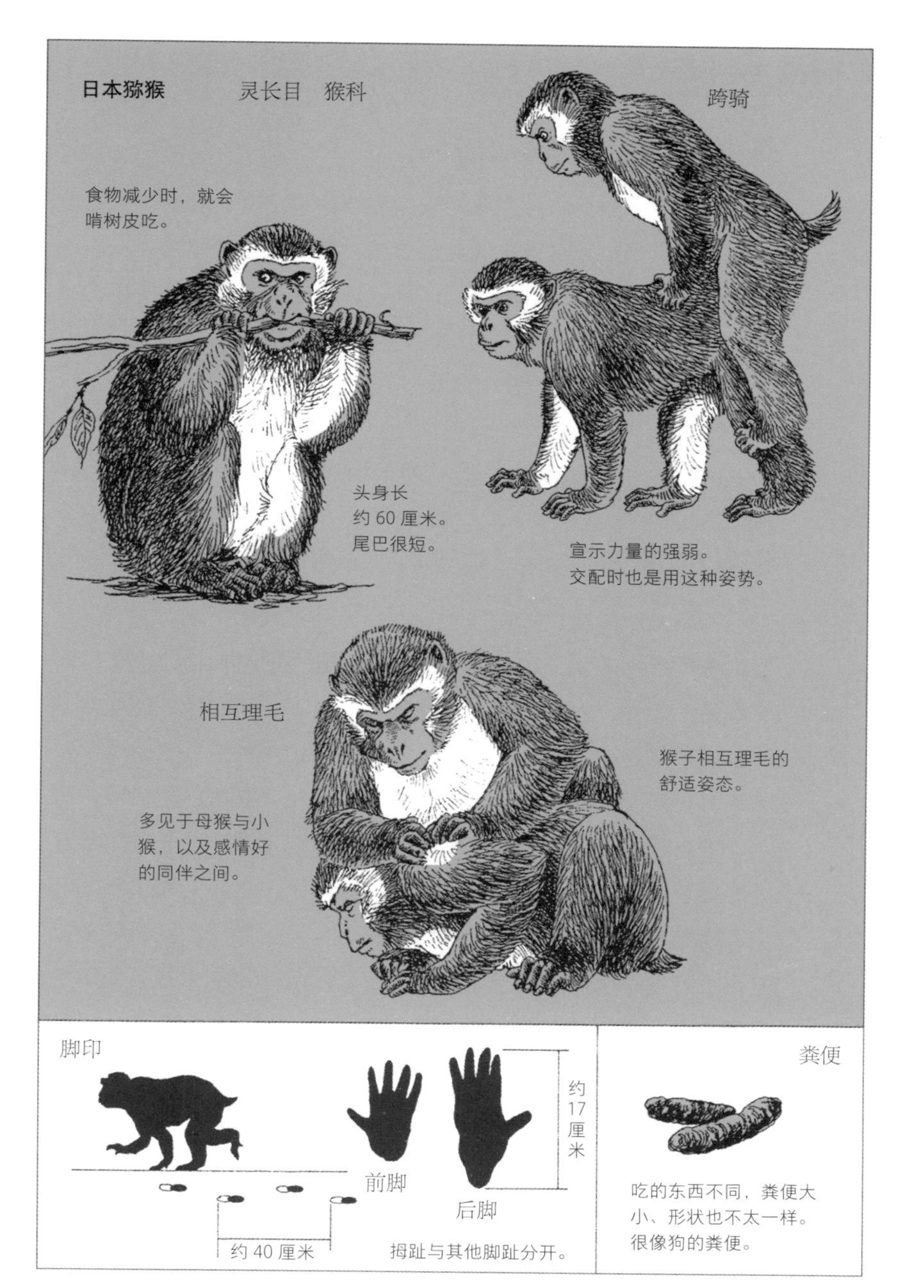
日本猕猴
灵长目　猴科
跨骑
食物减少时，就会
啃树皮吃。
头身长
约 60 厘米。
尾巴很短。
宣示力量的强弱。
交配时也是用这种姿势。
相互理毛
猴子相互理毛的
舒适姿态。
多见于母猴与小
猴，以及感情好
的同伴之间。
脚印
约
17
厘
米
前脚
后脚
约 40 厘米
拇趾与其他脚趾分开。
粪便
吃的东西不同，粪便大
小、形状也不太一样。
很像狗的粪便。

观察粪便

粪便告诉我们些什么?

看见落在地上的粪便就能知道动物的名字并不容易。可是从形状、大小大致猜出来应该是可以的。松鼠、白颊鼯鼠、日本小鼯鼠、野兔、鹿、鬣羚等，都以草、树叶等植物为食，所以排出来的粪便都是一粒一粒、圆圆的，味道也不太难闻。然而，以动物为食物的哺乳类就会排出细长、有黏性的粪便，如貉、獾、狐、野猪等。越新排出的粪便就越臭。此外，也有四处散落的粪便与集中在一处的粪便。会进行定点排便的包括貉、獾、鼬、鬣羚等。

记录的方法

如果发现粪便，首先要测量大小，并把它画下来。接着，试着用木棒拨开粪便。在以动物为食的哺乳类的粪便中，大部分都能看见毛、骨、齿、爪子等。这是所有人都能轻易做到的观察方法，如果你还想更进一步详细地调查，就把粪便带回家。用手隔着塑料袋抓起粪便，接着反折塑料袋把粪便装起来，然后放进另一个塑料袋，这样就能避免气味跑出来。把带回家的粪便用纸杯等容器装起来，再以热水溶解后，倒在薄纸上。接着用酒精（药房买得到）清洗，找出毛、骨、牙齿等，之后晾干。在野外笔记里记下日期、时间、发现地点，画下标示大小用的素描，同时把从粪便中找出来的东西，用树脂贴在旁边，或是用胶带黏上也可以。有时候也会找到塑料袋或橡皮筋等东西，这显示它曾经在一般民宅附近出没。如果找到树实，把它埋在盆栽的浅层处，就能期待到底会长出什么植物的芽。

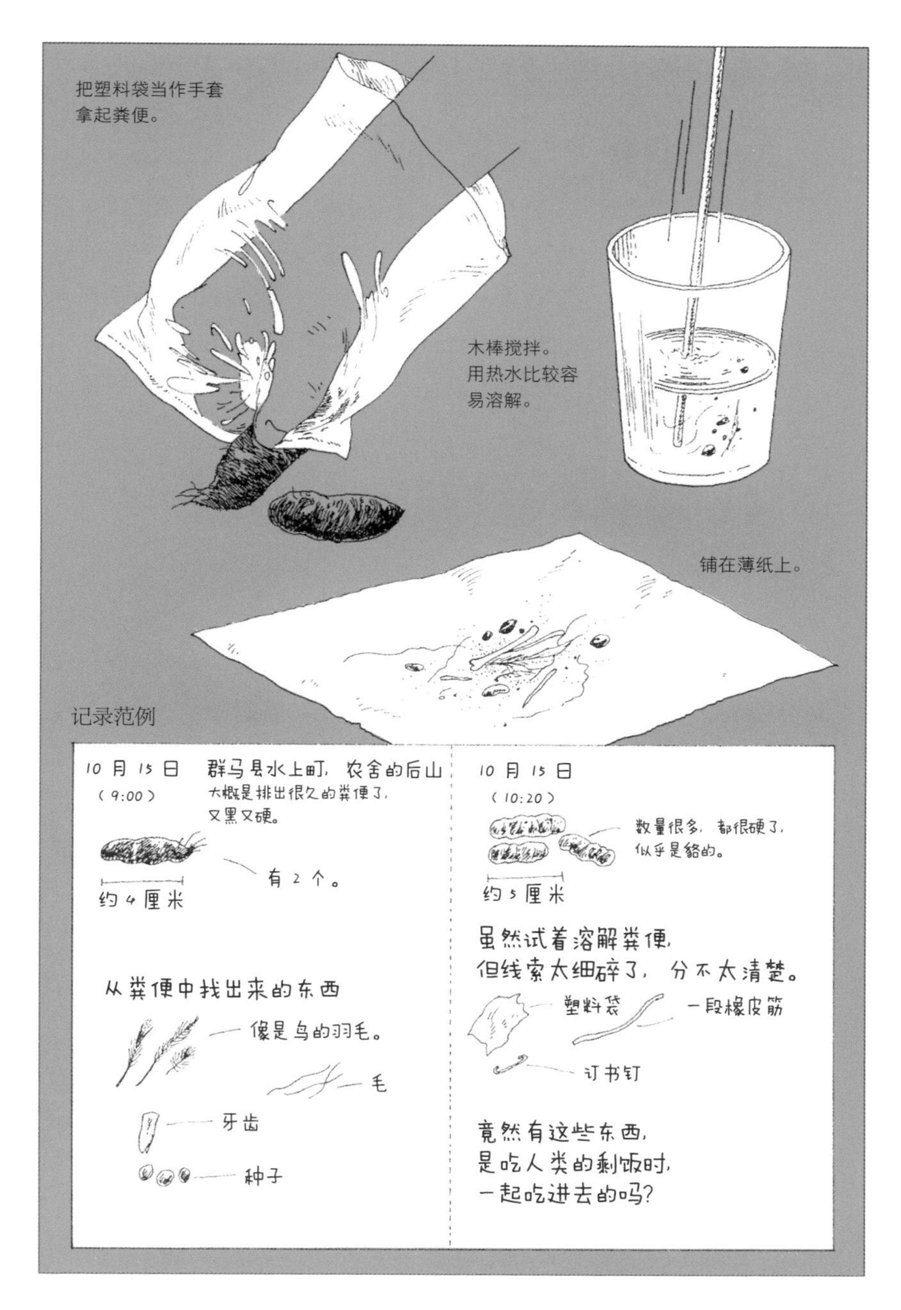
把塑料袋当作手套
拿起粪便。
木棒搅拌。
用热水比较容
易溶解。
铺在薄纸上。
记录范例
10月15日
（9:00）
群马县水上町，农舍的后山
大概是排出很久的粪便了，
又黑又硬。
有2个。
约4厘米
从粪便中找出来的东西
像是鸟的羽毛。
毛
牙齿
种子
10月15日
（10:20）
数量很多，都很硬了，
似乎是貉的。
约5厘米
虽然试着溶解粪便，
但线索太细碎了，分不太清楚。
塑料袋
一段橡皮筋
订书钉
竟然有这些东西，
是吃人类的剩饭时，
一起吃进去的吗？

追踪脚印，进行推理

早起很重要

因为哺乳类大多是夜行性的，所以我们睡觉的时候正是它们活跃觅食的时间。当我们醒来之后，它们又会躲到某个安全的地点休息。能了解它们夜间活跃行动的线索就是脚印。脚印很容易留在沙、泥、雪地里。如果想要去看脚印，就要趁早出门寻找，否则在强烈的阳光照射下，或是风吹、雨淋之下，脚印很快就会变形消失。

循着足迹前进

首先，要想想这是什么动物的脚印。接着再想想走路的方式是缓慢前进，还是步伐匆忙？如果脚印变深变大，可能是动物停下脚步，说不定正在侧耳倾听。如果脚印到了树前面就消失，那么动物一定是爬到树上去了；是不是被敌人追赶呢？这样附近会不会有其他的脚印？像这样追着足迹进行推理，可能就会发现意想不到的动物毛块或鸟的羽毛等。首先把动物行动的目的认定为觅食即可。至于是自己去觅食，还是被当成食物追捕，哪一种情况比较多呢？

把自己当成这种动物，进行推理

有些动物总是单独行动，有些动物则是一直跟着同伴一起行动。与同伴一起行动的动物脚印，数量既多且复杂。可是仔细查看之下，就很像 A 与 B ，还是会出现差异的。它们各自进行着什么样的行动呢？请充分运用你的想象力，享受推理的乐趣。

前一天晚上，雪地上
发生了什么事情呢？
试着推理看看。
松鼠似乎
逃到树上
去了。
野兔遭到袭
击了，应该
是狐做的。
貂在树下来回
徘徊后离去。
松鼠
野兔
在树附近
消失了。
貂似乎发现
松鼠了。
老鼠
应该是进入地
下的巢穴或地
下通道了。
貂的粪便

寻找自然界的洞穴

以洞穴为居所的动物

自然界中，有树干上的洞穴、树根处的洞穴（这两种在本书中都称为树洞）、土斜坡上的洞穴、岩石缝隙形成的洞穴，以及洞窟等各式各样的洞穴。有些动物将这些洞穴当巢穴。本书所举的动物中，利用树干上树洞的有白颊鼯鼠与日本小鼯鼠，偶尔也会有松鼠。利用根部树洞的是貉、白鼬；较大的树洞则会有熊使用。利用岩石缝隙或土斜坡洞穴的有狐、獾、貉等。有些獾与狐也会自己挖掘洞穴。有时獾所挖的洞穴，隔年狐会来使用，狐挖的洞穴，隔年貉会来使用；动物都会反复而有效地利用这些洞穴。会利用大型洞穴的则是蝙蝠。

发现洞穴时

首先，要测量入口的大小。从它的宽度、高度试着去想象是什么动物在使用。但也可能是没有动物使用的洞穴，所以可以把鼻子凑近洞口闻闻味道，如果是动物正在使用的洞穴，会闻到特殊的味道。调查就到此为止，千万不可以将手伸进去，或用棒子去戳。这样有可能惊吓到动物，也可能发生危险。

地面的洞穴及树上的小洞穴

有时候地上也会有一些土堆隆起，把这些土堆拨开，可能发现鼹鼠的穴。此外，还有随处都能发现小小的洞穴，那是昆虫挖的洞？还是鸟挖的洞？可以想想看，挖掘洞穴的是哪一种动物。

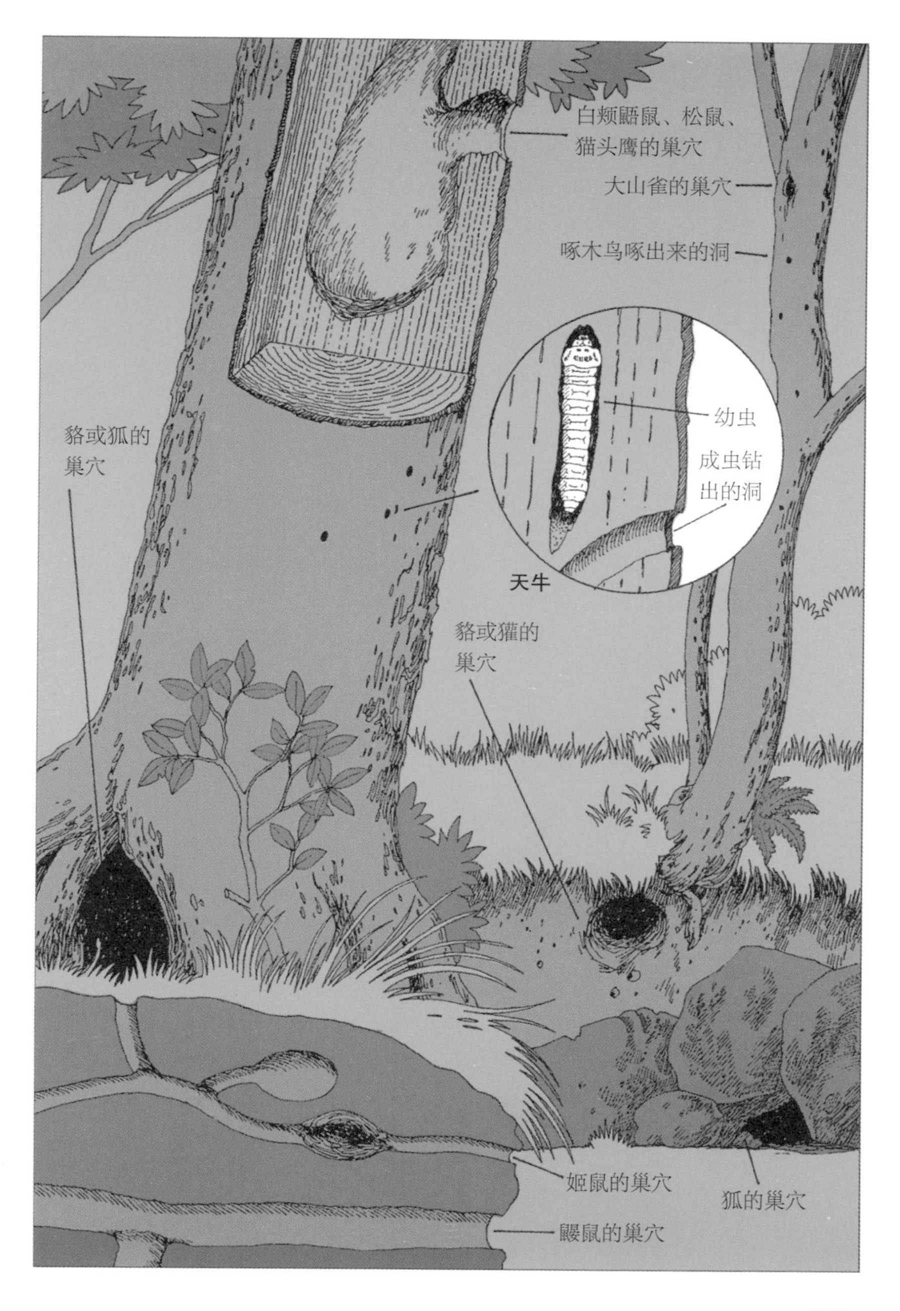
白颊鼯鼠、松鼠、
猫头鹰的巢穴
大山雀的巢穴
啄木鸟啄出来的洞
貉或狐的
巢穴
幼虫
成虫钻
出的洞
天牛
貉或獾的
巢穴
姬鼠的巢穴
狐的巢穴
鼹鼠的巢穴

日本哺乳类的分布图（一）

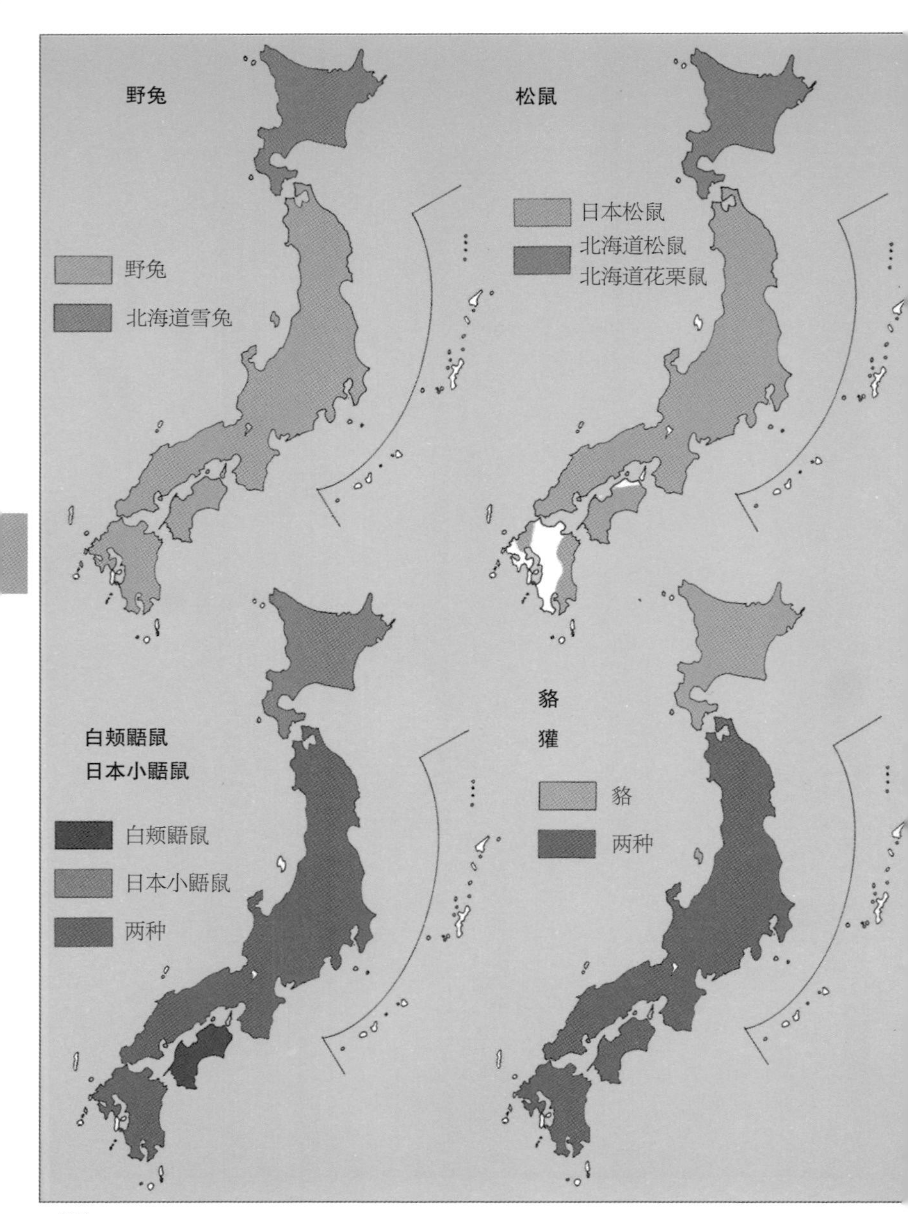

野兔
野兔
北海道雪兔
松鼠
日本松鼠
北海道松鼠
北海道花栗鼠
白颊鼯鼠
日本小鼯鼠
白颊鼯鼠
日本小鼯鼠
两种
貉
獾
貉
两种

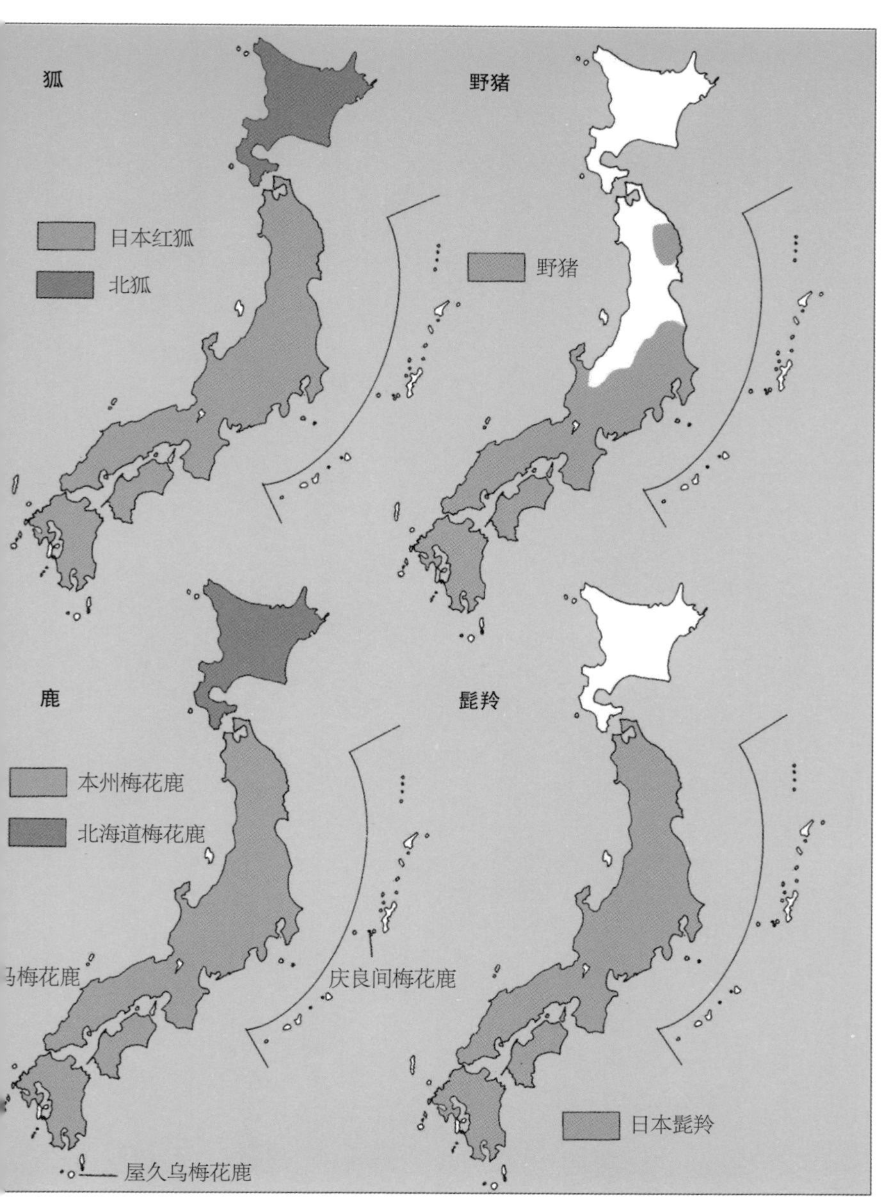
狐
日本红狐
北狐
野猪
野猪
鹿
本州梅花鹿
北海道梅花鹿
乌梅花鹿
庆良间梅花鹿
屋久岛梅花鹿
鬣羚
日本鬣羚

日本哺乳类的分布图（二）

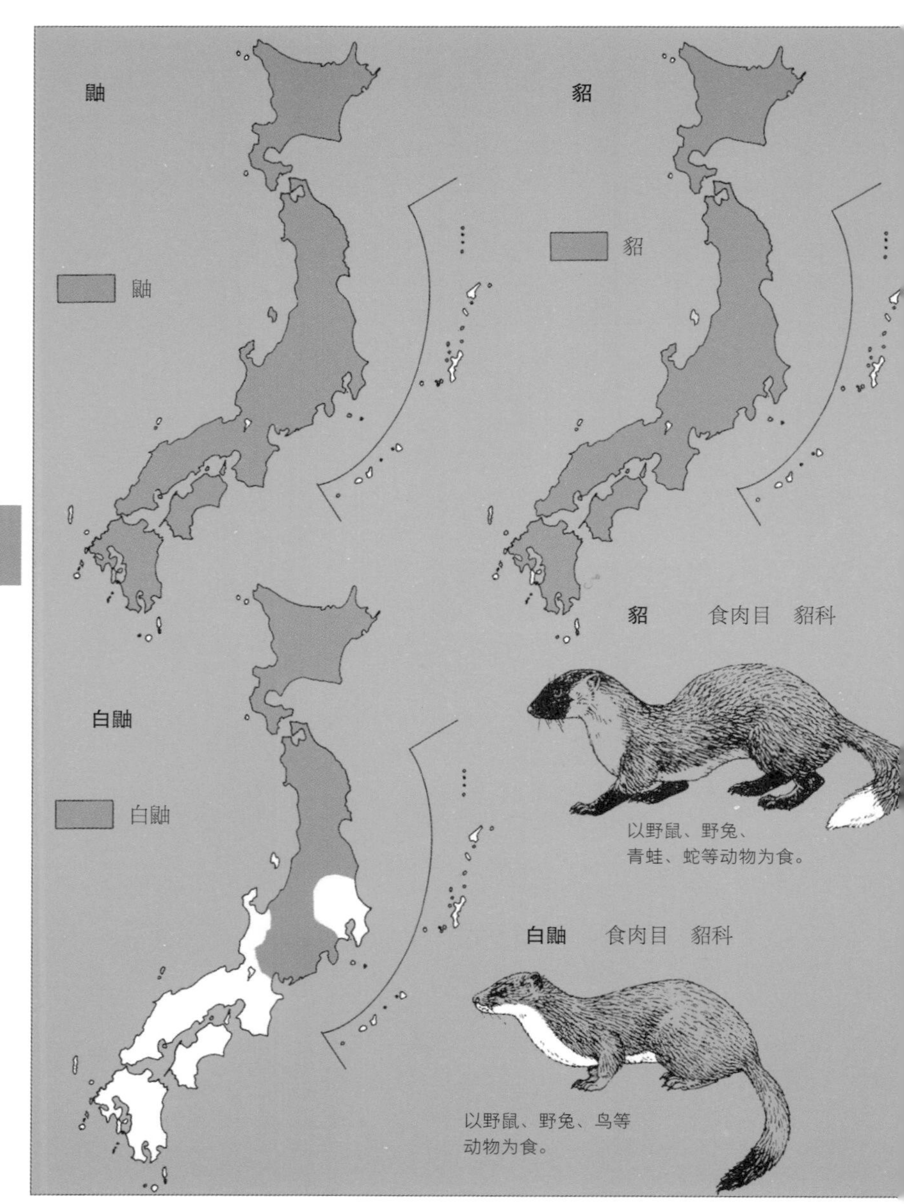

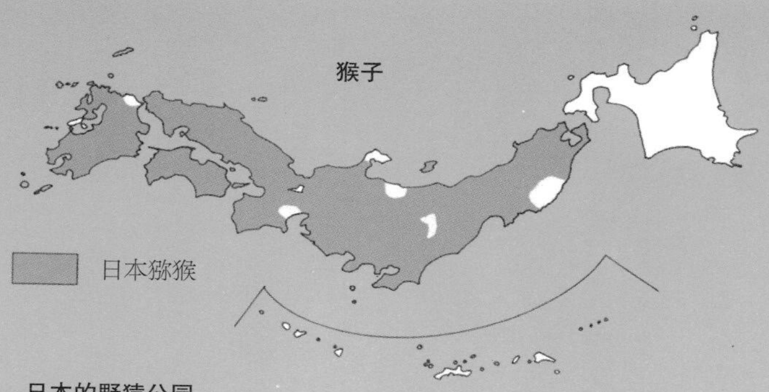

日本的野猿公园

九艘泊野猿公苑	青森县下北郡脇野泽村
长瀞野猿公园	埼玉县秩父郡长瀞町
高尾山猴子天堂	东京都八王子市高尾町
高宕山自然动物公园	千叶县富津市天羽町
高宕山野猿公苑	千叶县君津市植畑
天昭山野猿公园	神奈川县足柄下郡汤河原町
猴子乐园	神奈川县足柄下郡汤河原町
地狱谷野猿公苑	长野县下高井郡山之内町
波胜崎自然公园	静冈县贺茂郡南伊豆町
大平山野猿公苑	爱知县犬山栗栖
三河湾海上动物公园	爱知县幡豆郡幡豆町
白山地雷谷自然动物园	石川县石川郡吉野谷村市原 57 号
野生猴园	福井县大饭郡高浜町
醒井野猿公园	滋贺县坂田郡米原町
比叡山	滋贺县大津市浜大津 1 丁目 2–18
岩田山自然动物园（岚山野猿公苑）	京都府右京区中尾下町
箕面市营自然动物园	大阪府箕面市箕面道称泷之下
友岛自然公园	和歌山县和歌山市加太町友岛
淡路岛猴子中心	兵库县洲本市
椿野猿公苑	和歌山县西牟娄郡白浜町椿
船越山自然动物园	兵库县佐用郡南用町船越 877
竹野猴贺岛公园	兵库县城崎郡竹野町贺岛 3 号
胜山神庭泷自然公园	冈山县真庭郡胜山町
卧牛山自然动物园	冈山县高梁市内山下
帝释峡野猿公园	广岛县比婆郡东城町
河内游园地猿之国	广岛县贺茂郡河内町
日本猴子中心宫岛研究所	广岛县佐伯郡宫岛町
寒霞溪自然动物园	香川县小豆郡内海町
铫子溪自然动物园	香山县小豆郡土庄町
国家公园滑园自然动物园	爱媛县北宇和郡松野町
鹿岛野猿公苑	爱媛县南宇和郡西海町
高崎山自然动物园	大分县大分市田之浦别院
幸岛野猿公苑	宫崎县串间市市木石波
都井岬野猿公苑	宫崎县串间市都井岬
屋久岛大哥谷	鹿儿岛县熊毛郡上屋久町
屋久岛安房林道	鹿儿岛县熊毛郡上屋久町
屋久岛尾之间	鹿儿岛县熊毛郡屋久町

日本哺乳类的分布图（三）

能看见海豹、海狗、
北海狮的沿岸
海狗
食肉目　海狮科
环纹海豹
食肉目　海豹科
以鱼、乌贼、章鱼、
贝类等为食。
北海狮
食肉目　海狮科
体长 约 3 米，
非常大。

生物月历

可以见到的时期（月）

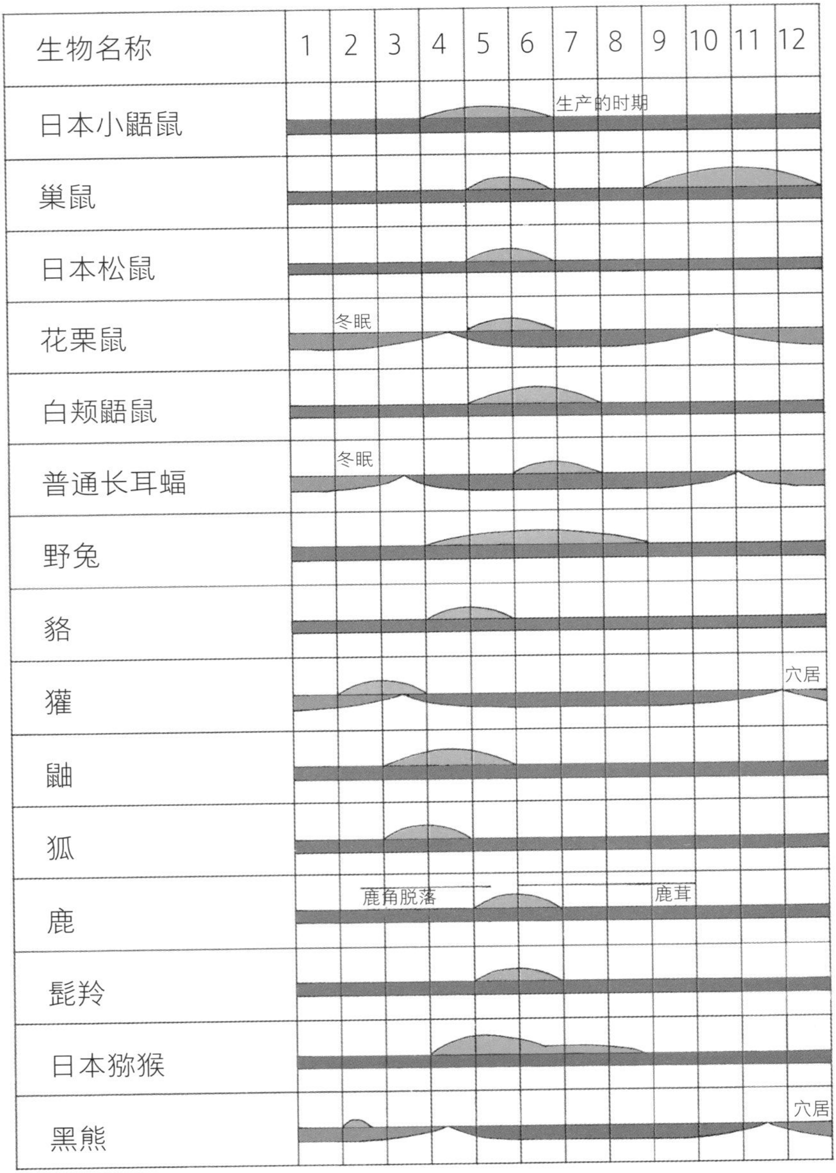

生物名称	1	2	3	4	5	6	7	8	9	10	11	12
日本小鼯鼠							生产的时期					
巢鼠												
日本松鼠												
花栗鼠		冬眠										
白颊鼯鼠												
普通长耳蝠		冬眠										
野兔												
貉												
獾												穴居
鼬												
狐												
鹿			鹿角脱落						鹿茸			
髭羚												
日本猕猴												
黑熊												穴居

去山上看动物

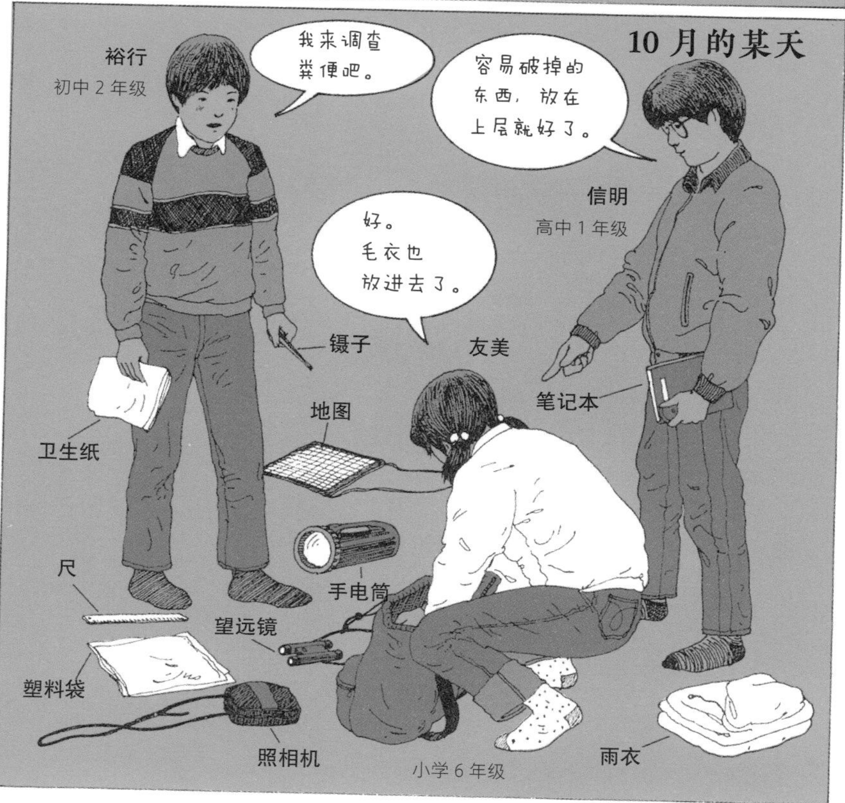

观察时的用具与服装（188 页）

树林里能看到的老鼠（196 页）

松鼠——与橡实的互助合作（198 页）

观察粪便（220 页）

寻找自然界的洞穴（224 页）

好清澈的
河水。
那是什么？！
在跑。
日本水鼩
是老鼠，
吓我一跳。
还有猴子。
真的啊，
有好多只！
在这边
静静地
看一下吧。

那些猴子
在干吗？
他们在互相理毛。
看起来很舒服呢。

喂！

不可以
大声叫喊！

有点晚了，
先回住的地方。

天色
完全暗了，
要小心脚下。

有红色的
眼睛在闪！

是白颊鼯鼠！
呜～好冷！
肚子饿了。
吃完后
要赶快睡觉。

双筒望远镜的使用法（168 页）

鬣羚——挺拔的姿态（216 页）

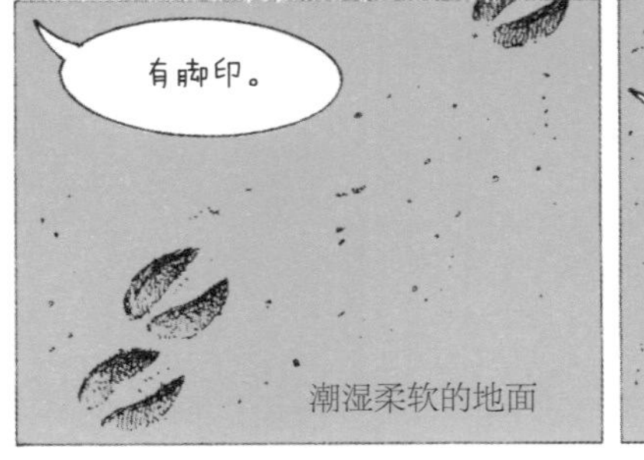

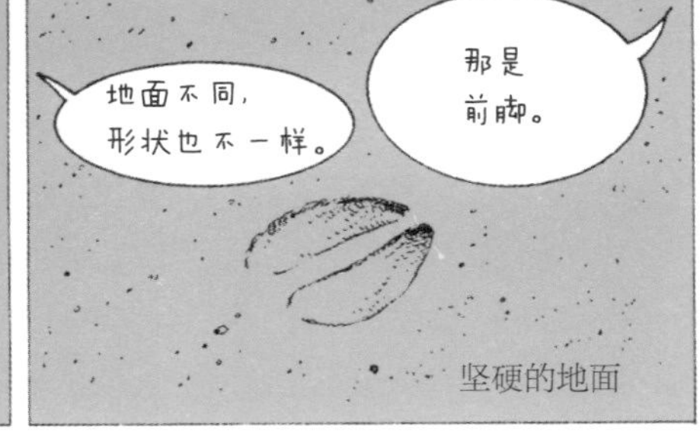

追踪脚印，进行推理（222 页）

髭羚——挺拔的姿态（216 页）

好了，
回去吧。
嘘！
有声音。
是鬣羚。
小声一点，
小声一点！
在吃叶子。
靠近看，
有一点像狮子。
好像发现
我们了。

它在摇头。
当髭羚被追赶而
感到害怕时，就会摇头，
而且还会突然开始
吃叶子。
太靠近
野生动物
很危险！
头低下去了！
哇啊，
救命啊！
哈哈哈～
小裕真是
笨蛋。
真幸运，
看到髭羚了。

体形大却温驯的马来貘

你有没有在动物园见过貘这种动物呢？身体看起来很像大型的蛋，腿很短，鼻子会伸缩和左右移动。虽然属于奇蹄类动物，但前脚有 4 个蹄，后脚才是 3 个蹄。貘主要住在中南美洲与东南亚。其中东南亚的貘，身体有分明的黑白两色，模样逗趣又可爱。为了看这种貘，我去了一趟马来半岛上的国家公园（Taman Negara）热带雨林保护区。丛林中有一间盖在 6 米高处的隐蔽小屋。我待在被茂密森林所遮蔽的小屋里，等待貘的出现。第一天晚上，貘只昙花一现，就消失不见了。可是第二天晚上，它们大概已经不在意我们的小小骚动了，傍晚之后竟然有一对公貘与母貘，相亲相爱地一起出现了好几次，似乎是在距离小屋 20 米远的水源处喝水。就算我用手电筒照，它们也不在意地相互嬉戏、喝水。随着黎明的到来，两只貘也消失在森林的深处了。

爬虫类、两栖类

爬虫类、两栖类的观察

爬虫类、两栖类的特征

爬虫类指的是蜥蜴、草蜥、壁虎、蛇、乌龟等类的动物。爬这个字，意思就是趴在地上走。它们的特征包括：①体温是被气温影响的变温动物；②以肺呼吸；③皮肤上有鳞片；④卵外有硬壳包覆。不过也有很多例外。他与鸟类和哺乳类的共同点也不少，那是因为鸟类与哺乳类都是由爬虫类演化而来，而这些爬虫类则是由两栖类演化而来。两栖类包含蝾螈、山椒鱼、青蛙等。所谓两栖，就是它们同时在水里及陆地上生活，其特征有：①都是变温动物；②虽然有肺，但用皮肤呼吸，有些也用鳃呼吸；③没有鳞片；④卵上没有壳，在水里产卵。

观察爬虫类需注意的事项

所有的爬虫类都是很安静温和的生物，但有时候会因为我们误踩而惊吓到它们，此时会造成危险的就是毒蛇。在日本的危险毒蛇有赤链蛇、日本蝮蛇、日本龟壳花等类。可能会有毒蛇出没的地点，在天黑的时候就不要前往，白天也要穿长筒雨靴去。万一真的被咬伤，要立刻前往医院。现在很多医院会备有血清，只要能尽早处理就不会死亡，而且千万不可以慌张。

观察两栖类需注意的事项

在日本并没有因两栖类的毒性而死亡的危险，但是蟾蜍、雨蛙、蝾螈等的皮肤有会分泌毒液的毒腺。因此，若碰了这些动物再用同一只手揉眼睛，就会伤害眼睛。如果碰了以后又吃东西，则会恶心呕吐。所以用手碰触之后，一定要用肥皂清洗干净。如果是在野外，用清水洗净也可以。

日本蝮蛇
斑纹清楚，身体短粗。
被咬后会红肿且剧烈疼痛。
日本龟壳花
黄褐色有黑色斑纹。
头颈细小。栖息在冲绳
诸岛及奄美诸岛。被咬后会
红肿且有剧烈疼痛。毒性强，
毒牙尖锐可贯穿长筒雨靴。
赤链蛇
黑色的蛇。颈部的周围是黄色。
被咬了之后过一会儿，身体就会丧
失凝血功能，旧伤口会开始出血、
排血尿、血便。
蟾蜍
毒液侵入眼睛会
刺痛。用清水彻
底冲洗。
赤腹蝾螈
腹部是红色的。
毒液进入眼睛会引
起剧烈疼痛。要用
清水彻底冲洗。

蜥蜴与草蜥——相似的同类

记录见到蜥蜴的日期

蜥蜴常见于庭院或石墙边、树林的草地上等地方。几乎有3米长的科莫多巨蜥、美洲绿鬣蜥、伞蜥蜴、飞蜥蜴（很可惜这些在日本的自然界都看不到）都是蜥蜴的同类，这么一想就觉得观察庭院里奔跑的蜥蜴是很有趣的。它们拥有从头部直到身体的整条斑纹，身体看起来很平滑，但是碰触之下就会发现有鳞片而感觉很坚硬。尾巴会呈鲜艳蓝色的是蜥蜴的宝宝。成年后，它们尾巴的蓝色会逐渐变成和身体一样的褐色。它们吃蚯蚓、蜘蛛、昆虫等。蜥蜴在一年中的什么时候活动呢？请在月历上记下看到它的日期。

危险时会断尾逃生

受到蛇、鸟、人类等敌人袭击并被抓住尾巴时，蜥蜴就会断尾逃生。这是因为尾巴的关节容易受到惊吓而脱落，断裂的肌肉会立即收缩止血，而断落的尾巴，还会暂时跳动，吸引敌人的注意力，让蜥蜴可以安全地逃脱。至于尾巴，还会再度从被切断的地方长出来。

分辨蜥蜴与草蜥

草蜥与成年蜥蜴非常相像，但前者尾巴非常长。而且，与蜥蜴有光泽的身体相比，它的鳞片感觉比较粗糙。它们栖息的场所与主要食物都与蜥蜴一样，就连尾巴断了会再长回来这点也一样。庭院或是住家附近，无论是蜥蜴或是草蜥都很常见，所以去调查看看。以住所的附近为例，据说东日本是以草蜥为主，而西日本是以蜥蜴居多，但实际上又是如何呢？试着自己做一份记录。

日本蜥蜴　有鳞目　石龙子科
4～5月，会在浅挖的土里
产下5～15个白色的卵。
每年产卵1次。
全长20～25厘米。
尾长12～15厘米。
身体与尾部从肛门区分。
喜爱日照充足的地方，
经常闭上眼睛晒太阳
（蛇则无法闭眼睛）。
这里的肌肉会收缩止血。
尾巴是鲜艳
的蓝色。
断尾的幼蜥蜴
日本草蜥　有鳞目　正蜥科
全长17～25厘米。
跟蜥蜴比较之下，表皮看起来
比较粗糙朴素。
5～9月时
会在浅挖的土里产下1～8个白色的卵。
每年产卵3～4次。

壁虎——悄悄靠近灯光的忍者

壁虎捕食的方法

要找壁虎，可以晚上在住家的窗外或街灯附近找找看。它们应该会出来捕捉趋光的昆虫。它们的身影与动作仿佛忍者一般，紧紧贴合着墙壁，一动不动。身体的颜色和墙壁很相近。如果有蛾停在附近，它就会轻手轻脚地靠近，然后迅速地把蛾吃掉。观察壁虎的一项重点就是捕食的方法。在夜晚的灯光附近，好好观察它们到底如何捕捉猎物。壁虎身体的颜色会随着周围环境而改变，所以也要比较它身体的颜色与周遭的颜色。

头下脚上走也不会掉下来

壁虎能自由地行走在墙壁或天花板上。这个秘密就在于它的脚趾。如果看到静静停在玻璃窗上的壁虎，记得到另一面去观察看看。在趾尖既宽又平的足垫上有横向的肌肉，称为皮瓣，里面长满了细细的刚毛。每一根刚毛的前端分成无数个吸盘状的匙突，因此不管在什么地方都能够贴住爬行。

追踪壁虎的行动

壁虎的尾巴也像蜥蜴或草蜥一样，断掉后会再生。仔细观察就会发现，长了新尾巴的壁虎，在原先断掉的地方有残留的肌肉。壁虎即使只受到轻微的惊吓，也可能会断尾，所以我们看见的壁虎几乎都是长新尾巴的壁虎。仔细注意它的尾巴的部分。壁虎每晚都会在同一个地方捕食吗？捉一只壁虎，用签字笔在它身上做个记号后放走。持续在每天日落后的 2～3 小时里到灯光下去观察。

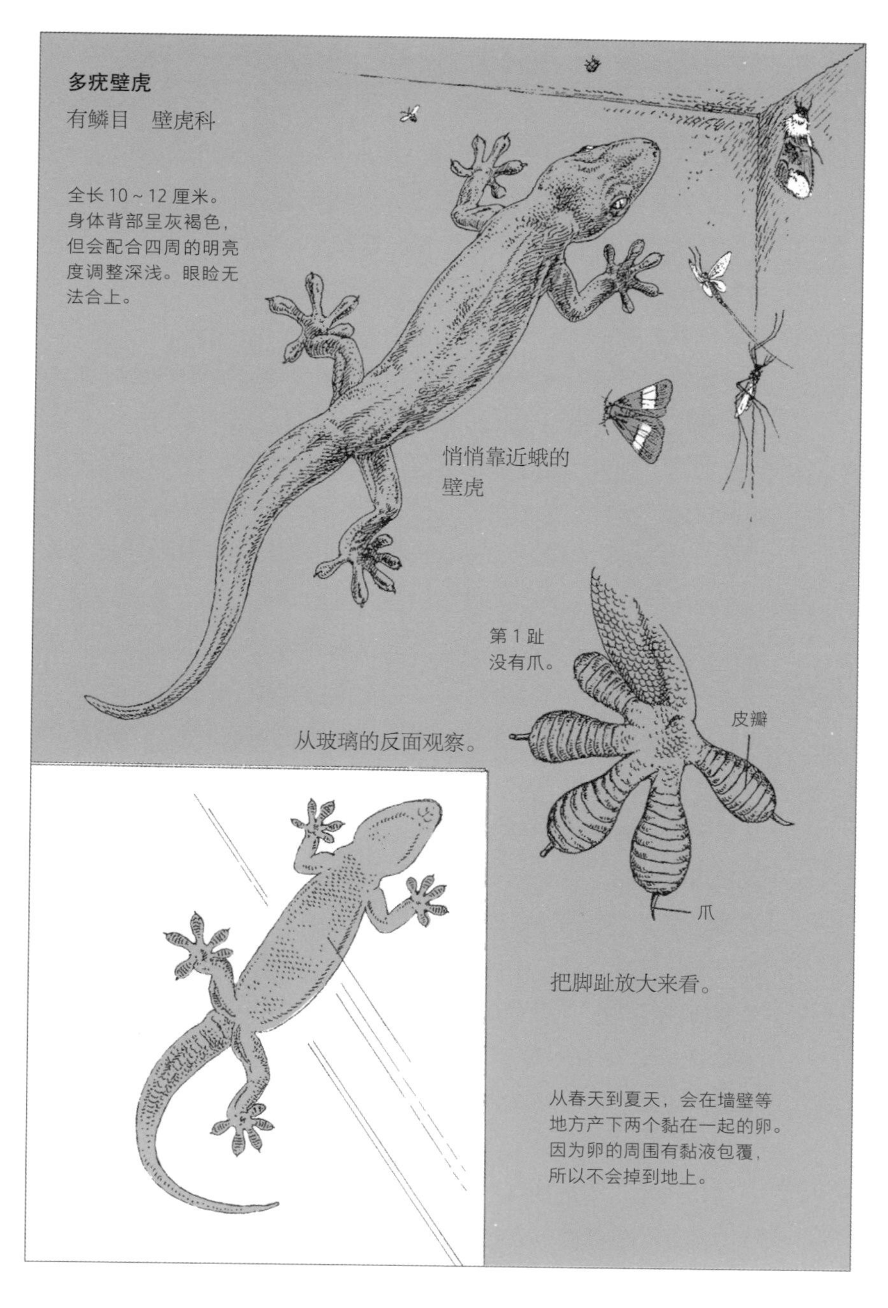
多疣壁虎
有鳞目　壁虎科
全长 10 ~ 12 厘米。
身体背部呈灰褐色，
但会配合四周的明亮
度调整深浅。眼睑无
法合上。
悄悄靠近蛾的
壁虎
第 1 趾
没有爪。
皮瓣
从玻璃的反面观察。
爪
把脚趾放大来看。
从春天到夏天，会在墙壁等
地方产下两个黏在一起的卵。
因为卵的周围有黏液包覆，
所以不会掉到地上。

蛇——低调生活还是遭人嫌弃

蛇的种类的辨别重点

要追踪蛇的行动并进行观察，是很不容易的事。要遇到蛇，只能靠偶然的机会。如果看见蛇，就要从它的长度、特征、所在地点等来判断那是什么蛇，以下是判断的标准。

长 1 米以上的蛇

①**日本锦蛇**　带点泛青的橄榄色，也混杂着褐色。有些会住在民宅或置物场。栖息地从平地到低海拔山区，常爬在树上。主要吃老鼠、鸟和鸟蛋、青蛙等。

②**赤链蛇**　橄榄色、褐色、灰色等，因栖息地区不同而有些许差异，但特征是有横纹。以青蛙、蜥蜴等为食，所以多见于有许多青蛙的河川、水田等临水区。要注意，上颌后方的牙齿有毒性。

③**日本四线锦蛇**　褐色，身上的纹路很容易引起注目。旱田、草原、树林、河川等到处可见。吃青蛙、蜥蜴、老鼠等。

④**日本龟壳花**　黄褐色的身体上有黑色斑纹，颈细小。只栖息在冲绳诸岛及奄美诸岛。毒性很强，是最危险的蛇。

长 1 米以下的蛇

⑤**东亚腹链蛇**　全长约 50 厘米。褐色，看起来是很安静的蛇种。多于水田、溪流等水边出没。吃鱼、青蛙等。

⑥**日本土锦蛇**　80 ~ 90 厘米。褐色身体上有黑色小斑点。幼蛇时期身体呈褐色，有黄色的边缘及黑色斑点。会出现在旱田及树林等老鼠多的地方，几乎只吃野鼠。

⑦**日本蝮蛇**　50 ~ 70 厘米。三角形的头，身体粗短，因此尾端给人突然变很细的印象。褐色，有大斑纹。多出现在竹林茂盛处、河川或旱田附近的草丛，以青蛙、蜥蜴、老鼠等为食。虽然拥有毒牙，但只要不去碰触或误踩到，它就不会随便咬人。

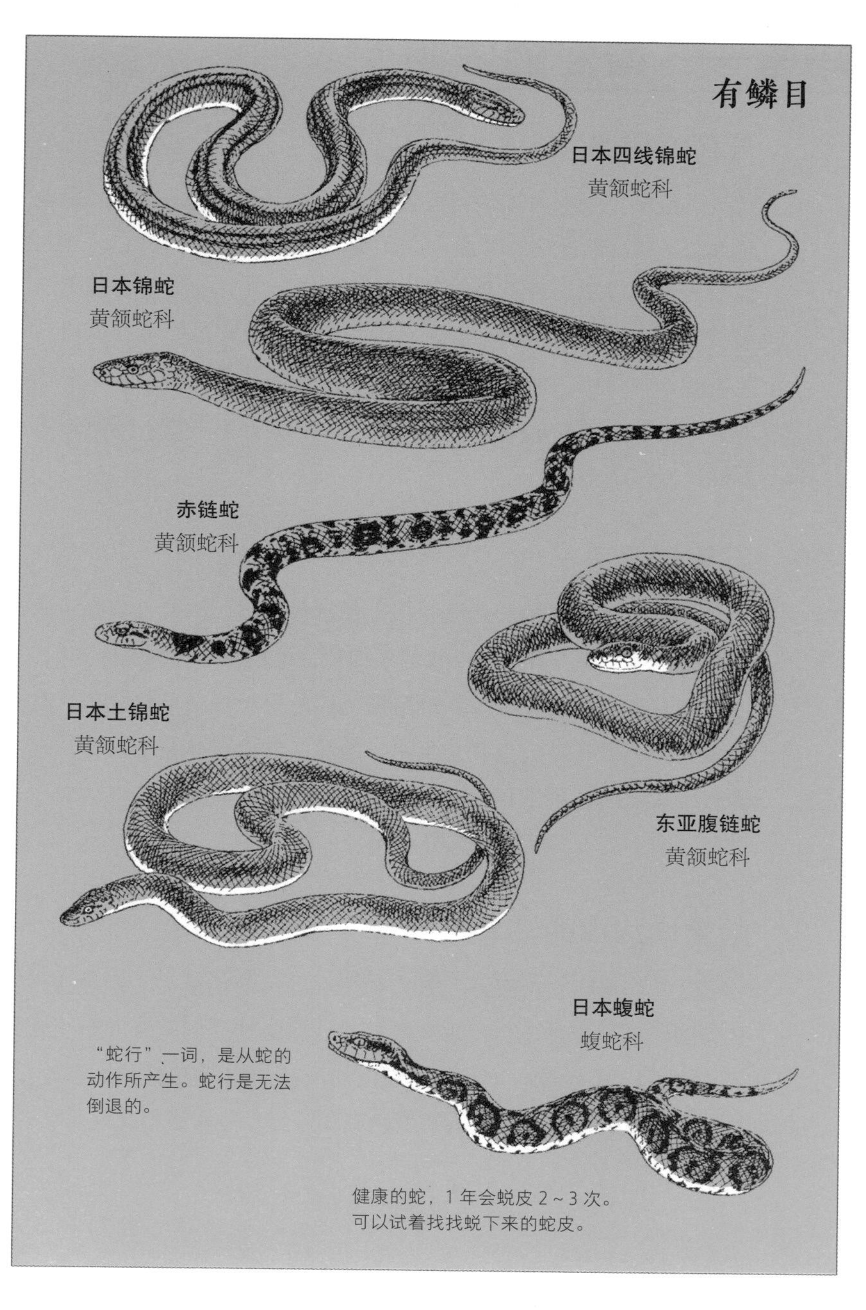
有鳞目
日本四线锦蛇
黄颔蛇科
日本锦蛇
黄颔蛇科
赤链蛇
黄颔蛇科
日本土锦蛇
黄颔蛇科
东亚腹链蛇
黄颔蛇科
日本蝮蛇
蝮蛇科
“蛇行”一词，是从蛇的动作所产生。蛇行是无法倒退的。
健康的蛇，1 年会蜕皮 2～3 次。可以试着找找蜕下来的蛇皮。

乌龟——最爱晒太阳

与乌龟相遇

乌龟最喜爱晒太阳。经常会爬到河边或石头上，安静舒服地晒太阳。对自然观察者来说，这真是个值得感谢的好习惯。公园、池塘或沼泽等地均有机会看见它们，所以天气好的时候，就出门去看看乌龟，顺便晒晒太阳。石龟、草龟是很常见的龟。虽然乌龟看起来很悠闲，但令人意外的是它们非常敏感，只要听见声音或看到人影，就会快速地潜入水里。所以带着望远镜去观察会比较好。

石龟与草龟

石龟与草龟都是杂食性动物，食物包括鱼、蝌蚪、螯虾、水生昆虫、水草等。石龟是朴素的茶褐色，龟甲正中央高高隆起时，可看到有条明显的脊棱。草龟是褐色的龟甲，边缘呈黄绿色。虽然多数的龟甲有隆起且有三条明显的线，但也有些并不明显。宠物店所贩卖的钱龟，其实是幼年石龟。有时连幼年草龟也会混在里面，但小石龟的尾巴要长得多。

数量增加中的红耳龟

宠物店里贩卖的巴西龟其实就是红耳龟的幼龟。它们最初是从美国进口的宠物龟，但现在已经有许多被遗弃到野外并野生化了。你可以试着调查一下附近的池塘或河川有没有这种红耳龟。其特征是眼睛后方耳朵附近有红色斑纹，红耳龟正是因此而得名。

龟鳖目
草龟
地龟科
甲长 10 ~ 25 厘米。
乌龟可以眨眼睛。
石龟
地龟科
甲长 13 ~ 18 厘米。
猎食的时候会蛰伏
等待，然后突然袭
击猎物。动作非常
地快速。
6 ~ 7月的时候会在湿地上
挖土产卵。产下 4 ~ 6 个
白色圆形的卵。孵化后的
幼龟龟甲长约 3 厘米。
钱龟
（石龟的幼龟）
红耳龟
地龟科
抓乌龟的时候，双手要放在乌龟的两边，不要让它
掉到地上了。因为就算龟甲很坚固，内脏也会受伤。

去听听蛙鸣声

外出进行夜间观察

从春天到夏天，在水田或池塘等水边，总是能听见青蛙热闹的叫声。穿上不怕脏的长裤，以及防蚊的长袖上衣，带着你的手电筒出门去进行夜间观察。穿上在泥泞中也不难行走的长筒雨靴比较好。就算是夏天，穿凉鞋去还是很危险的，尽量不要穿。进行夜间观察前，最重要的就是白天要先勘查。如果把周围环境先记在脑海里，行动起来就方便多了。

到底是哪里鼓起而鸣叫的呢?

如果听见青蛙的叫声，就不要发出声音，悄悄地靠近。先用手电筒照一下四周，再逐渐把光线放在青蛙上。因为如果突然间变亮，青蛙会停止鸣叫。它们的叫声听起来像什么呢？如果是"合奏"，去确认究竟有几只在叫，位置又在哪里？不同种类的青蛙，鸣叫声也会不一样。你进行观察的地方总共有几种青蛙呢？青蛙（只有雄蛙）的鸣叫应该是为了吸引雌蛙及宣示地盘，同时也观察一下它们鼓起声囊的方式。

捉只青蛙来看

就算从远处看，也能依颜色及大致的特征来分辨。利用望远镜则会更清楚。不过如果青蛙就近在眼前，不妨试着用塑料袋把它盖住捉起来。虽然对青蛙有点不好意思，不过就请它暂时忍耐一下。先放进塑料袋之后再放到手上，仔细查看它的背部花纹，以及前脚、后脚的样子。它的后脚有蹼这点你应该知道吧？测量体长（从头部到尾部，不算脚）后，就放它走。如果用手直接去摸，会因为蛙体黏滑而容易被它逃跑，而且也可能会有危险。

无尾目

日本雨蛙

雨蛙科

体长 3 ~ 4 厘米。

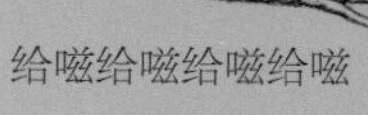

给嗞给嗞给嗞给嗞

施氏树蛙

树蛙科

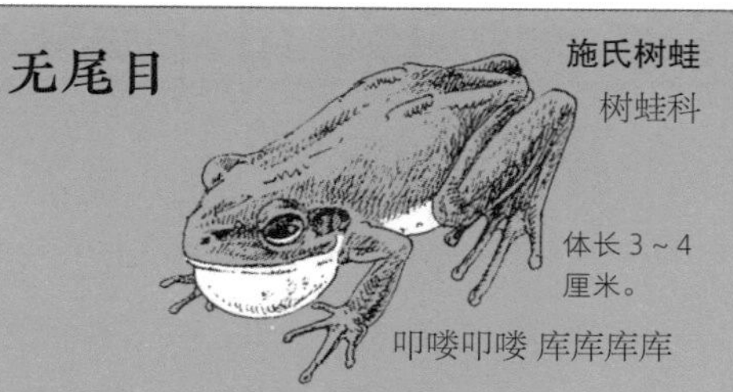

体长 3 ~ 4 厘米。

叩喽叩喽 库库库库

东京达摩蛙

赤蛙科

体长 5 ~ 7 厘米。

咯咯咯咯咯咯

日本金线蛙

赤蛙科

体长 6 ~ 8 厘米。

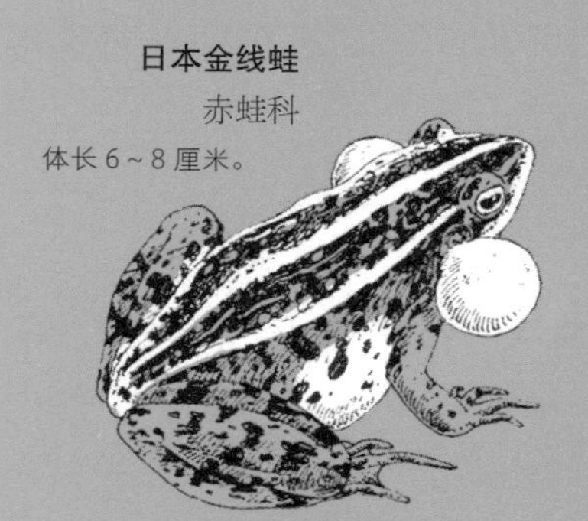

咕喂 ~ 咕喂 ~ 库嗞库嗞

美国牛蛙

赤蛙科

体长 10 ~ 20 厘米。

呜哦 ~ 呜哦 ~

日本东部大蟾蜍

蟾蜍科

体长 7 ~ 15 厘米。

给嗞叩嗞叩嗞

写下自己耳朵所听见的声音。

青蛙——它们的生态

蟾蜍与雨蛙

在居民区附近最常见到的是蟾蜍与雨蛙。蟾蜍白天会躲在庭院的石头下或草丛里，到了傍晚才出现，并捕捉昆虫或蚯蚓。雨蛙白天也会躲在树篱笆或草堆里，到了晚上就捕捉小昆虫为食。快下雨的时候，雨蛙会大声地鸣叫，这就是大家所熟知会预报天气的青蛙，而且准确度很高，尤其在在 5 月时更有高达 90% 的准确率。就算不在水边也能生活的蟾蜍与雨蛙，到了产卵时期也会往水洼、池塘、水田旁移动。

各种形态的卵

蟾蜍在 2～4 月产卵，而雨蛙或日本金线蛙则在 5～7 月。在这一段时间外出进行夜间观察，有机会能看见青蛙产卵的情形。雄蛙会跨骑在雌蛙身上抱住雌蛙的侧腹，并在雌蛙产下的卵上洒下精子。卵的种类会依青蛙不同而有各式各样的外观。蟾蜍的卵是线状的，而雨蛙是 20～30 个卵被一层薄膜所包覆，形成一小坨的样子。日本金线蛙有 2000～3000 个卵集在一起，形成一大块。森树蛙的产卵方式比较特别，它会在伸向水边的树枝上先做一个大型泡泡，然后在里面产卵。

有许多天敌的青蛙

产下的卵中，能够孵出蝌蚪，甚至长成青蛙的不到 1%。卵或蝌蚪经常会被鱼、美国螯虾、鸟等生物吃掉。就算长成了青蛙，仍面临被蛇类或鸟类袭击的危险。此外被农药毒死的青蛙也不计其数。

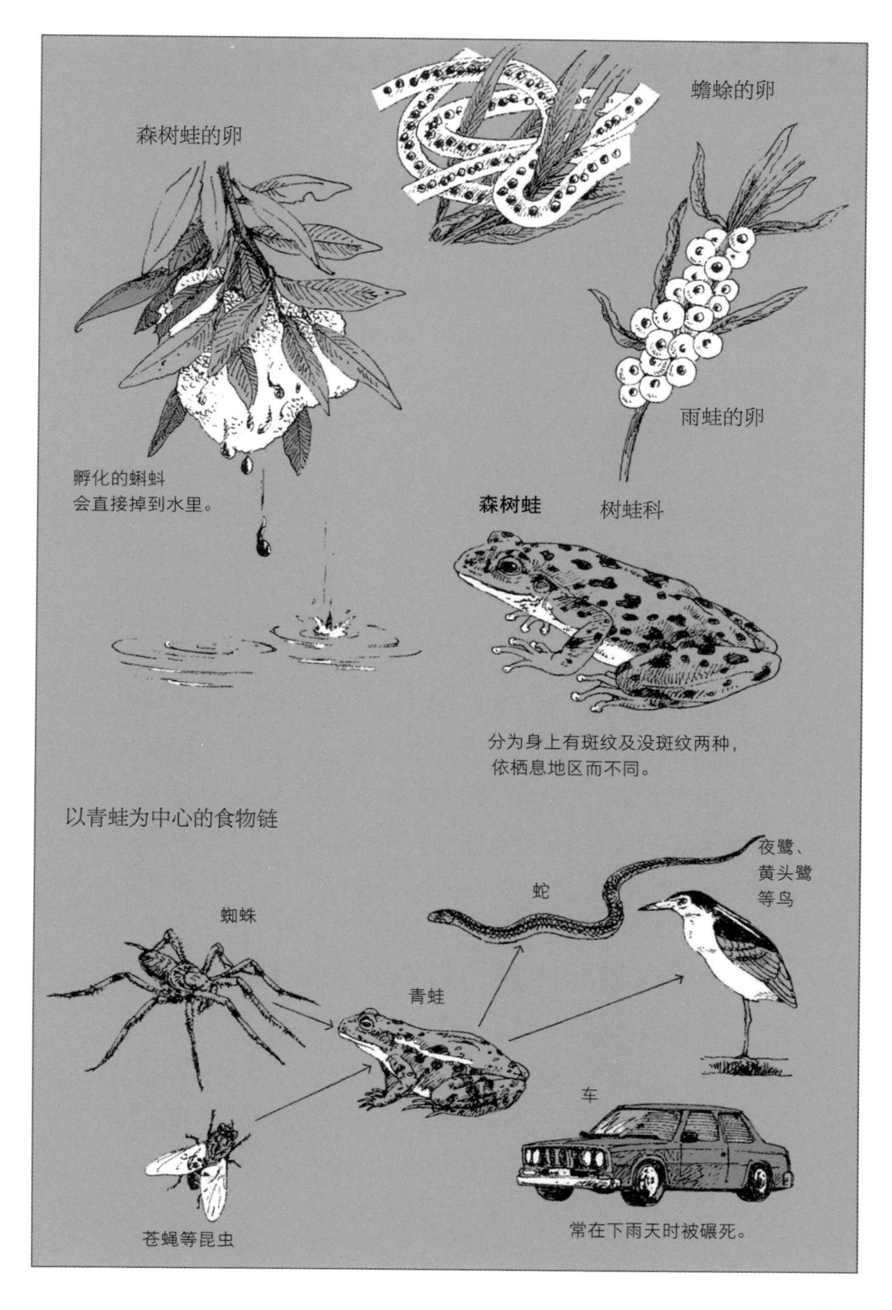
蟾蜍的卵
森树蛙的卵
雨蛙的卵
孵化的蝌蚪
会直接掉到水里。
森树蛙
树蛙科
分为身上有斑纹及没斑纹两种，
依栖息地区而不同。
以青蛙为中心的食物链
夜鹭、
黄头鹭
等鸟
蛇
蜘蛛
青蛙
车
苍蝇等昆虫
常在下雨天时被碾死。

蝾螈与山椒鱼——不为人知的生活

寻找蝾螈

蝾螈居住在河川、池塘、水田等水质清澈的地方，大小约 10 厘米，背部呈黑色。因为腹部是红色的，所以有些地方也称它为"红腹"。4～7 月前后，雄蝾螈的尾巴会出现美丽的青紫色，雄蝾螈出现在雌蝾螈面前，卷曲尾巴展现求偶行动，然后就会排出精子块。接着雌蝾螈会将身体伏在精子块上，把精子由身体的排出孔收进体内，然后在身体内完成受精的动作。之后雌蝾螈会在水草上一个一个地产卵。卵有黏着性，所以很快就会附着在水草上。虽然进行产卵观察有些困难，但你可以在水质清澈的地方找找看有没有蝾螈。

寻找山椒鱼

山椒鱼好像非常稀有，但在水田、河川边等潮湿的地方其实还是有的。可是它们白天都会躲起来，到了晚上才活动，因此很难见得到。要看山椒鱼，最好在 5～8 月间。这是产卵的时期，山椒鱼会集中到水边，只要你耐着性子，遇上的可能性就很高。不同的地方，山椒鱼的种类也会不一样。

世界最大的两栖类，日本大山椒鱼

日本山椒鱼的头很大，外表看起来无精打采，最大的体长可达 120～130 厘米，眼睛非常小。它们居住在本州岐阜县以西的地区，以及九州的大分县山区。它们一副溪流主人的模样，长着很有威严的外表。它们白天会躲在河岸边的洞穴里，到了晚上就出来捕食鱼或螯虾。8～9 月，雌鱼在河岸的洞穴中产卵之后，雄鱼再排放精子，接着会把雌鱼赶走，自己用身体守护，直到卵孵化为止。

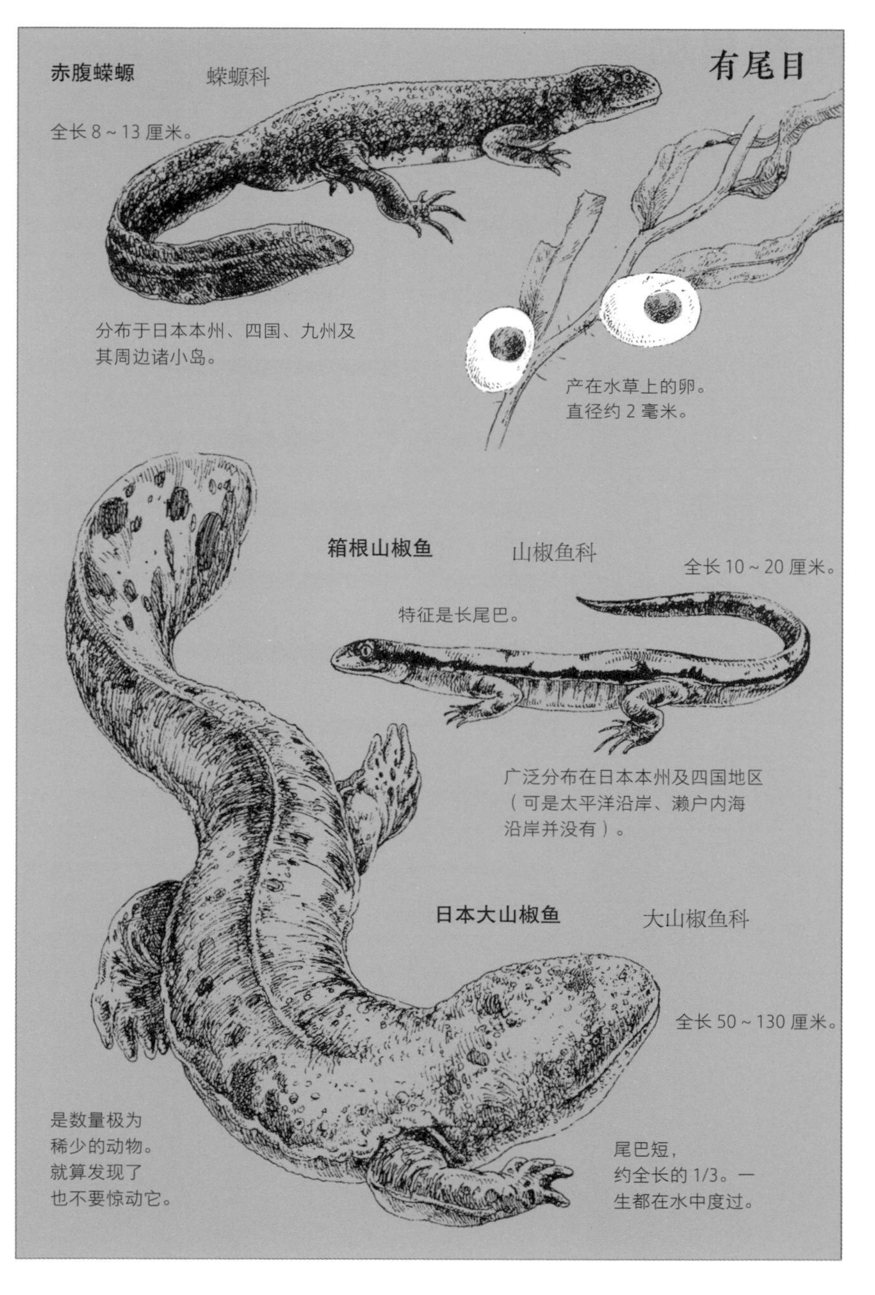
有尾目
赤腹蝾螈
蝾螈科
全长 8 ~ 13 厘米。
分布于日本本州、四国、九州及
其周边诸小岛。
产在水草上的卵。
直径约 2 毫米。
箱根山椒鱼
山椒鱼科
全长 10 ~ 20 厘米。
特征是长尾巴。
广泛分布在日本本州及四国地区
（可是太平洋沿岸、濑户内海
沿岸并没有）。
日本大山椒鱼
大山椒鱼科
全长 50 ~ 130 厘米。
是数量极为
稀少的动物。
就算发现了
也不要惊动它。
尾巴短，
约全长的 1/3。一
生都在水中度过。

生物月历

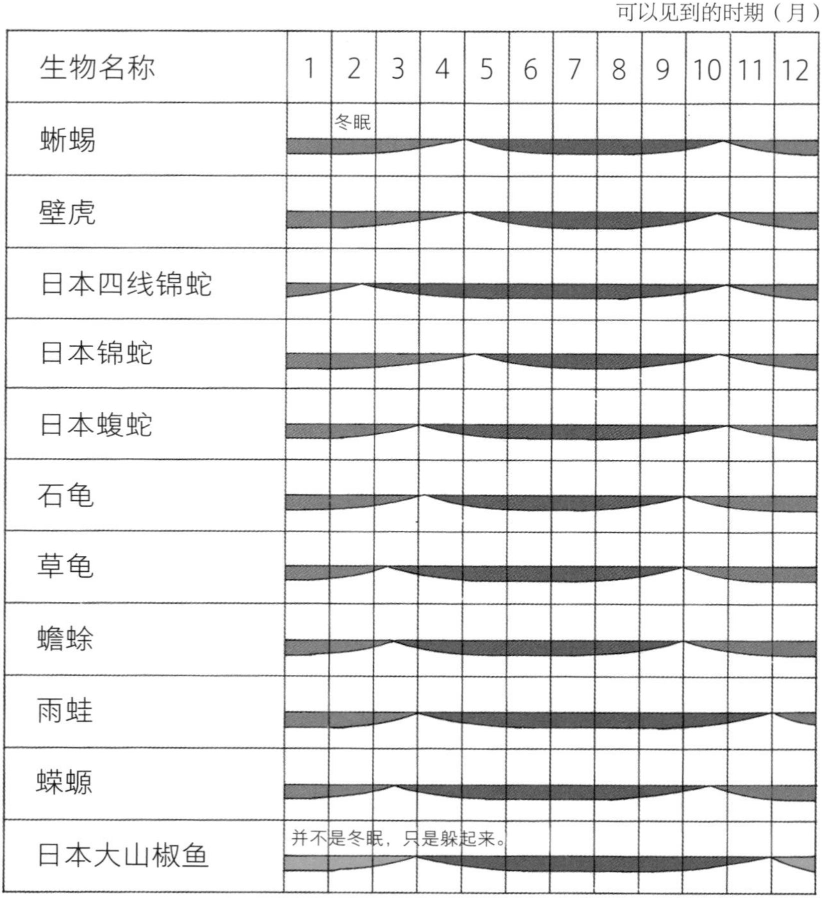

可以见到的时期（月）

生物名称	1	2	3	4	5	6	7	8	9	10	11	12
蜥蜴		冬眠										
壁虎												
日本四线锦蛇												
日本锦蛇												
日本蝮蛇												
石龟												
草龟												
蟾蜍												
雨蛙												
蝾螈												
日本大山椒鱼	并不是冬眠，只是躲起来。											

鱼类、贝类

观察时的用具与服装

能尽情活动的必需品

穿着去水边的服装，最重要的就是鞋子。夏天如果赤脚，脚底会很烫，而且还有可能被贝类或玻璃碎片割伤。为了不用担心脚底，还能自在地活动，首先要选择一双即使在湿滑的岩石区也不会滑倒的鞋子。穿上弄湿也不会心疼的运动鞋，长筒雨靴也可以。然后为了避免受伤，要戴上工作手套。防滑的鞋子与工作手套，这两样东西是在水边尽情活动与安心观察的必备品。

防晒也很重要

在岸滨进行观察，会有好几个小时曝晒在烈日之下，所以记得戴上有帽檐的帽子。海边的风很强，帽子上有绑带的会比较好。当晒到太阳时，身体会感到非常疲劳，所以不要因为怕热而穿无袖背心，最好穿有袖子的T恤，到了晚上也不会因为晒伤而受皮肉之苦。进行岸滨观察时，无论多么小心都有可能因意外而受伤，所以别忘了携带里面放了消毒药水、创伤药、创口贴、纱布、绷带等的急救箱。

要注意天气预报

下雨天或刮大风的日子里，河川与海边显得格外荒凉，去了不仅很难看到生物，而且还非常危险，所以尽量不要去。出发前，一定要留意报纸或新闻的天气预报。此外，在大雨或台风过后，即使天气放晴了，河川或海边的状况也都还不稳定，因此就算行程已经预定，还是要拿出勇气取消原计划。可将计划题目改成“暴风雨过后的昆虫与鸟”，并在附近地区走一走进行观察。

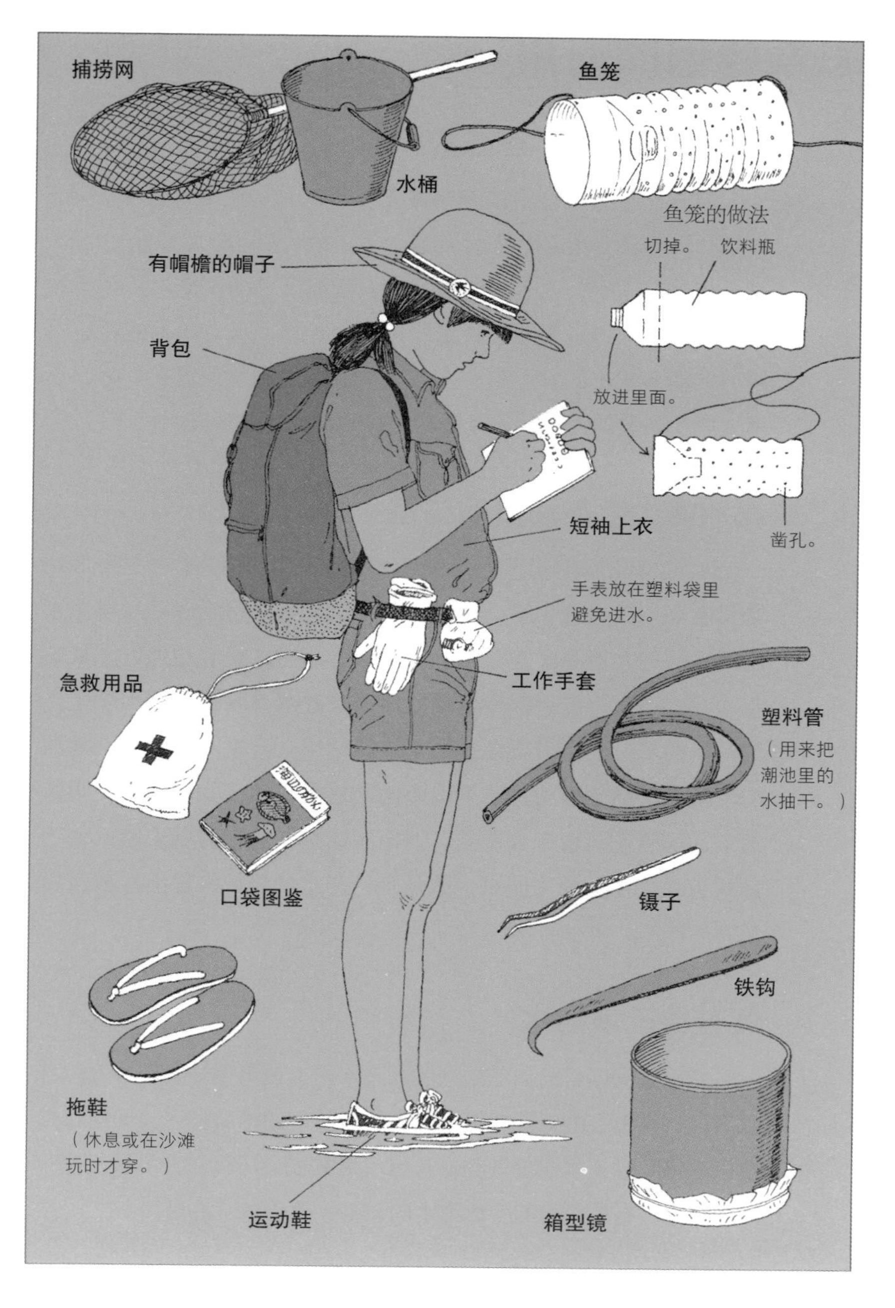
捕捞网
水桶
鱼笼
鱼笼的做法
切掉。
饮料瓶
放进里面。
凿孔。
有帽檐的帽子
背包
短袖上衣
手表放在塑料袋里
避免进水。
工作手套
急救用品
塑料管
（用来把
潮池里的
水抽干。）
口袋图鉴
镊子
铁钩
拖鞋
（休息或在沙滩
玩时才穿。）
运动鞋
箱型镜

思索我们的河川

河川的水是从哪里来的?

溯溪而上，应该找得到答案。那里的地表上有小小的泉水，或是从斜坡面涓滴流下的小水流，河川的源头就是如此涌出的水。渗入土里的雨水，在土地中被过滤，变成干净的水流出。用手掬起来喝，会惊讶地发现这种水既冰凉又甘甜，与自来水的味道不同。从涌泉流出的水，与许多其他泉流涌出的水汇流在一起，逐渐变成一条大的河流，流经山区，再到平地，然后注入海里。

我们的生活与河川的关系

水对所有的生物而言都是不可或缺的。有许多的生物都是紧邻着河川或池塘生活。然而我们平常使用的水到底是从哪里来的呢？一般大部分都是取自附近的大型河川，还有些地方是从湖水或井水引来。以前都是直接饮用引来的水，现在的水大多是受到污染的水，一定需要经过净化才能饮用。自来水的味道与泳池的水很像，那是因为加了可以杀菌的氯气。至于为什么河川会被污染，虽然说起来令人难受，但原因还是在我们身上。家庭使用过的污水直接排放到河川，或是工厂废水的排放，都会造成河川污染。

调查自己家的水

打电话询问自己居住地区的自来水厂，就会得知我们家里的自来水是从哪里来的。接着再打电话给各县市的相关科室，询问我们使用的水经过了哪些处理程序，有时对方也会让我们去污水处理厂参观见习。有关我们的生活与水的关系，请调查一番吧。

上游
农田
深潭
浅滩
引水道
中游
水坝
池塘
鱼道
发电厂
工厂
净水厂
下游
泥滩地
海

调查河川污染

对水质变化很敏感的河川生物

我们的饮用水是从河川或贮水场引来，用完后再经由下水道排放到河川里。尽管这些河水已使用药品处理过，但是它否干净呢？真的可以饮用吗？要判断水是否干净，方法之一就是调查在水里生活的生物种类。因为住在水里的生物对于环境的变化很敏感。水温是冷是热，水流是急是缓，污染严重还是不严重，依这些情况的不同，里面所住的生物也会不一样。

调查河川的情况

要准备的东西有筛子（网目小于 2 毫米）、可以捞到底部的网子，以及移放生物以便观察的容器（便于携带的塑料容器，比如装草莓的塑料盒等）。如果镊子及放大镜都有会更方便。开始观察之前，先在河岸边走一走，调查看看河川的宽度、深度、水流、颜色、味道，以及有没有排放的下水道等。因为要下到水里，所以水位深不深、水流快不快、有没有危险区域等都要仔细确认。要避开下过雨后的那几天，因为水量增加会使得河水变湍急。

调查的方法

河底有沙子和污泥时，用筛子去捞，然后把筛子底部紧靠在水里摇晃，滤掉沙子和污泥。如果底部是石头，就把筛子挡在石头的水流后面，然后掀起石头。如果有附着在石头上的生物，就用手小心地移到筛子里。最后把集合在那里的生物挪往装了水的容器里，查看其中的种类与数量。这项调查一整年都能进行，在春夏两季会比较容易。

住在干净水域里的生物
东洋涡虫
长角石蛾的幼虫
黄石蛉的幼虫
黑斑蜉蝣的幼虫
住在脏水里的生物
椎实螺
囊螺
正颤蚓
划蝽
扁泥虫
淡色舌蛭
水蛭
摇蚊
污染程度小的水
污染程度严重的水
从春天到夏天，大部分水生昆虫都因为即将羽化而身体较大，所以很容易发现。
站在水里，要注意不要滑倒。

栖息在河川上游与中游的生物

河川中的生活

与陆地生物的生活相比，河川中的生活有哪里不同呢？以陆上来说，生物可以用走的或跑的方式到自己喜爱的地方。可是河川里有水流，生物顺着水流当然可以轻易移动，但是如果想要固定待在一个地方，就必须找个方法不被水流影响才行。用水草缠住身体，或是用吸盘吸住石头，固定身体的方法真是五花八门。查看生物利用什么方法固定身体以免被水流影响，也是观察水中生物的重点之一。要逆着水流游泳是一件多么不容易的事，曾在河里游过泳的人都一定知道。鱼儿为了减少水的阻力，身体都是呈流线型的。

栖息在河川上游的生物

河川上游的特征就是水流湍急且水温低，岩石粗糙且有棱角。因为在山谷之间，就算是夏天，也到处都有遮阴的地方，所以冬夏的水温变化很小。栖息在这种环境下的生物有黄石蛉的幼虫水蜈蚣、汉氏泽蟹，以及鱼类中的红点鲑、樱鳟等。泽蟹白天大多静静地待在石头底下，可以小心翻开河床边的石头看看。

栖息在河川中游的生物

河川到了中游以后，河道变得蜿蜒，石头也会因撞击而破碎，大多变得和小石头一般大小。仔细看看流水，就会发现会反复出现水流较急的浅滩及水流较缓的深潭。到了中游，水生昆虫的种类增加了，鱼类也多了箱根三齿雅罗鱼、平颌鱲、谈氏纵纹鱲、暗色沙塘鳢、吻鰕虎鱼、琵琶湖鳅等。虽然不同的地域有些差异，但比起上游种类多了许多。

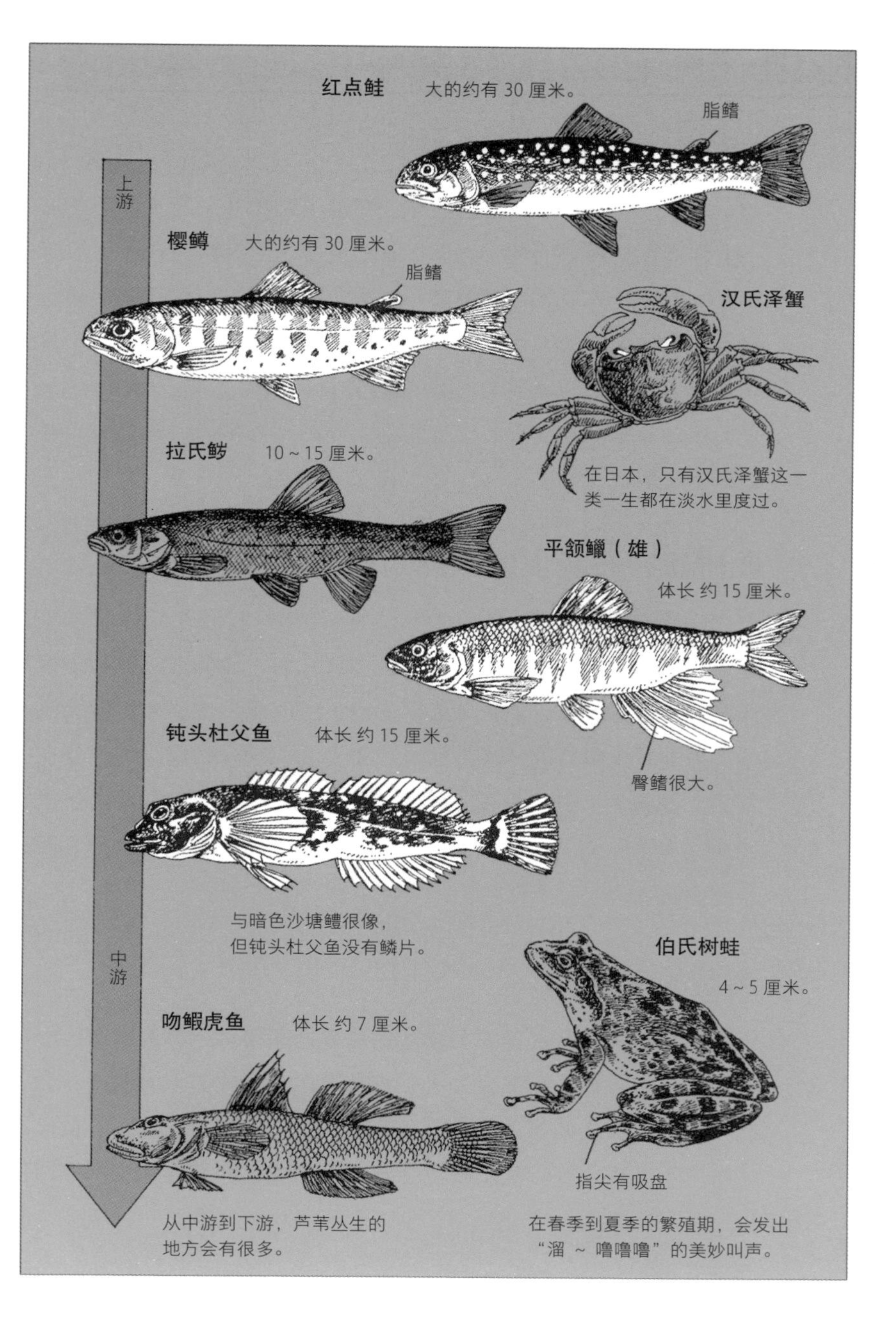
红点鲑 大的约有 30 厘米。
脂鳍
上游
樱鳟 大的约有 30 厘米。
脂鳍
汉氏泽蟹
拉氏鲹 10 ~ 15 厘米。
在日本，只有汉氏泽蟹这一类一生都在淡水里度过。
平颌鱲（雄）
体长 约 15 厘米。
钝头杜父鱼 体长 约 15 厘米。
臀鳍很大。
与暗色沙塘鳢很像，但钝头杜父鱼没有鳞片。
中游
伯氏树蛙
4 ~ 5 厘米。
吻鰕虎鱼 体长 约 7 厘米。
指尖有吸盘
从中游到下游，芦苇丛生的地方会有很多。
在春季到夏季的繁殖期，会发出“溜 ~ 噜噜噜”的美妙叫声。

香鱼——在河里与海中度过一年的寿命

在河川中游产卵的香鱼

住在河川上游、中游的鱼类，在前页已经介绍过了，那些是一生都住在河川里的鱼。然而，有些鱼的一生却来回在河川与海洋之间度过，香鱼就是其中之一。香鱼会在河川中游产卵，到了秋天，这些被产在浅滩的卵约 20 天就会孵化。孵化出来的香鱼会立刻乘着水流，以动物性浮游生物为食，游向大海。到了海中，它们还是靠吃动物性浮游生物越冬，等到春天水温上升之后，就会游回河川。

吃附着在石头上的藻类

开始游回河川的香鱼，体长 3～4 厘米，还很小。这时候小香鱼的嘴巴里有 100 根以上的小圆锥状牙齿，能滤水吃掉动物性浮游生物。可是等它们长到 5 厘米以上的时候，这些牙齿就会脱落，另外长出板状的牙齿。如此一来，它们的食物也改为附着在石头上的藻类。可以吃藻类的香鱼慢慢长大，6 月左右就会长成 20 厘米的年轻香鱼。到了秋天，它们就会在河川的中游产卵，而产完卵的香鱼就会死亡。

洄游的鱼

鱼在食物丰富的地方与产卵的地方之间移动，称为洄游。鲣鱼、鲔鱼、鲕鱼等，都会为了寻找食物而在广阔的大海洄游。会在河川与海洋之间洄游的是鲑鱼或鳟鱼类、鳗鱼类、香鱼、彼氏冰鰕虎鱼、银鱼等。其中鳗鱼会在海里产卵，而其他则全部都回到河里产卵。

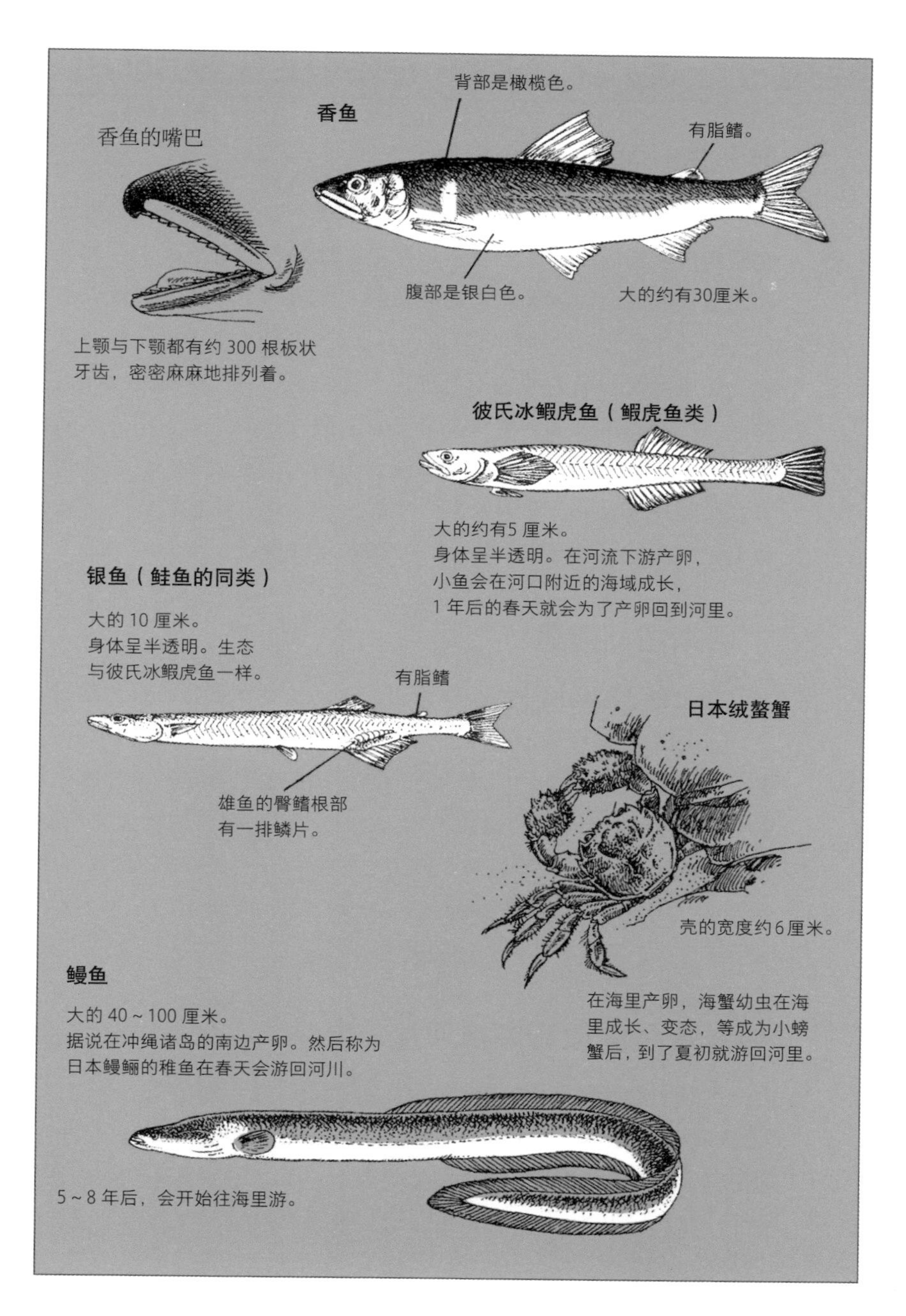
背部是橄榄色。
香鱼
香鱼的嘴巴
有脂鳍。
腹部是银白色。
大的约有30厘米。
上颚与下颚都有约 300 根板状
牙齿，密密麻麻地排列着。
彼氏冰鰕虎鱼（鰕虎鱼类）
大的约有5 厘米。
身体呈半透明。在河流下游产卵，
小鱼会在河口附近的海域成长，
1 年后的春天就会为了产卵回到河里。
银鱼（鲑鱼的同类）
大的 10 厘米。
身体呈半透明。生态
与彼氏冰鰕虎鱼一样。
有脂鳍
日本绒螯蟹
雄鱼的臀鳍根部
有一排鳞片。
壳的宽度约 6 厘米。
鳗鱼
大的 40～100 厘米。
据说在冲绳诸岛的南边产卵。然后称为
日本鳗鲡的稚鱼在春天会游回河川。
在海里产卵，海蟹幼虫在海
里成长、变态，等成为小螃
蟹后，到了夏初就游回河里。
5～8 年后，会开始往海里游。

鲑鱼——洄游之后，回到出生的河川

鲑鱼的一生

鲑鱼在河里出生，有约 4 年的时间在北太平洋洄游，然后再度回到出生的河川。在洄游鱼类之中，算是行动范围最广、洄游期间最长的鱼。在秋天产下的鲑鱼卵，经过约 2 个月会孵化成小鱼，再过几个月后开始朝河口游去。长到 10 厘米大的鲑鱼就会出海。结束洄游归来的鲑鱼不再进食，它们回到河川拼命逆流而上的光景实在令人感动。现今在日本，人们会在沿岸用鱼网捕捉大部分回来的鲑鱼，而在鲑鱼返回路径上的人工孵化场，还会捕捉其余的鲑鱼采卵。等稚鱼长到一定程度的大小，就会以人工方式放流。放流的鲑鱼回归率是 1％～2％。

“回来吧，鲑鱼！”运动

恢复能让鲑鱼回来的干净河川的运动，现在正非常热烈地进行中。鲑鱼能够回来的河川，同时也是稚鱼能启程“旅游”的河川，是没有洗剂或工厂废水等污染的河川，也是有丰富的浮游生物与水生昆虫可以当食物的河川。过去，在北海道的秋天时期，成群结队游回河川的鲑鱼对于人类、棕熊以及毛腿鱼鸮而言，都是重要的食物。当时人们不会过度捕捉，保持着自然的平衡。那是距今约 60 年、不算太久远的过去。

以鲑鱼为例重新审视河川

“回来吧，鲑鱼！”运动的目的，并不只是想帮助鲑鱼回来。重新审视河川，也是这项活动的重要目标。鲑鱼会让我们知道河川既干净又物种丰富，因此在某些因为盖了水坝而无法游回的地方，人们也开始用心盖起鱼道。请调查自家附近河里的鱼是否有同样的问题。

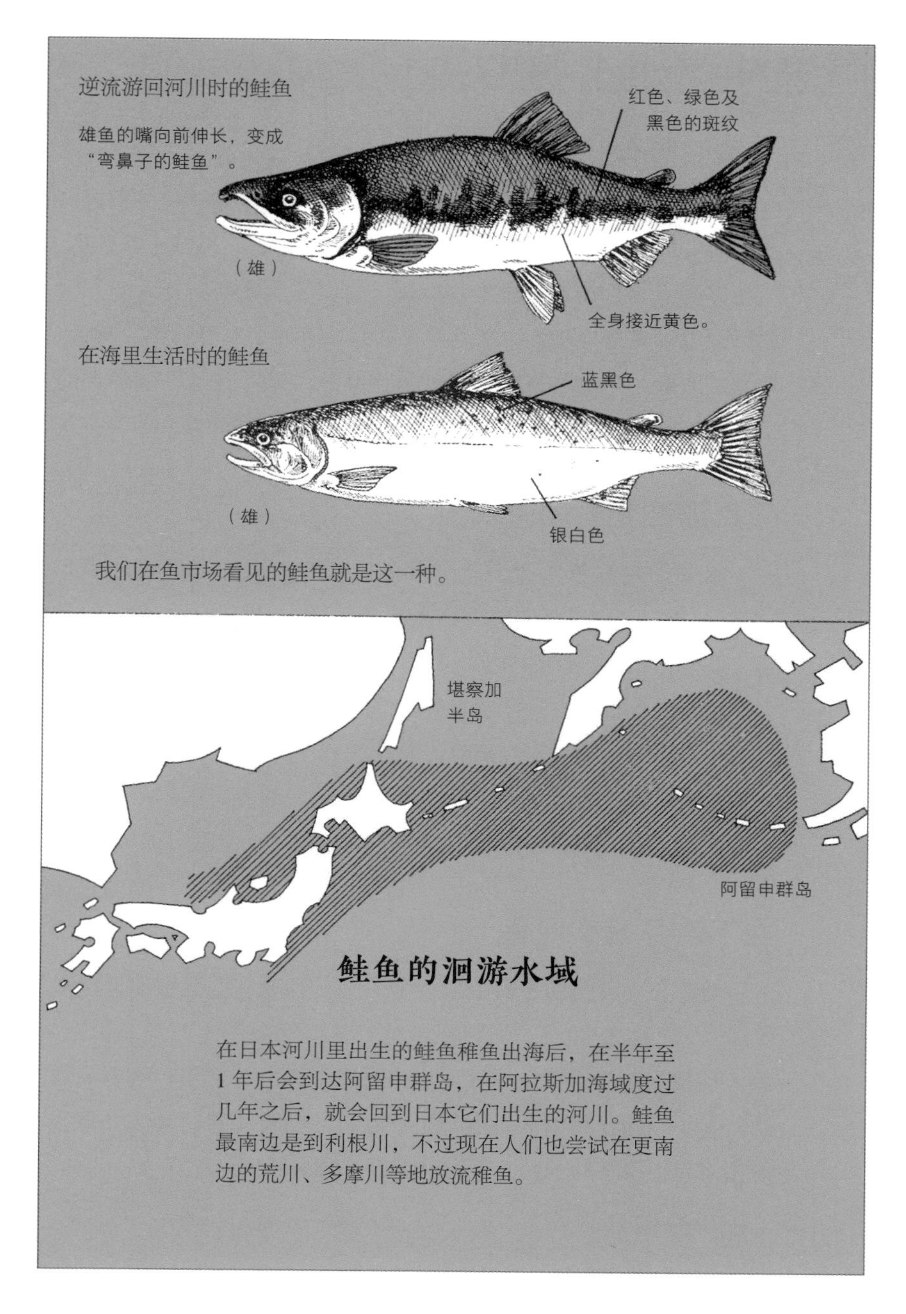

鲑鱼的洄游水域

在日本河川里出生的鲑鱼稚鱼出海后，在半年至1年后会到达阿留申群岛，在阿拉斯加海域度过几年之后，就会回到日本它们出生的河川。鲑鱼最南边是到利根川，不过现在人们也尝试在更南边的荒川、多摩川等地放流稚鱼。

栖息在河川下游的生物

下游的特征

河川从山区进入平地之后，水流会变得稳定且平缓。靠近岸边的河底有小石头与泥沙，生长了许多水生植物。水温比上游高，植物浮游生物、动物浮游生物也很丰富。因为直接受到太阳光的照射，所以夏季与冬季的水温差异很大。这种地方有鲶鱼、凝鲤、草鱼、鲸鱼、黄鳍刺鰕虎鱼、鲤鱼、鲫鱼、长臂虾等许多种类的生物栖住。

使用浮游生物网来调查

水中的生物依生活形态可分为：随着水流漂浮生存的生物（浮游生物）、能够游动的生物（游泳生物），以及住在水底的生物（底栖生物）。浮游生物除了水母之外，几乎都是肉眼看不见的大小。虽然各自有不一样的名称，但平常就统称它们为浮游生物。浮游生物在淡水与海水里都有。制作如右页的浮游生物网来取水。把流进网子底部瓶子里的水移到培养皿之类的容器中，用放大镜观看。如果有显微镜，浮游生物的外观、动作都能看得很清楚。

在下游寻找鰕虎鱼

鰕虎鱼在河川的所有流域都能看到。因为它们是很能适应水温及水质变化的鱼类，所以在下游，甚至混着海水的河口都有。除了黄鳍刺鰕虎、极乐吻鰕虎、裸颈斑点鰕虎等之外，暗色沙塘鳢、尖头塘鳢、吻鰕虎鱼也都是鰕虎鱼的同类。它们大部分都会待在河底，用小网子捞起来调查看看有几个种类。

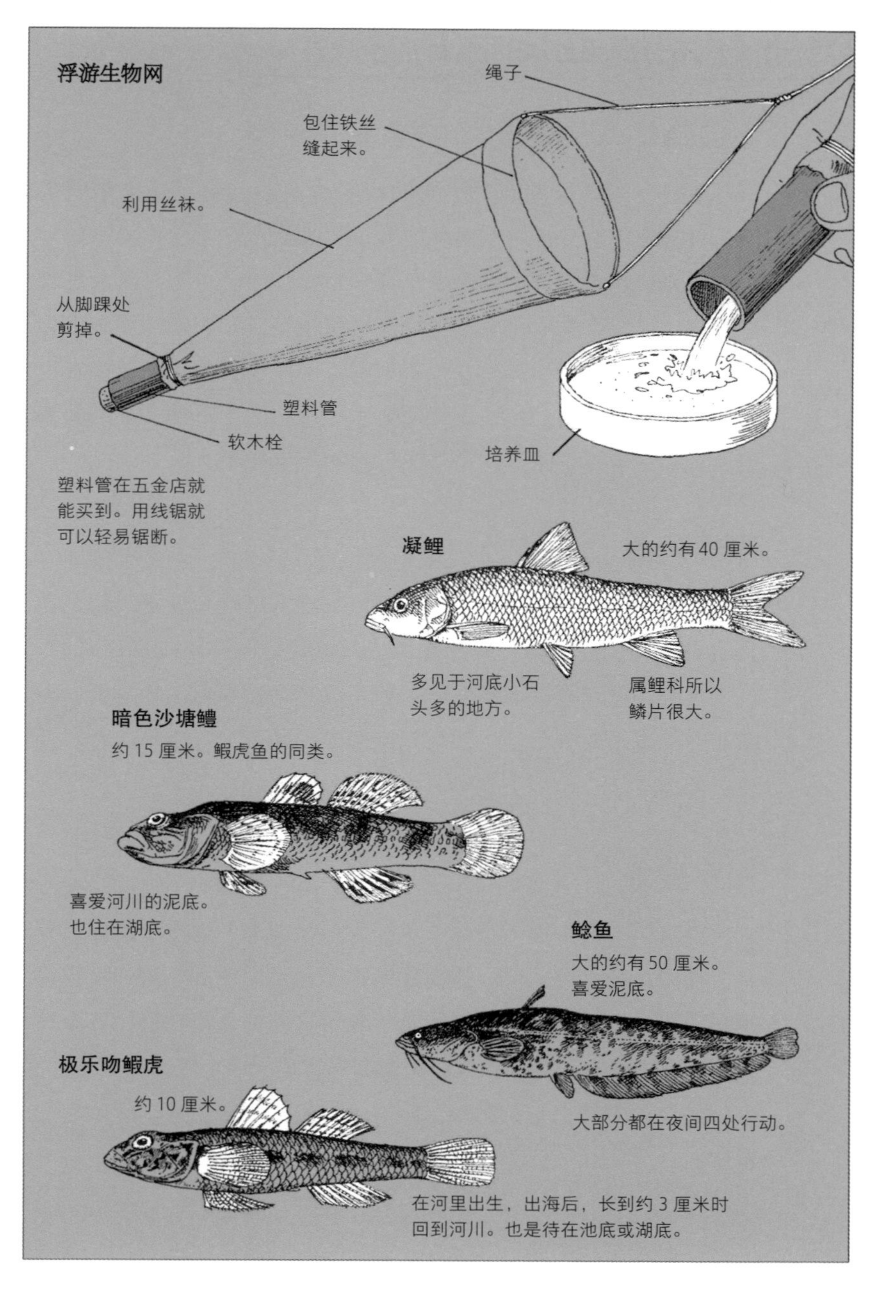
浮游生物网
绳子
包住铁丝
缝起来。
利用丝袜。
从脚踝处
剪掉。
塑料管
软木栓
培养皿
塑料管在五金店就
能买到。用线锯就
可以轻易锯断。
凝鲤
大的约有40厘米。
多见于河底小石
头多的地方。
属鲤科所以
鳞片很大。
暗色沙塘鳢
约15厘米。鰕虎鱼的同类。
喜爱河川的泥底。
也住在湖底。
鲶鱼
大的约有50厘米。
喜爱泥底。
大部分都在夜间四处行动。
极乐吻鰕虎
约10厘米。
在河里出生，出海后，长到约3厘米时
回到河川。也是待在池底或湖底。

栖息在池底或湖底的生物

不流动的水域是生物的宝库

池塘、沼泽或湖底并不像河川一样流动，水量几乎是固定的，且随着气温升高，水温的上升也快。这种环境就是生物的宝库。以光合作用维生的绿藻、夕藻等植物性浮游生物，以及吃这些植物性浮游生物的水蚤等动物性浮游生物，吃动物性浮游生物的鱼……这样的食物链，在很狭窄的范围内进行着。生长在水中的植物就变成动物们舒适的栖所。水中植物的丰富性，是判断水中动物丰富性的标准。

观察鲫鱼

池塘、沼泽、湖水，甚至是河川下游常见的鱼就是鲫鱼。在日本有金鲫、兰氏鲫、高身鲫等。金鱼就是由鲫鱼改良而来的。每一种都是杂食性，而高身鲫主要是以植物性浮游生物为食，因此会在靠近水面处生活。如果用网子捞到鲫鱼，可以确认看看是什么种类。

观察螯虾

美国螯虾的生命力很强，就算很污浊的水中也多半能找得到它。在淤塞的水中，可以找找靠近水草根部的地方。螯虾平常以蝌蚪、水生昆虫、小青蛙等为食。利用螯虾什么都吃这一点来钓螯虾。在木棒前端绑一条线，前面绑着鱿鱼干或小鱼干当饵来钓。螯虾来抢食时就把它拉起来，用网子捞起。用手抓住，观察它的身体构造。

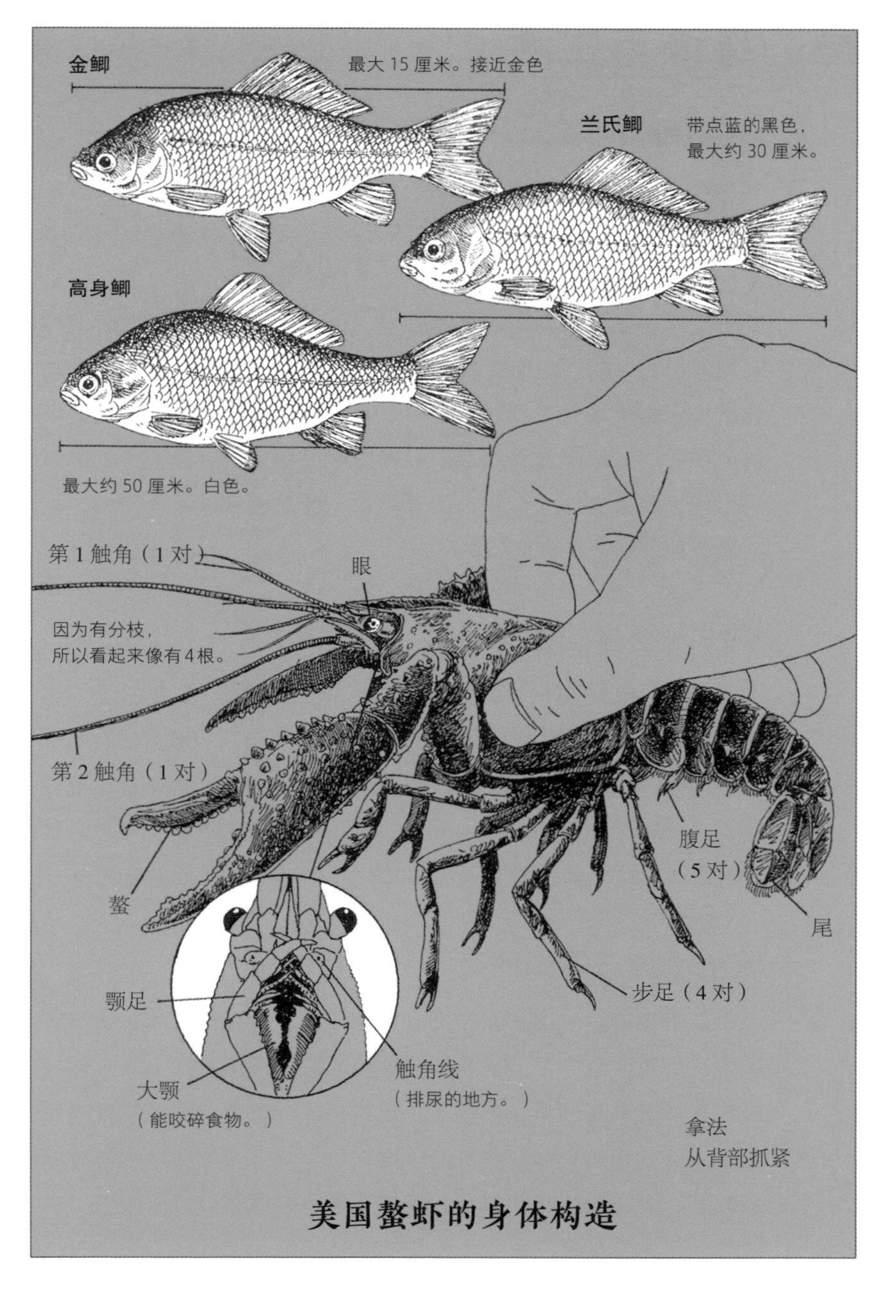
金鲫
最大 15 厘米。接近金色
兰氏鲫
带点蓝的黑色，
最大约 30 厘米。
高身鲫
最大约 50 厘米。白色。
第 1 触角（1 对）
眼
因为有分枝，
所以看起来像有 4 根。
第 2 触角（1 对）
螯
腹足
（5 对）
尾
颚足
步足（4 对）
触角线
（排尿的地方。）
大颚
（能咬碎食物。）
拿法
从背部抓紧

美国螯虾的身体构造

鱼的身体与生活

观察鱼鳍的形状与动作

你有没有仔细看过鱼的样子呢？如果饲养了稻田鱼或金鱼，可以坐在水族箱前好好观察一下。背鳍、胸鳍、腹鳍、臀鳍、尾鳍各是什么形状呢？游泳的时候又是摆动哪些部位呢？把它们描绘下来后，要掌握特征就很容易了。鱼的身体会配合栖息的场所与生活形态。住在海里的鱼实际上都潜在深海中，所以除非去水族馆，否则很难看得到。还有一个能轻松观察到的地点，就是卖鱼的地方。虽然鱼已经死了，所以没办法看它们游泳的样子，但可以仔细观察身体的形状。店家不忙的时候也可以请教他们，不同的鱼种分别是在哪里捕获到的。

侧线是绝佳的感觉器官

仔细看鱼的两侧，两边都有从鳃延伸到尾鳍的一条细线条。这两条所谓的侧线，很像人类耳朵的感觉器官。猎物或敌人活动的时候，鱼能透过水的波动让侧线快速地感觉到，所以可以掌握比视线还要远的范围。侧线上有小小的孔，每一个孔上都长有细毛，只要一有震动，这些细毛就会朝某方向倒下，而感受到水波的变化。

因生活形态不同而有不同形状的鱼

鱼类拥有各式各样的外形。把沙丁鱼、鲹鱼、鲫鱼、香鱼、箱根三齿雅罗鱼、平颔鱲等鱼的形状当标准来思考。上下方像被踩扁一样的平板的鱼，如鲽鱼、比目鱼、魟鱼等，都是住在海底的鱼。反过来也有好像左右被压扁的鱼，如耳带蝴蝶鱼、丝背细鳞鲀等。细长形的有秋刀鱼、日本下鱵鱼，更长的还有鳗鱼、泥鳅等。鳗鱼与泥鳅大多会潜入水底的泥土里。

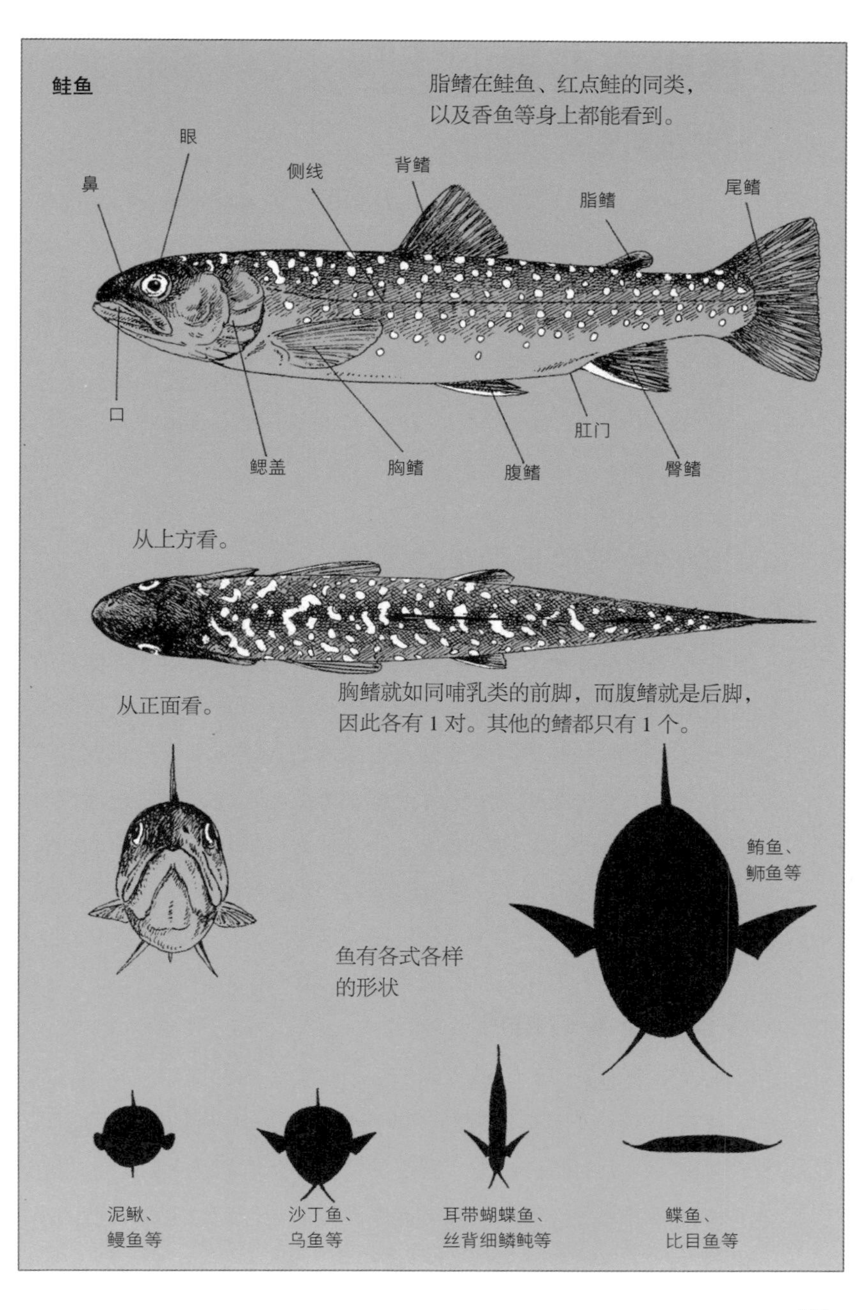
鲑鱼
脂鳍在鲑鱼、红点鲑的同类，
以及香鱼等身上都能看到。
眼
鼻
侧线
背鳍
脂鳍
尾鳍
口
鳃盖
胸鳍
腹鳍
肛门
臀鳍
从上方看。
从正面看。
胸鳍就如同哺乳类的前脚，而腹鳍就是后脚，
因此各有 1 对。其他的鳍都只有 1 个。
鲔鱼、
鰤鱼等
鱼有各式各样
的形状
泥鳅、
鳗鱼等
沙丁鱼、
乌鱼等
耳带蝴蝶鱼、
丝背细鳞鲀等
鲽鱼、
比目鱼等

栖息在泥滩地里的生物

泥滩地是如何形成的?

泥滩地指的是退潮之后出现的地面。涨潮时从海水带来的养分，在退潮时便会留在泥滩地上。此外，这里也是从河川带下来的土沙堆积的地方。在这片不直接承受巨大波浪的河海交接地，土沙不会四处分散，于是便堆积了起来。而从河川带来的土沙里也有丰富的养分。只要有养分、氧气、阳光，细菌或藻类这类植物性浮游生物就会增加。那么以它们为食的沙蚕或正颤蚓等底层生物也会增加。

泥滩地也有河川带来的污染

河川的水，在途中混入了家庭与工厂排放的废水，一直流到河口。比起上游来说，已经不能算是干净的水。河川本身拥有净化作用，可以利用微生物来分解这些污染，可是现今，包括家庭废水等大量下水道的污水被排入了河川，一旦河水水量减少，河川本身的净化速度便无法追赶上废水排放的速度，以至于形成所谓底质污泥这种污染物的结块。能分解河口堆积的污染物的，就是住在泥滩地的生物了。特别是沙蚕，它所扮演的角色就非常重要。

沙蚕所扮演的角色

在泥滩地上，有贝类、虾类、正颤蚓或沙蚕居住。其中沙蚕的数量最多。沙蚕会挖掘细长的洞穴居住，从一边的洞口进食，然后由另一边的洞口排粪。沙蚕的特征，是吃真菌的同时也会吃下水道排出的污染物。栖居了许多沙蚕的泥滩地，就是天然的净化场。

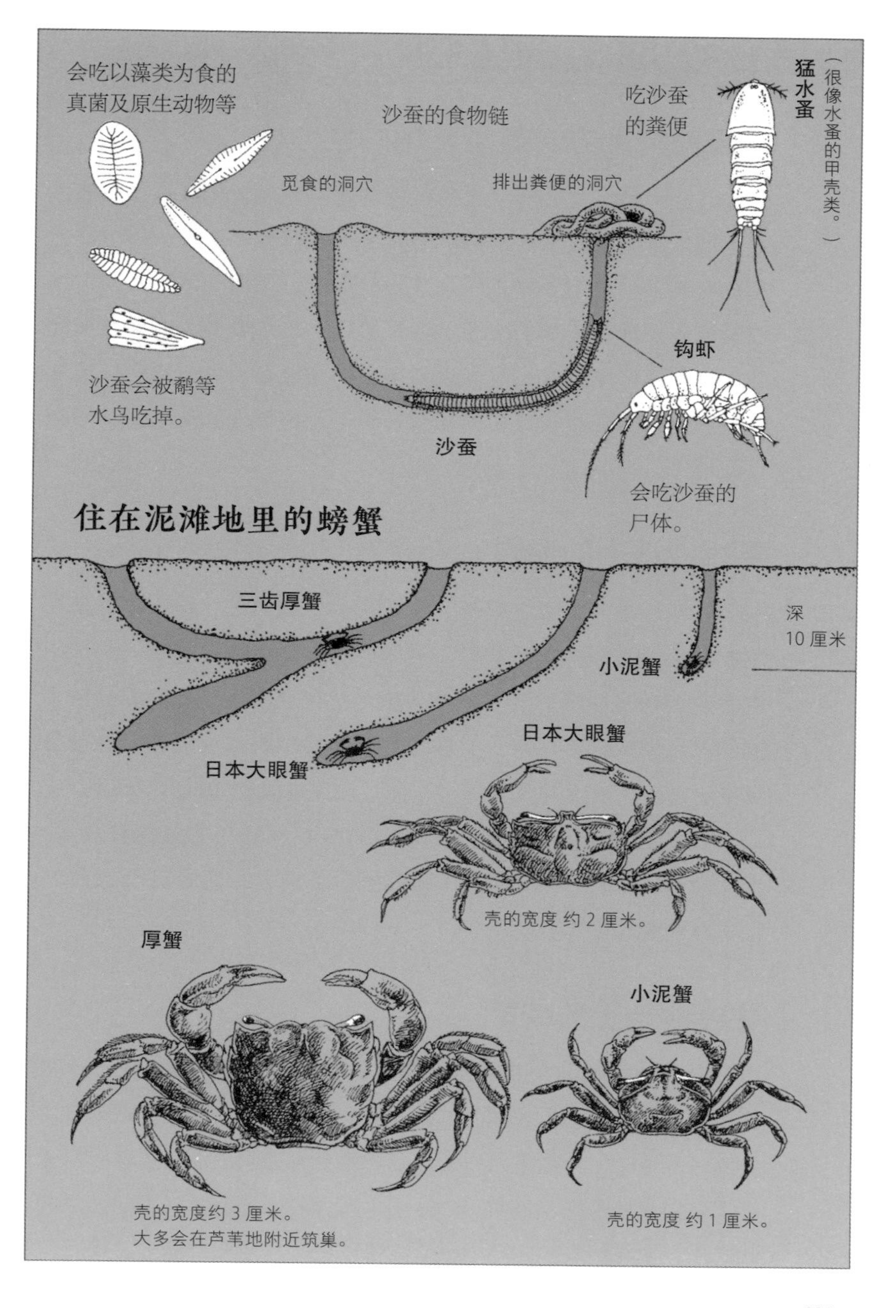
会吃以藻类为食的
真菌及原生动物等
沙蚕的食物链
吃沙蚕
的粪便
猛水蚤
（很像水蚤的甲壳类。）
觅食的洞穴
排出粪便的洞穴
钩虾
沙蚕会被鹬等
水鸟吃掉。
沙蚕
会吃沙蚕的
尸体。
住在泥滩地里的螃蟹
三齿厚蟹
深
10 厘米
小泥蟹
日本大眼蟹
日本大眼蟹
壳的宽度 约 2 厘米。
厚蟹
小泥蟹
壳的宽度约 3 厘米。
大多会在芦苇地附近筑巢。
壳的宽度 约 1 厘米。

栖息在沙地上的生物

靠近海的地方、靠近陆地的地方

到海边散步，会有泥土的区域、泥与沙混合的区域、只有沙的区域。每个区域从表面虽然都看不出来有生物居住，但事实上那里有许多种类的生物生活在其中。最靠近海面的区域，因为潮汐的涨落使地面干燥的时间不多，所以不耐干燥的生物大多在此生活。而离海岸越远、越靠近陆地，生物就必须更能忍受环境变化且耐干燥才能生存。也因此在种类上，越靠近陆地，生物的种类就越少。

寻找沙地上的洞穴

在沙地里有贝类、螃蟹、沙蚕类等生物居住，每一种都是在退潮时会躲进洞穴里。所以，退潮的时候就去找寻洞穴。调查洞穴是圆形还是椭圆形，并测量大小。就在这附近还有没有其他相同的洞穴？大约有多少个？像菲律宾帘蛤那种双壳贝，只是把身体滑进沙里，所以并不会挖得很深。最深也就是 10 厘米而已。它们会把水管伸出壳外猎食及呼吸。竹蛏在双壳贝中是挖掘高手，洞穴可深达 20 ~ 30 厘米，在洞穴里撒下食盐，竹蛏就会因刺激而快速地蹦出来。

住在沙地上的螃蟹

会自己挖掘洞穴并躲在里面的是螃蟹这一类生物。斯氏沙蟹多住在面对外海的干净沙滩上，属夜行性动物。圆球股窗蟹则多住在河口等地的泥滩地里，白天退潮时就会看见它出没。圆球股窗蟹会用螯捞起沙子吃，当然只吃沙子中所含的养分，留下来的沙呈球状吐出，撒在洞穴的四周围，所以可以把沙球当作目标来寻找。

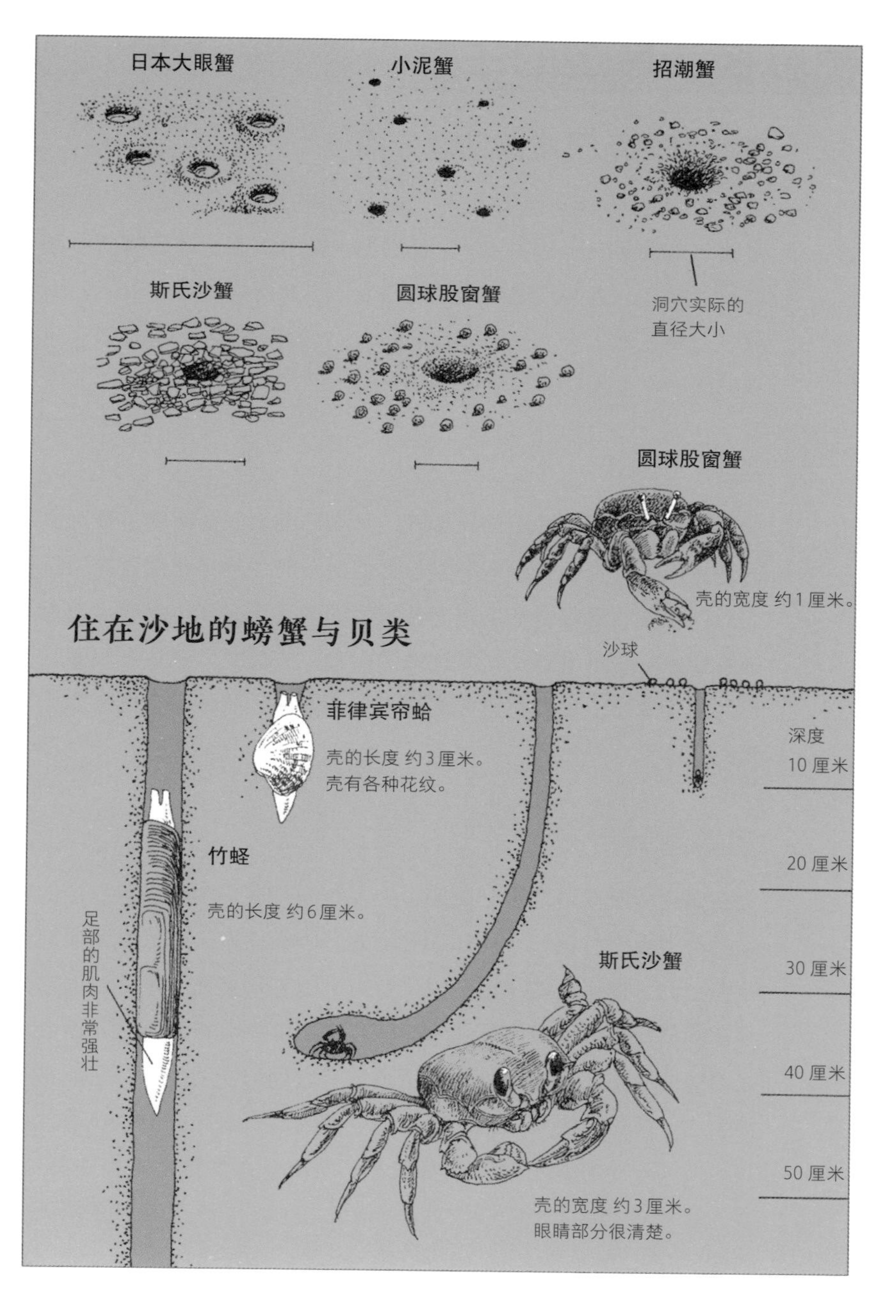
日本大眼蟹
小泥蟹
招潮蟹
斯氏沙蟹
圆球股窗蟹
洞穴实际的
直径大小
圆球股窗蟹
壳的宽度 约1厘米。
住在沙地的螃蟹与贝类
沙球
菲律宾帘蛤
壳的长度 约3厘米。
壳有各种花纹。
深度
10 厘米
20 厘米
30 厘米
40 厘米
50 厘米
竹蛏
壳的长度 约6厘米。
足部的肌肉非常强壮
斯氏沙蟹
壳的宽度 约3厘米。
眼睛部分很清楚。

栖息在岩岸边的生物

潮汐涨落所形成的栖地分隔

连绵的岩石堆所形成的海岸就叫岩岸。想要观察住在岩岸的生物，最重要的就是要知道该地的海水会涨多高。尽管是同一块岩石，却有一直都浸泡在海里的部分，以及满潮时浸在海里、干潮时又暴露在空气中的部分（潮间带），还有满潮时会受到浪花飞溅的部分（飞沫带）。不同的部分居住的生物也都不同。

观察飞沫带

没有激烈浪潮冲刷的飞沫带，是无论潮水涨落都能进行观察的地点。鹈足青螺、藤壶等颜色近似岩石的生物，就附着在岩石表面。也找找看很像从岩缝间伸出手的龟足，以及小的卷贝类短玉黍螺等。短玉黍螺幼年时住在潮间带，成长之后就住在浪潮打不到的飞沫带。试着把它放到海水下的岩石，能看见它慌忙爬上水面的样子。

观察潮间带

退潮的时候可以走到潮间带上。海藻很多，附着在岩石上的生物种类也很丰富。首先仔细查看岩石表面。应该有贝类紧紧地贴在上面。使用铁钩（也可以用餐刀）把它们剥离下来。看完它内侧的模样后，再放回原处。日本花棘石鳖一旦被剥下来，就会立刻蜷曲腹侧。把它放回岩石上，看看它如何恢复原状。它们都是生物，所以不要粗暴地对待它们。找过岩石表面之后，接着找找岩石间。这种地方手很容易受伤，所以一定要戴上工作手套。因为生物的种类很多，无法一一介绍，所以请参考专门介绍的图鉴。

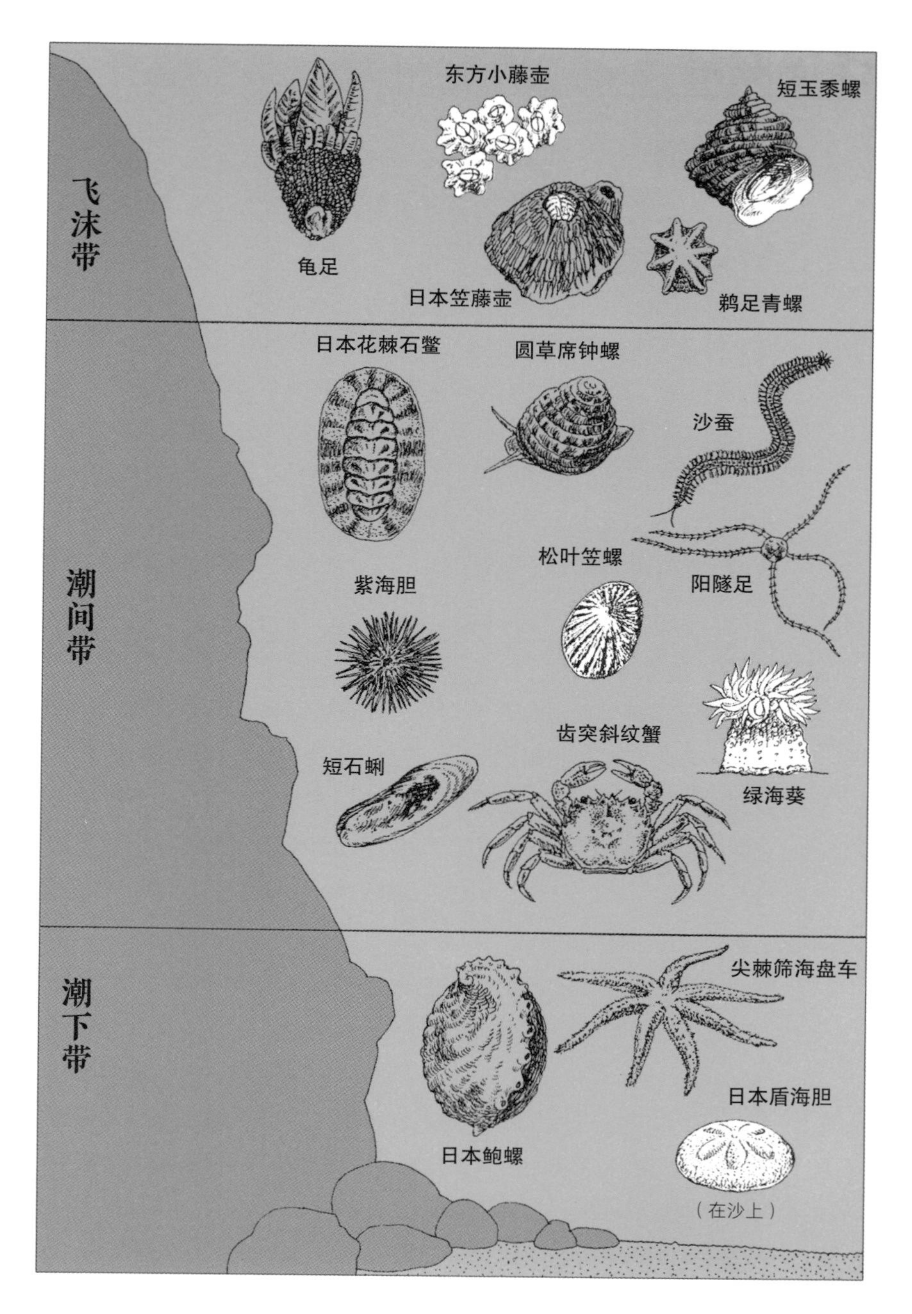
飞沫带
东方小藤壶
短玉黍螺
龟足
日本笠藤壶
鹅足青螺
潮间带
日本花棘石鳖
圆草席钟螺
沙蚕
松叶笠螺
紫海胆
阳隧足
齿突斜纹蟹
短石蜊
绿海葵
潮下带
尖棘筛海盘车
日本盾海胆
日本鲍螺
（在沙上）

找找潮池

了解涨潮、退潮的时间

退潮之后留在岩石凹陷中的大小水洼都称为潮池。里面的小鱼跟小虾随着浪潮而来，被困在里面，等待着下一次涨潮。潮池可说是自然水族馆。想要观察潮池，一定要知道潮水的涨落时间。气象局网站上可以查询到每天的详细涨、退潮时间。只要去钓具店一趟，还可能拿到整年的“潮汐表”。每天有 2 次的涨退潮；尤其在满月与新月时，潮水涨落的幅度会特别的大，称为大潮。此外，季节不同，涨退潮的情形也不同。春季常是白天退潮，而秋季则常在晚上退潮。夏季与冬季的白天晚上并没有太大的差别。所以，在春季到夏季的大潮期间，可以观察到更宽广的范围。

以潮池为主的观察

确定退潮时间后，提前 2 个小时到达现场。包括退潮的时间在内，总共有 3 个小时适合进行观察。因为很容易沉迷其间而忘了时间，所以一定要戴手表。找到潮池后，参阅前一页，查查看是位于潮间带的上方还是下方。如果两者都找得到，就能把里面的生物做个比较。观察的方法是首先什么都别做，静静看着潮池。大概过 5 分钟左右，眼睛习惯后，你就会发现本来以为是岩石的地方，竟然有生物在那里。住在水里的生物对水的变化很敏感，就算你轻轻把手放入而弄出一点波纹，它们也会小心地隐藏起来，因此要在自然的状态下耐心等待。这么一来就能够观察到鱼的游动、螃蟹的行走，以及海葵缓缓伸出触手来捕食的样子。也许你觉得只是静静地观察，既无聊又无趣，但这才是观察生物时最基本的态度。先观看生物最自然的样貌，之后才动手取来观察。

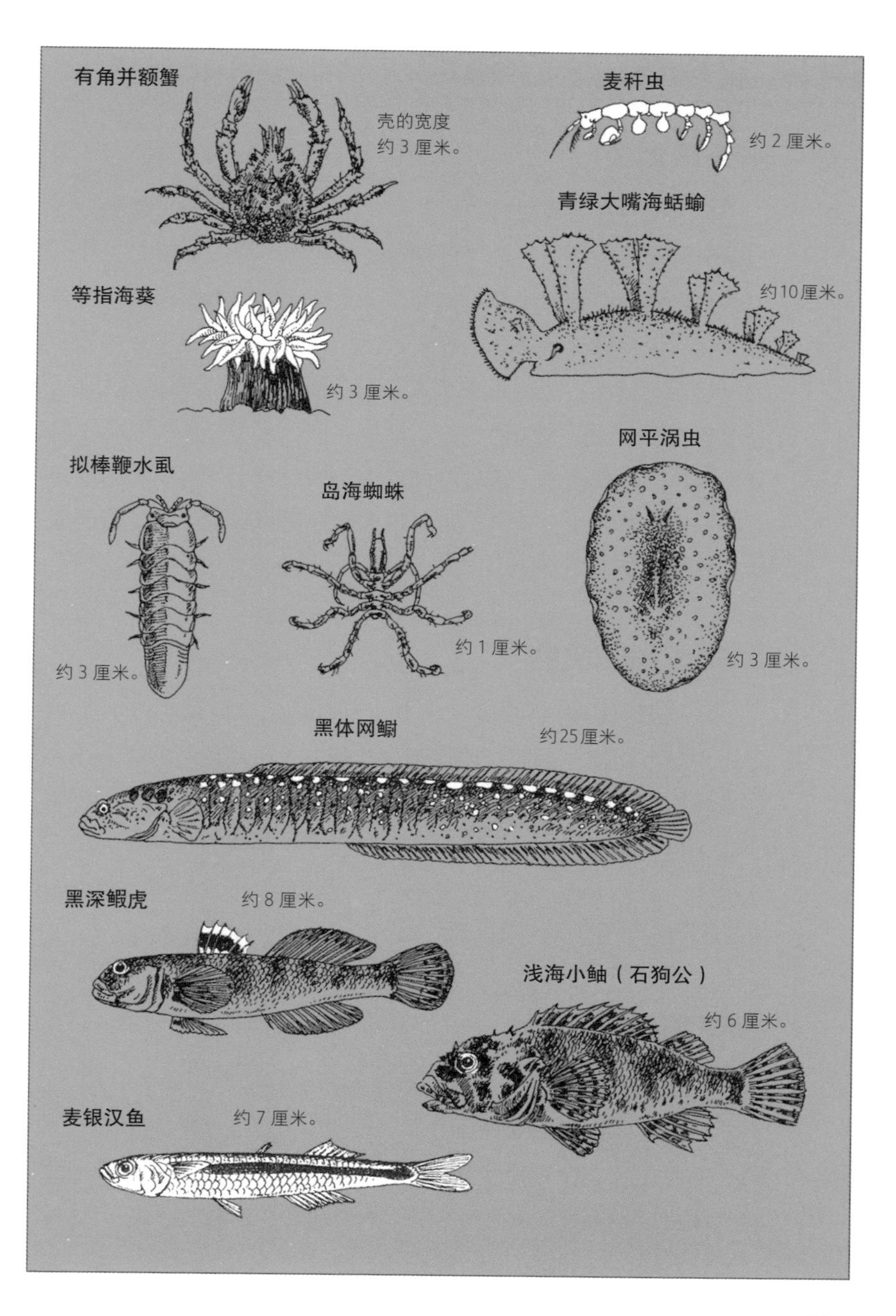
有角并额蟹
壳的宽度
约 3 厘米。
麦秆虫
约 2 厘米。
青绿大嘴海蛞蝓
约10厘米。
等指海葵
约 3 厘米。
网平涡虫
拟棒鞭水虱
岛海蜘蛛
约 1 厘米。
约 3 厘米。
约 3 厘米。
黑体网鳚
约25厘米。
黑深鰕虎
约 8 厘米。
浅海小鲉（石狗公）
约 6 厘米。
麦银汉鱼
约 7 厘米。

用箱型镜来看看潮池

进入潮池

用肉眼看过潮池之后，接着就进入潮池用箱型镜来瞧瞧。透过箱型镜看见的海里，景象很鲜明。找找看，岩石上附着了什么东西，岩石缝中又藏了什么生物。小鱼的动作非常迅速，一下子就躲起来了，可是只要再稍等一下，小鱼又会再跑出来。如果有可以移动的石头，就拿起来看看。看完躲在石头后面的生物后，一定要把石头放回原来的地方。潮池在下一次涨潮前的几个小时里会维持这样的状态。这段时间在太阳的照射下，水里的温度会上升，盐分浓度也会变高。可以说在潮池里居住的生物，很能适应这样的变化。

外表华丽的生物

状似岩石表面的许多生物中，有些颜色会鲜丽得令我们惊艳，例如海蛞蝓。它的身体上有许多装饰，而且扭动的姿态叫人越看越有趣。像海蛞蝓一样外壳退化的卷贝类还有海兔。只要用手指去戳一戳它的身体，它就会喷出红紫色的液体，这是为了吓退敌人，并没有毒。此外还有海星、海葵类等许多颜色显眼的生物。仔细观察海星移动身体的方式，以及海葵使用触手的方法。

潮池的危险生物

鱼类中，线纹鳗鲶、褐篮子鱼的鳍上有毒刺，要十分小心。日本关东地区以南的海域还有名为蓝纹章鱼的小章鱼，被它咬到会引起呕吐及痉挛等症状。此外，喇叭毒棘海胆或棘冠海胆的刺也会伤人，如果刺进皮肤里，要尽快拔起来，迅速就医。

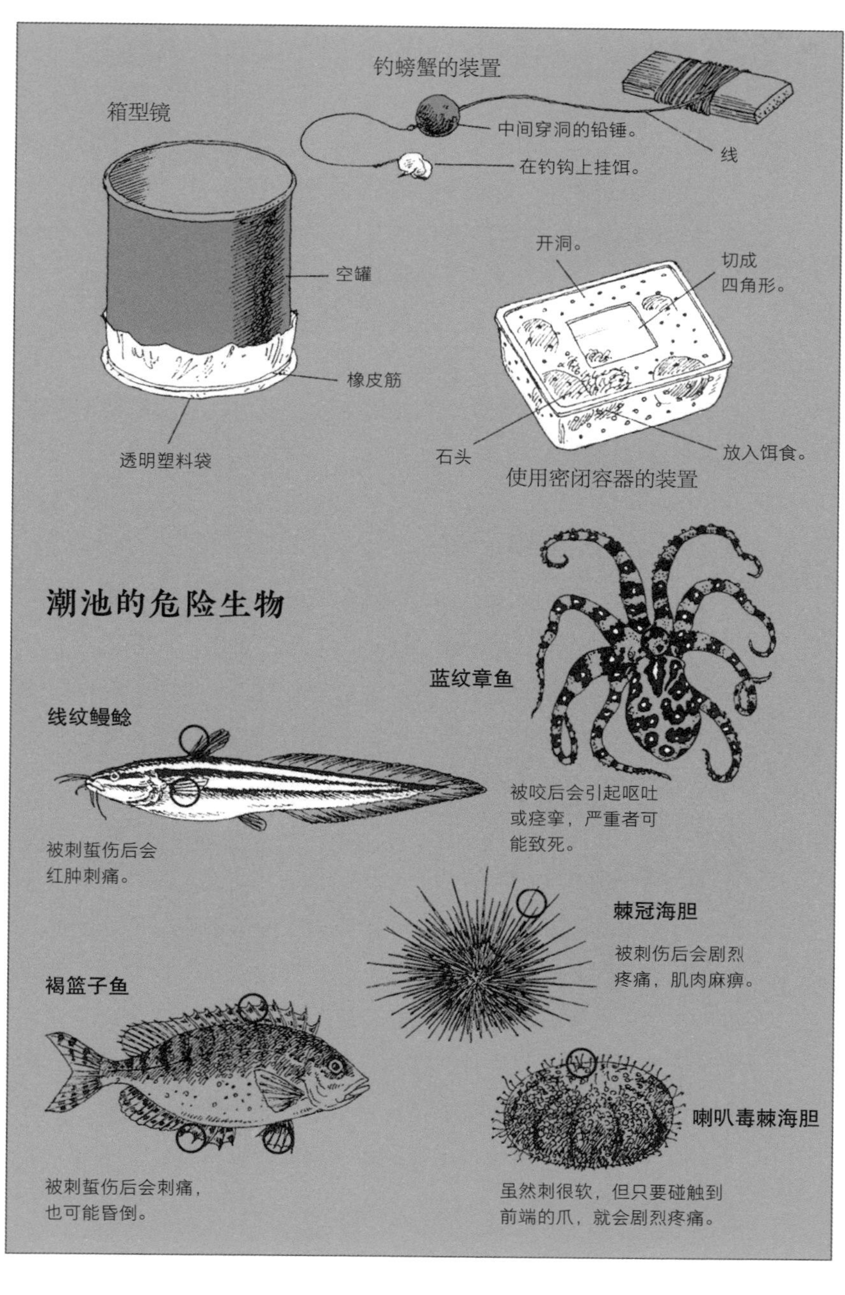
钓螃蟹的装置
箱型镜
中间穿洞的铅锤。
线
在钓钩上挂饵。
开洞。
切成
四角形。
空罐
橡皮筋
透明塑料袋
石头
放入饵食。
使用密闭容器的装置
潮池的危险生物
蓝纹章鱼
线纹鳗鲶
被咬后会引起呕吐
或痉挛，严重者可
能致死。
被刺蜇伤后会
红肿刺痛。
棘冠海胆
被刺伤后会剧烈
疼痛，肌肉麻痹。
褐篮子鱼
喇叭毒棘海胆
被刺蜇伤后会刺痛，
也可能昏倒。
虽然刺很软，但只要碰触到
前端的爪，就会剧烈疼痛。

被海浪冲上岸的东西

海边寻宝

在海岸边散步，会看到被海浪冲上岸的海草、断木、瓶子等。有时候也会在海草之间发现海岸附近没见过的生物尸体。来自遥远的南方岛屿的椰子、动物的骨头、船的残骸等也会被打上岸来。海岸是寻宝的地方。把捡到的空瓶或空罐拿起来，仔细看看，会发现有些不是本地生产的。调查看看这些是哪个国家的瓶罐，去研究它们是随着哪个洋流漂来的，也很有趣。如果你住在海边，就可以定期进行这项寻宝行动。

藏在漂流物里的生物

捡起被打上岸来的海草与树枝，看看下方是不是有什么东西窜出来。那是跳虾、海蟑螂、钩虾等。这些生物白天藏在沙子里或被冲上来的漂流物底下，一到晚上就会爬出来寻找吃的。会被冲上来的生物尸体，包括鱼、螃蟹、水母等。如果是岩岸边，还可能发现海星及海蛞蝓等类的卵。

制作标本的方法

首先参阅 306 页，把海草洗净后，用厚纸板捞起来。接着放在遮阴处晾约 1 小时之后，在上面盖上白纸或布保持干净，然后以压花的方式放到报纸上，再轻轻地压上石头。2～3 天之后就会完全干燥。鱼或动物的骨头如果已经完全干燥了，就直接放入盒子里保存。每一个都要贴上标签，写上名称、捡到的日期、地点等。树木的果实与种子，还有形状有趣的漂流木等，如果能当桌上的摆饰也很不错。

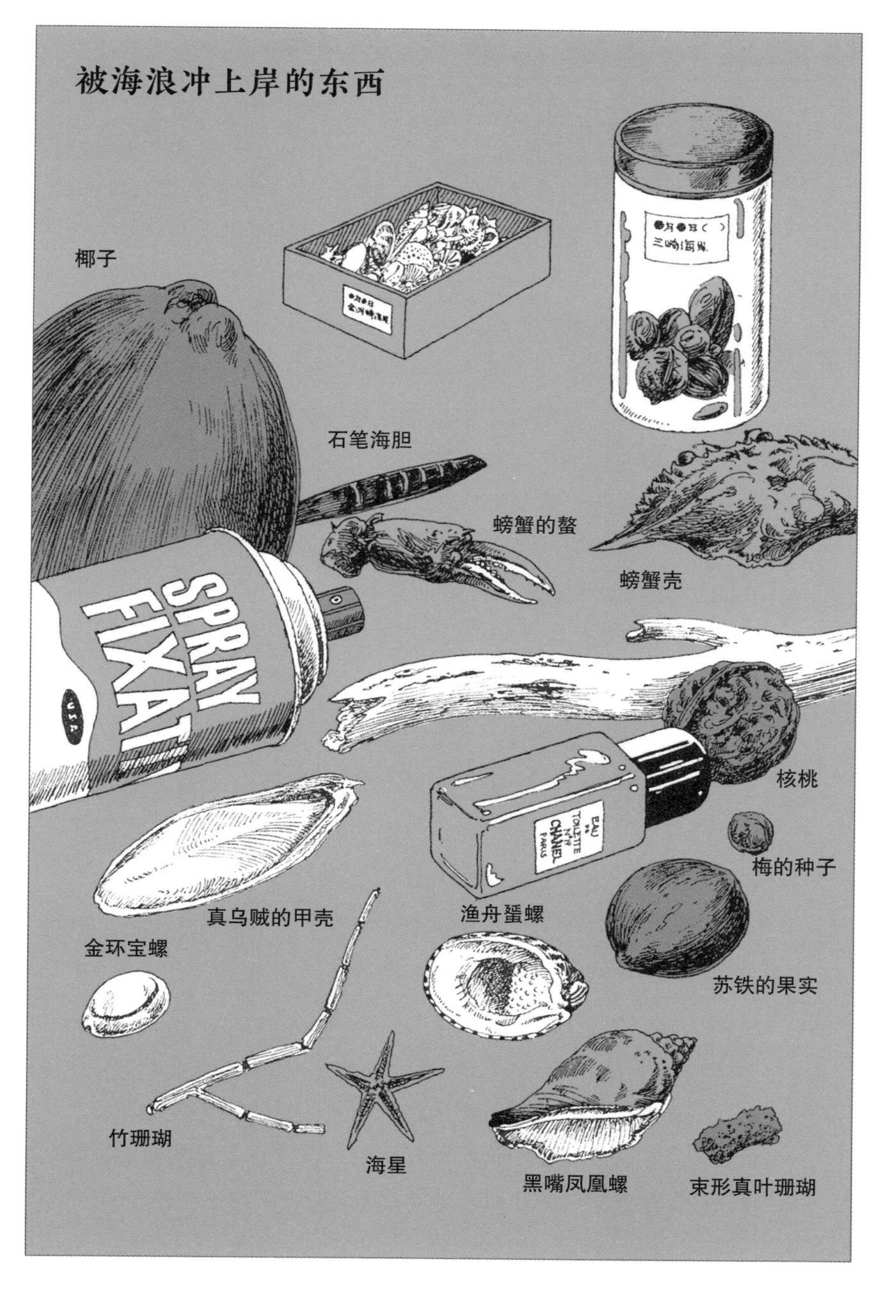
被海浪冲上岸的东西
椰子
石笔海胆
螃蟹的螯
螃蟹壳
SPRAY
FIXAT
核桃
梅的种子
真乌贼的甲壳
渔舟蜑螺
金环宝螺
苏铁的果实
竹珊瑚
海星
黑嘴凤凰螺
束形真叶珊瑚

鱼店里能看到的鱼类及贝类

鱼也是有产季的

距岸边较近的浅海地区的鱼类与贝类，在潮池里就能看得到。而远洋的鱼类，还有深海底下的鱼种，就要到鱼店去观察。整齐摆放在鱼店里的鱼，你知道的有几种呢？常去买鱼的人可能会知道，不过不同的季节里，贩卖的鱼也会不同。能捕获到最多、吃起来也最美味的鱼的季节，就叫作该种鱼的产季。虽然蔬菜与水果都有产季，但最近因为温室栽培等技术能让蔬果提早生产，所以产季也变得不是那么清楚。鱼类的产季就明显多了。春天有日本下鱵鱼与马鲛鱼，夏天是鲣鱼与乌贼，秋天有鲭鱼与秋刀鱼，到了冬天，就是沙丁鱼和鲕鱼了。当然除此之外还有很多很多，不同地区也可以见到各种特产的鱼类。

制作鱼店的观察笔记

贝类也有产季之分。菲律宾帘蛤、角蝾螺、中华马珂蛤是春天产的，九孔、黑壳钟螺是夏天，牡蛎、扇贝、赤贝是秋天到冬天时最好吃。也有靠养殖而一年到头都有供应的贝类，但美味的程度可就比不上天然捕捉的。制作一本在鱼店所做的观察笔记，记录下究竟有哪些鱼类出现过。每个月至少进行 2 次调查。持续一整年之后，就能完成宝贵的鱼类图鉴。

调查小鱼干

所谓小鱼干，就是沙丁鱼类的幼鱼。有些也会掺杂香鱼的幼鱼。把买回来的小鱼干摊开来仔细看，会发现还有其他生物混在里面，如小螃蟹、小虾、浮游生物等。调查看看到底有几种生物。

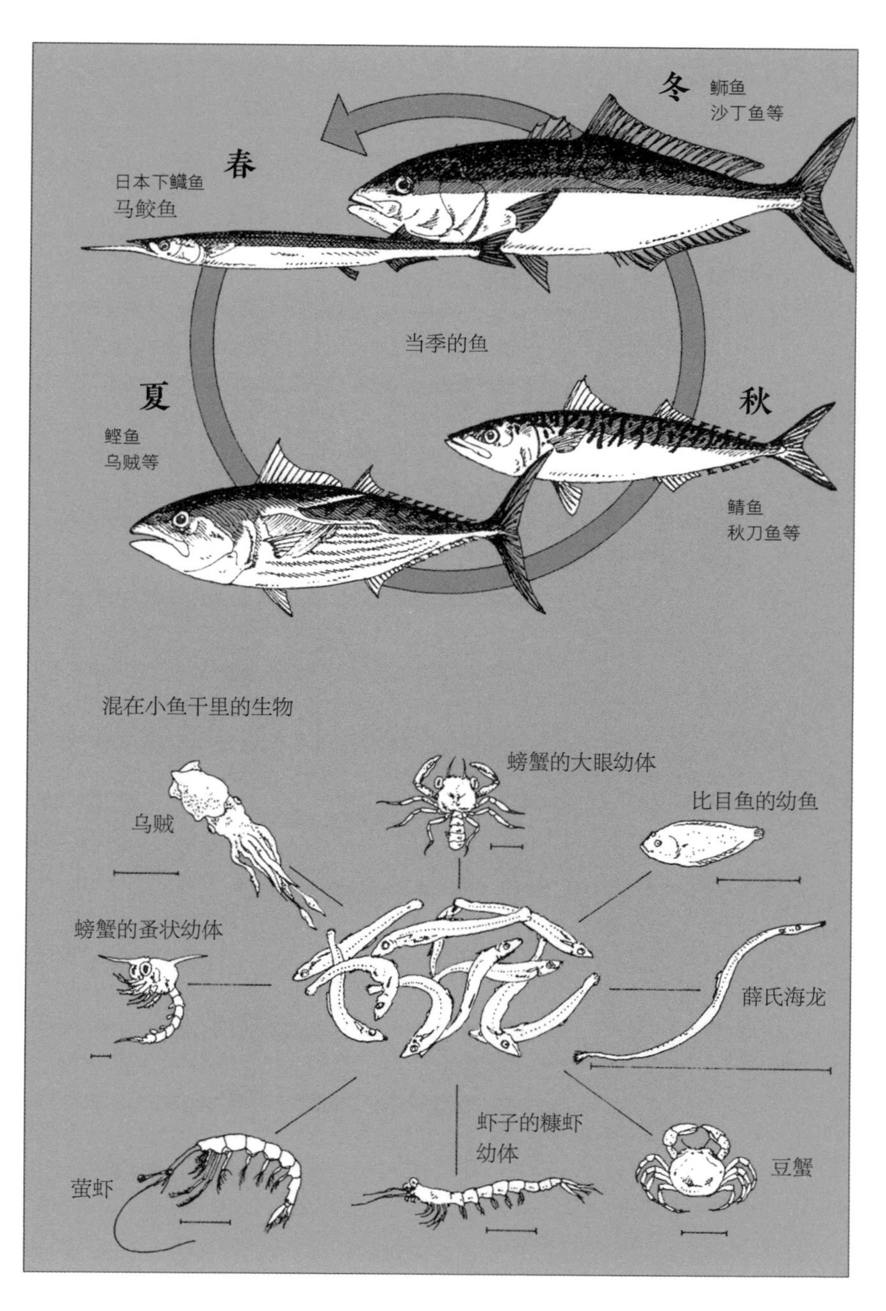
冬
鰤鱼
沙丁鱼等
春
日本下鱵鱼
马鲛鱼
当季的鱼
夏
鲣鱼
乌贼等
秋
鲭鱼
秋刀鱼等
混在小鱼干里的生物
螃蟹的大眼幼体
比目鱼的幼鱼
乌贼
螃蟹的蚤状幼体
薛氏海龙
虾子的糠虾
幼体
豆蟹
萤虾

生物月历

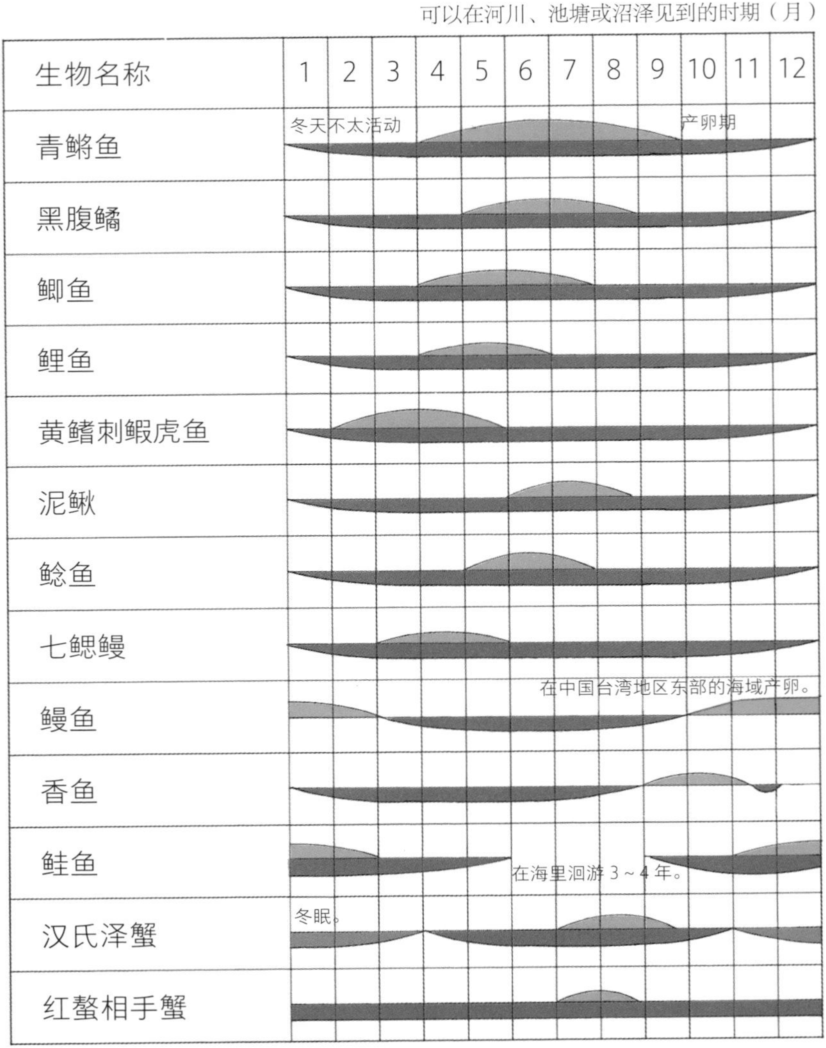

可以在河川、池塘或沼泽见到的时期（月）

生物名称	1	2	3	4	5	6	7	8	9	10	11	12
青鳉鱼												
黑腹鱊												
鲫鱼												
鲤鱼												
黄鳍刺鰕虎鱼												
泥鳅												
鲶鱼												
七鳃鳗												
鳗鱼												
香鱼												
鲑鱼												
汉氏泽蟹												
红螯相手蟹												

冬天不太活动

产卵期

在中国台湾地区东部的海域产卵。

在海里洄游 3 ~ 4 年。

冬眠。

* 汉氏泽蟹一生都在淡水里度过，母蟹会将卵抱住，孵化后还会再保护一段时间。生下的后代是稚蟹的外形。而红螯相手蟹等海水蟹，都要经过蚤状幼体、大眼幼体等幼体期之后，才会变成稚蟹的样子。

去看岸滨的生物

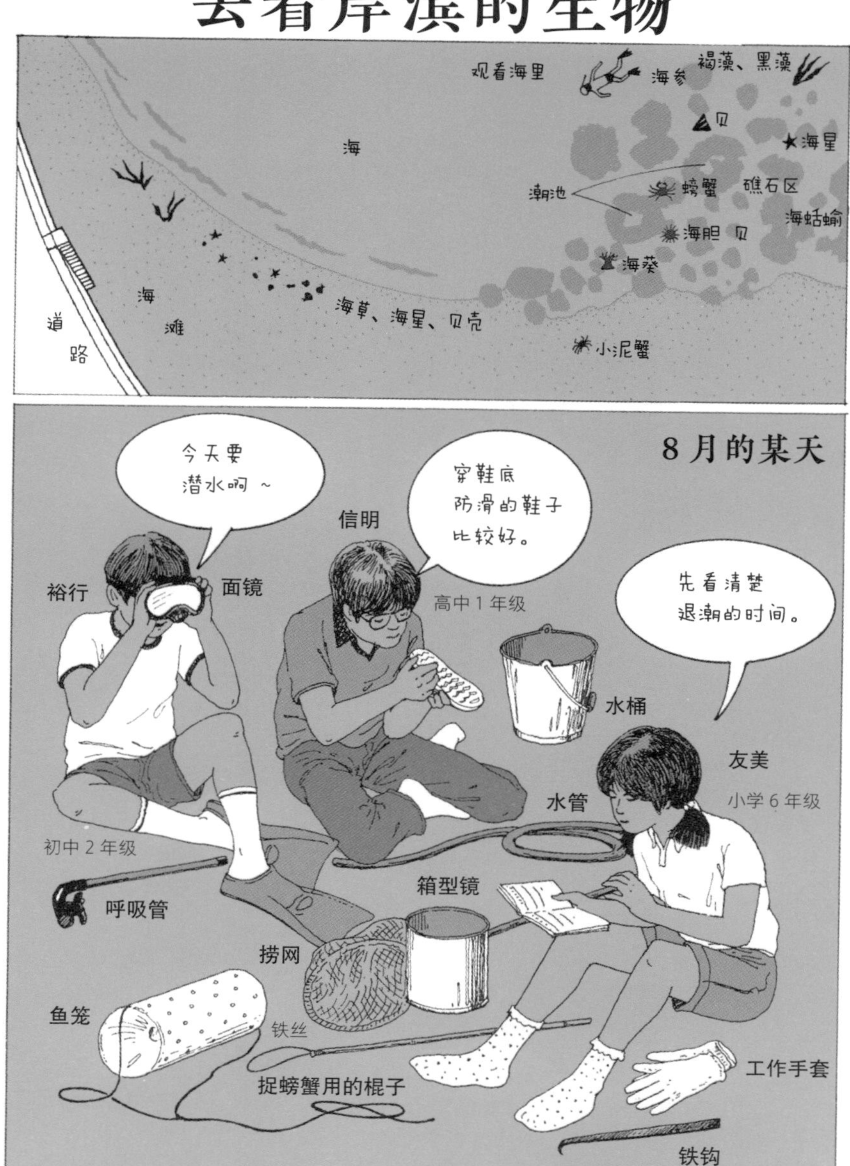

观察时的用具与服装（264 页）

被海浪冲上岸的东西（292 页）

栖息在沙地上的生物（284 页）

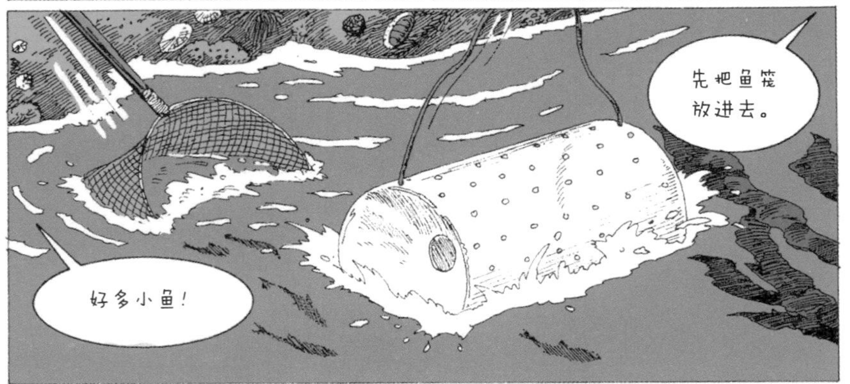

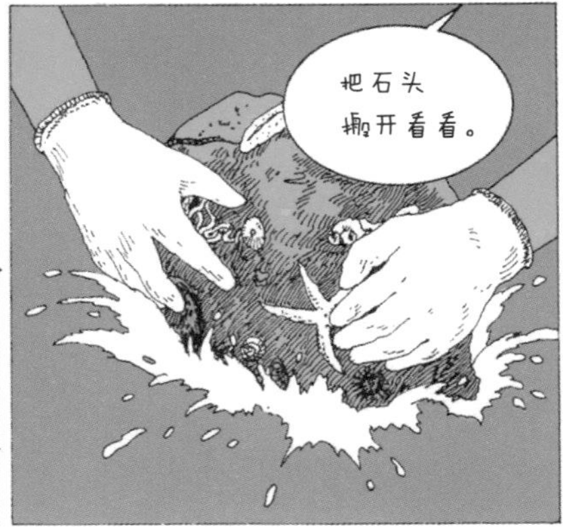

用箱型镜来看看潮池（290 页）

哇，好快！
又跑掉了。
和石头
颜色一样
的螃蟹。

这是
什么？
是阳隧足。

潮水慢慢退了。
岩石
表面很粗糙。
这种生物
叫作藤壶。

我不是说过
穿拖鞋很
危险吗。
好痛！

岩石
很容易刮伤脚，
去换上球鞋！

把水抽干吧。
咦，
怎么做？
有水管
就很简单。首先
要这样泡在水里。
先用手指塞住一头
然后拉到外面。
1
2
接着松手把管子垂下，
水就会流出来了。
哇！
好多东西。

用箱型镜来看看潮池（290 页）

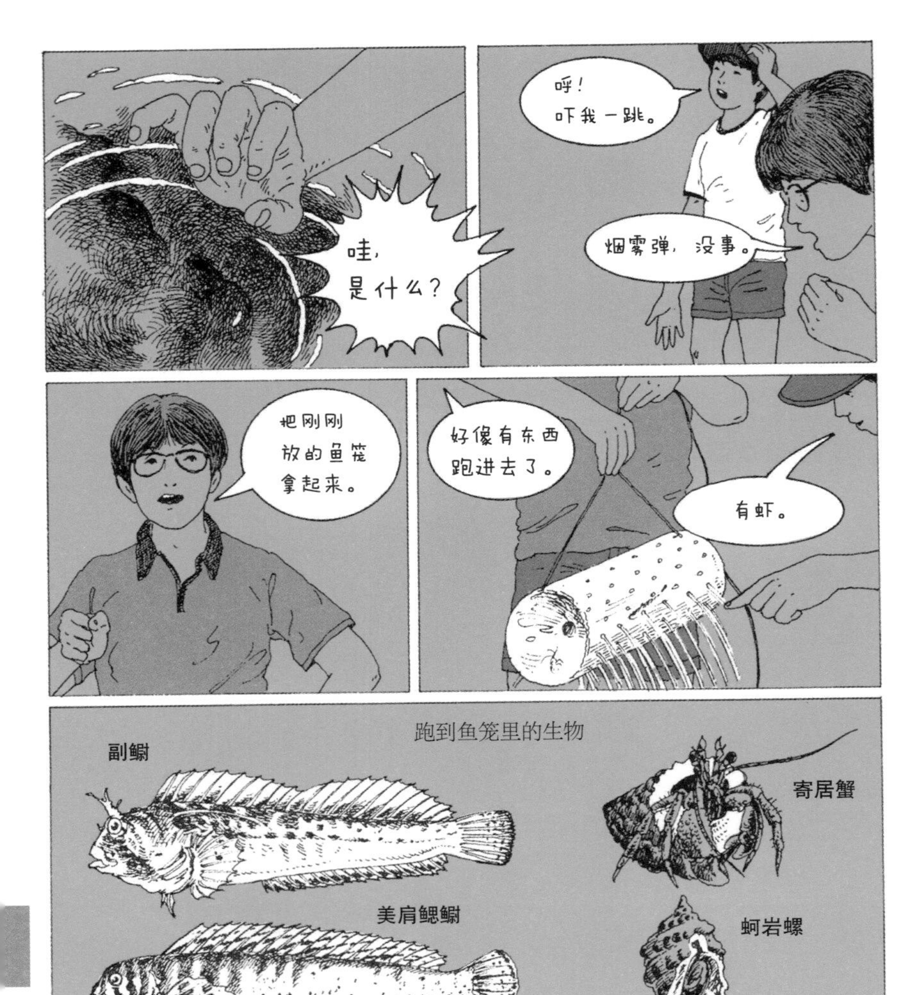

太平洋长臂虾

尾纹裸头虾虎鱼

找找潮池（288 页）

可以潜水吗？
可以，
要小心。

颈带鲾
水纹尖鼻鲀
立方水母
线纹鳗鲶
黑壳钟螺
花鳍海猪鱼
刺参
翼鲨
海星

咻——

开始涨潮了。
我们该回去了。

放进去之前
先拍个照吧。

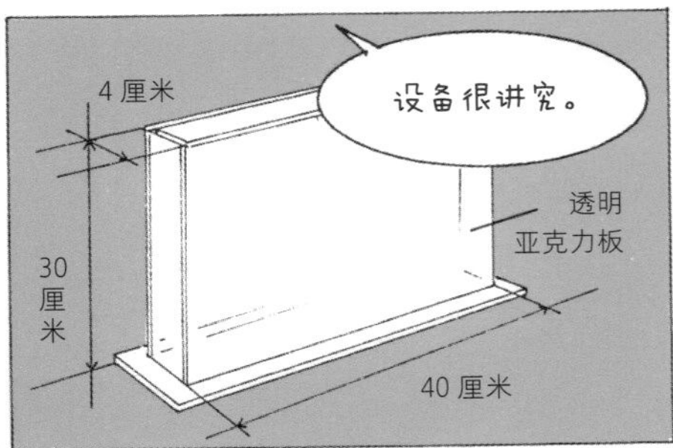
设备很讲究。
4厘米
30厘米
40厘米
透明
亚克力板

这么一来
就可以从
侧面拍照了。
好好笑的脸。

黑壳钟螺
也放进去。

海藻
要洗干净。

用厚纸板捞起来
放在阴凉处晾干。

被海浪冲上岸的东西（292 页）

亚马孙是生物的宝库

温度与湿度越高，栖息在该处的生物种类就会越多。世界上生物种类最丰富的地方，就在南美洲的广大热带雨林亚马孙地区。亚马孙河发源于安第斯山脉，这条由许多支流汇集而成的巨大河流，最后流入太平洋。河水的颜色是混浊的茶色，不太容易看到河里游鱼的身影，但是栖住在里面的淡水鱼数量却非常丰富。食人鱼和鲶鱼的种类很多；被称为虎皮鸭嘴的鲶鱼，体长超过 1 米。就算是第一次尝试钓鱼的人，随手放线下去也很容易有鱼上钩。这样的亚马孙河里，还有体长 2 米至 5 米、大得令人吃惊的鱼类。世界最大的淡水鱼——巨骨舌鱼，是外形将近 1 亿年都没有变化过的古代鱼。巨骨舌鱼是草食性鱼类，住在水流较为平缓的支流中。当地人熟知它会出现的地方。很可惜我看到的巨骨舌鱼都在市场上。住在亚马孙河流域的人们每天都会带着感恩的心情生活，感谢亚马孙河赐予他们重要的食物来源。

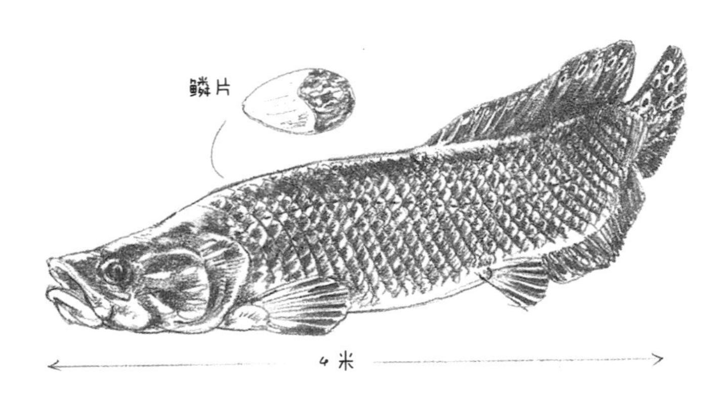

植　物

观察时的用具与服装

基本上只需要笔记本与铅笔

服装是要穿好走的鞋及长袖衬衫、长裤，用具则是笔记本与铅笔。观察植物的时候，只要这一身轻便的装扮就可以了。当然也要注意依季节的不同加减外套，或是根据地点的需要穿上长筒雨靴等。与动物相比，植物并不会移动，我们可以随时随地照自己的意愿进行观察，这真是植物值得感谢之处。活用“看、听、嗅、摸、尝”这五感，来对植物进行观察。

更进一步仔细观察

植物的生长受季节与环境的影响，所以，画在笔记上的时候，要加上时间、地点，并尽可能详细地描述当时的状况。是一天中的清晨、白天、傍晚，还是晚上？天气如何？可以的话连前一天的天气都写下来。附近有没有住家呢？周遭的自然环境又是如何？记录这些环境的方法之一，就是用相机拍照。要更了解植物，画图比照相还有用，也会加深印象。只是为了要记录包含这株植物在内的广大范围，就需要用相机拍下来，把照片贴在素描的旁边，这样看起来就是更为详细的野外笔记了。

采集植物时

要去采集山野草及树木果实的时候，必须先准备小刀、报纸、塑料袋等工具。也要遵守采集分享的原则。为了明年再来，为了其他的人，最重要的是为了该植物本身，千万不要连根拔起。尤其要注意别过度采集。

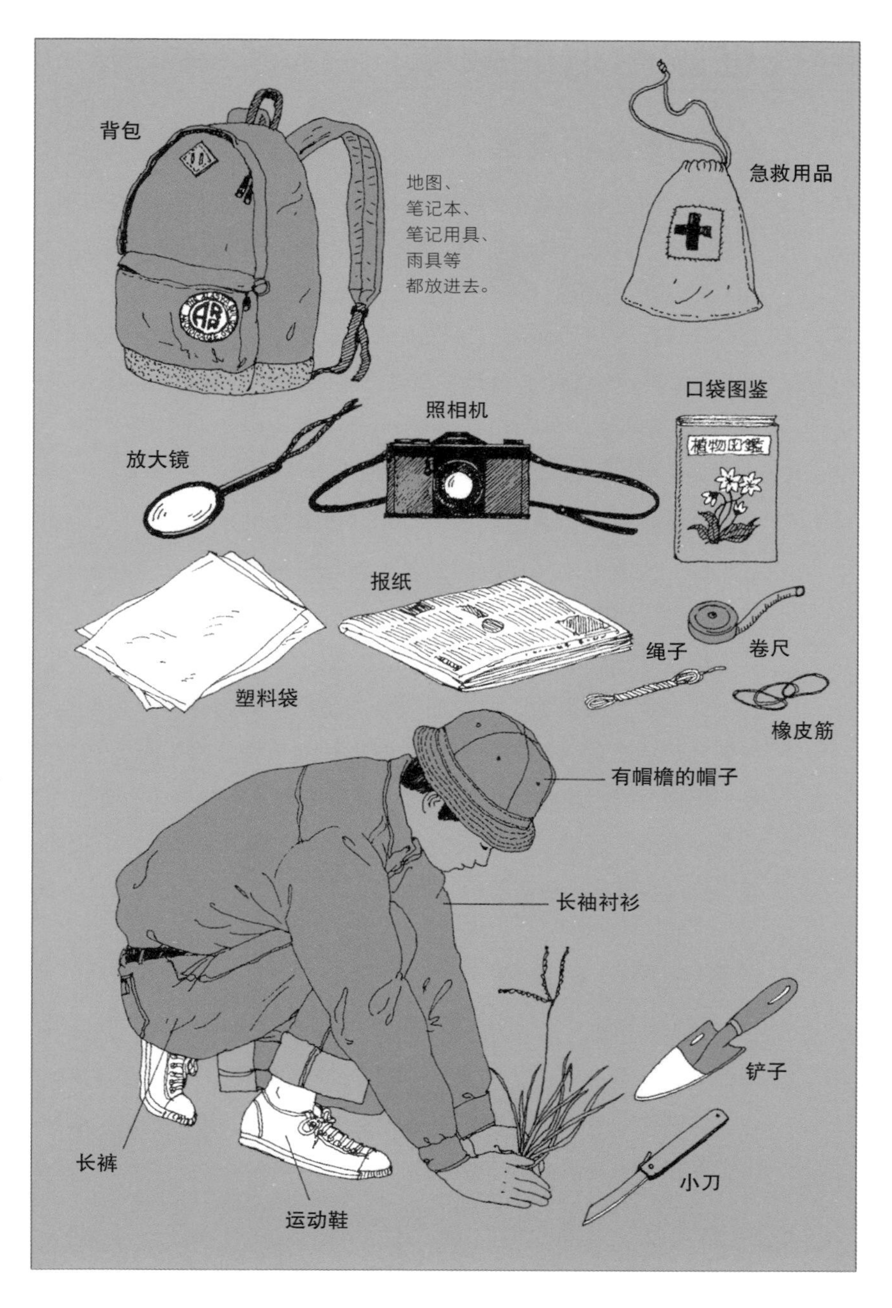
背包
地图、
笔记本、
笔记用具、
雨具等
都放进去。
急救用品
口袋图鉴
植物図鑑
照相机
放大镜
报纸
塑料袋
绳子
卷尺
橡皮筋
有帽檐的帽子
长袖衬衫
铲子
小刀
长裤
运动鞋

寻找住家附近的杂草

生命力旺盛的杂草

住家附近的空地上与道路的两旁，生长着各式各样的杂草。水泥裂缝、石墙的缝隙之中，也会有生命力强的花草冒出来。我们人类因建筑房屋、开辟耕地，极大地改变了土地的环境。可是无论变成什么样的环境，适合该处的杂草都会坚韧地生长出来。调查住家附近的杂草，可以了解自己居住在怎么样的土地上。

不同环境生长的种类也不同

干燥的地点、潮湿的地点、小石砾多的荒地、黑土、红土、日照强、树荫下……环境的差异，生长出来的植物也完全不同。反过来说，如果是长出相同植物的地方，那么也可以视为土地性质是相似的。杂草的种类很多，这里我们就来确认杂草指的是什么样的植物。人类为了收成而栽培的植物，称为作物。相反地，在呈自然状态的森林、河川或海边生长的植物，称为野生植物。除了作物与野生植物以外的植物，则称为杂草。杂草中有些也生长在人类施工但不是用来栽培作物的地方，如田埂、堤岸、道路旁等，这些便称为村落植物。

绘制杂草分布地图

首先简单画下住家附近的地图。接着拿着地图，出门散步去调查有哪些杂草生长。这是整年都能进行的观察，不过春夏期间种类特别多。可以用彩色铅笔依种类来画记号，并写下来。回家以后再利用图鉴调查杂草的名称。

鼠曲草
春飞蓬
剪刀股
西洋
蒲公英
车前草
白车
轴草
黄鹌菜
酢浆草
马齿苋

一年四季都来观察

寻找附近的观察地点

调查杂草最有趣的一点，就是会随季节不同逐渐发生改变。如果要持续进行 1～2 年甚至更久的观察，那么找到容易到达的场所是先决条件。还要注意的是，尽管目前是空地，但如果马上就要盖房子，就不适合进行观察。至于公园里，虽然有很多植物，但也有除草等人为因素干扰。因此要寻找适合的观察地点，其实还颇为困难。长年空下来的地点、道路旁，以及人类会依季节而进行耕作的田地，都可以作为观察的对象。

划定范围来调查

地点决定好，接下来就是调查那里有些什么样的植物种类了。先圈出一个 1 平方米的范围会比较容易调查。拿一条 4 米的绳子，每 1 米的地方做一个记号，接着拿这条绳子把观察地点围成正方形。环顾四周，如果还有生长出的植物种类差异很大的场所，也同样用这种方式来进行调查。在获得允许自行处置的地方，如校园等，可以在选定范围的四个角落钉上木棍，然后每次都能准确地观察到相同的地点了。同样植物汇集而成的种群集合叫作群落，调查群落时，对于同样植物在 1 平方米内约占百分之几，也要调查看看。

变迁的群落

在刚除完草的土地、耕过的农地或是建筑预定地上，首先会有一年生植物出现。从春天到夏天是狗尾草或升马唐，到了秋天变成野茼蒿及白顶飞蓬，冬天大多会长出豚草。然后逐渐变成多年生杂草群落。只要持续观察，就会清楚这些变化。

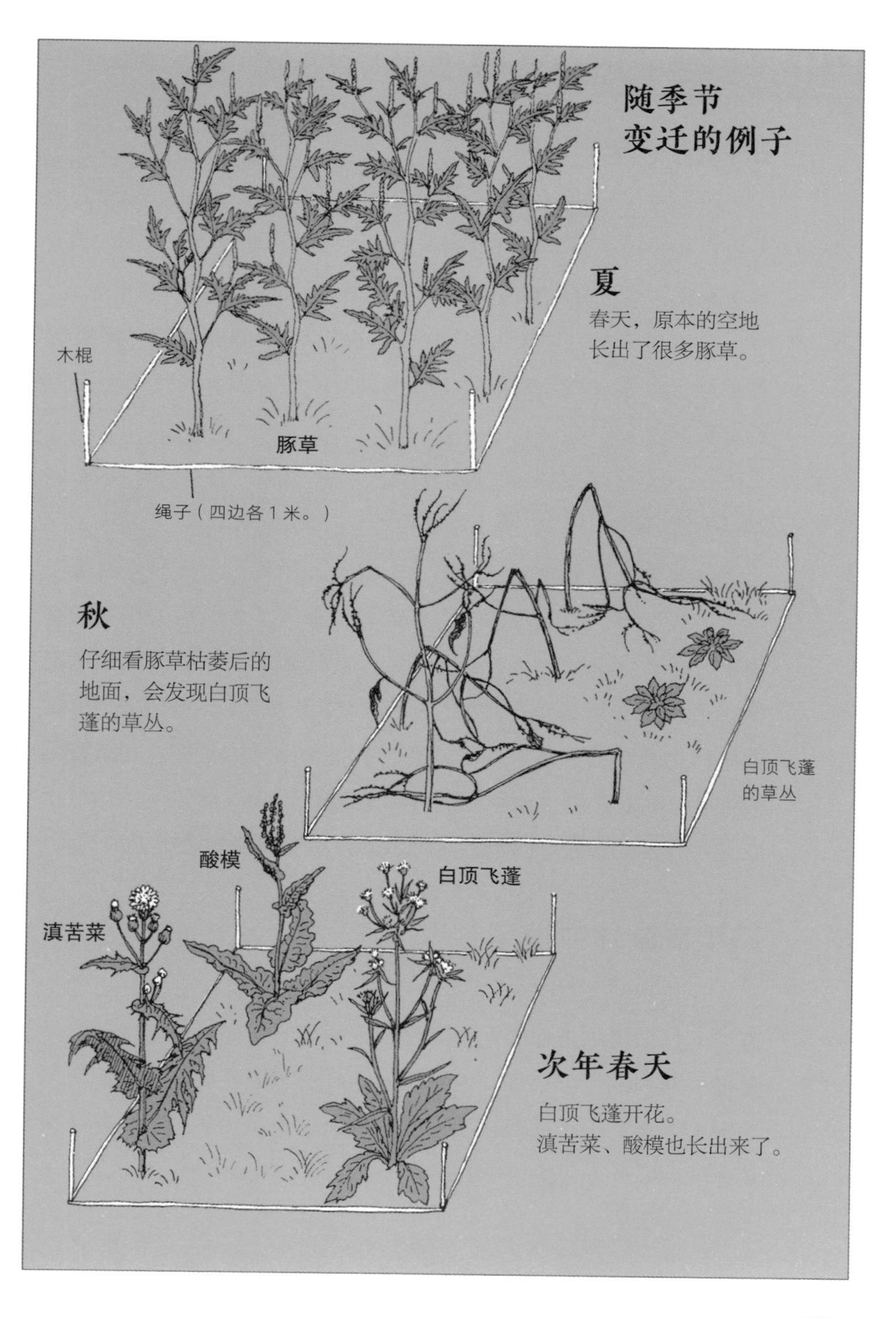
随季节
变迁的例子
夏
春天，原本的空地
长出了很多豚草。
木棍
豚草
绳子（四边各1米。）
秋
仔细看豚草枯萎后的
地面，会发现白顶飞
蓬的草丛。
白顶飞蓬
的草丛
酸模
白顶飞蓬
滇苦菜
次年春天
白顶飞蓬开花。
滇苦菜、酸模也长出来了。

田间能看到的杂草

田间的一年

农田是人类为了栽种农作物的耕地。生长在那里的杂草，经过耕田与除草之后，依然坚韧地生存着。首先来看看田间的一年。春天来临，农夫开始整理田地，先除杂草、犁田，然后引水灌溉。春天接近尾声时，终于可以种植了。到了秋天收获时期，田里的稻穗结实累累。收割完毕后，田地再度回归寂静，等待明年春天的来临。

生长在田间的杂草

能看到杂草的时间，是冬天至春天开始耕作之前。当然夏天也会生长杂草，但数量极少。冬天时，在留下收割后的稻株的水田里，最先出现的杂草是石龙芮、小叶碎米荠。之后能见到看麦娘、天篷草、稻槎菜等。这些杂草在冬天发芽，春天生长开花，在整田之前会结果落下种子；它们的生长期非常短暂。在 2 月到 5 月间去田里看看，调查到底有哪些杂草生长。记住，田地对于农家而言是非常重要的地方，所以千万不要擅自踩进田里。

持续观察休耕地

在旱田生长的杂草，与在水田生长的杂草有很多共通的地方。不过旱田的耕作时期会因作物不同而有差异，杂草的种类也更多。而且依气候条件、土壤等也会有所不同，所以前往附近的旱田去调查一下。此外，最近的休耕地越来越多了。如果是休耕地，就能够进行一整年的观察。

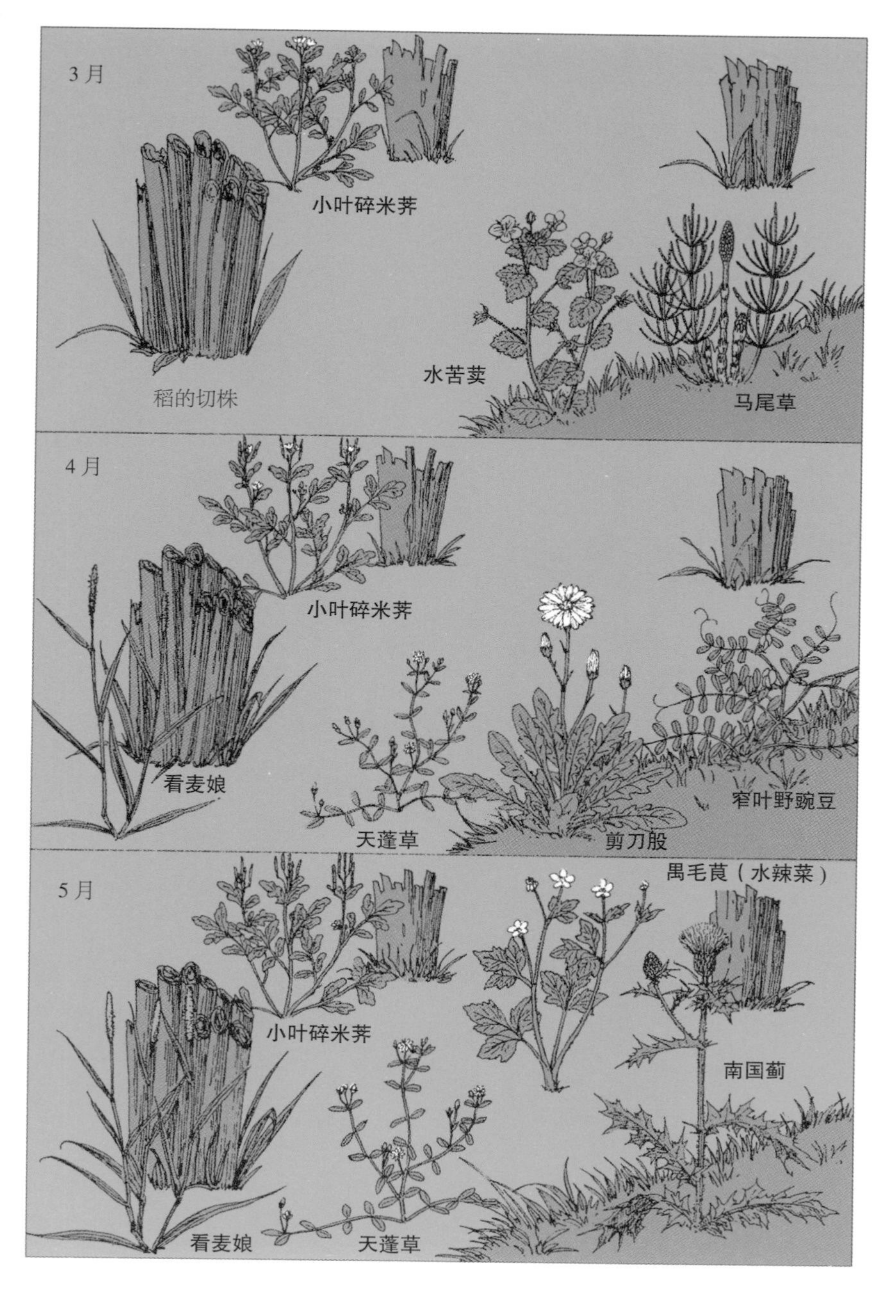
3月
小叶碎米荠
稻的切株
水苦荬
马尾草
4月
小叶碎米荠
看麦娘
天蓬草
剪刀股
窄叶野豌豆
5月
禺毛茛（水辣菜）
小叶碎米荠
南国蓟
看麦娘
天蓬草

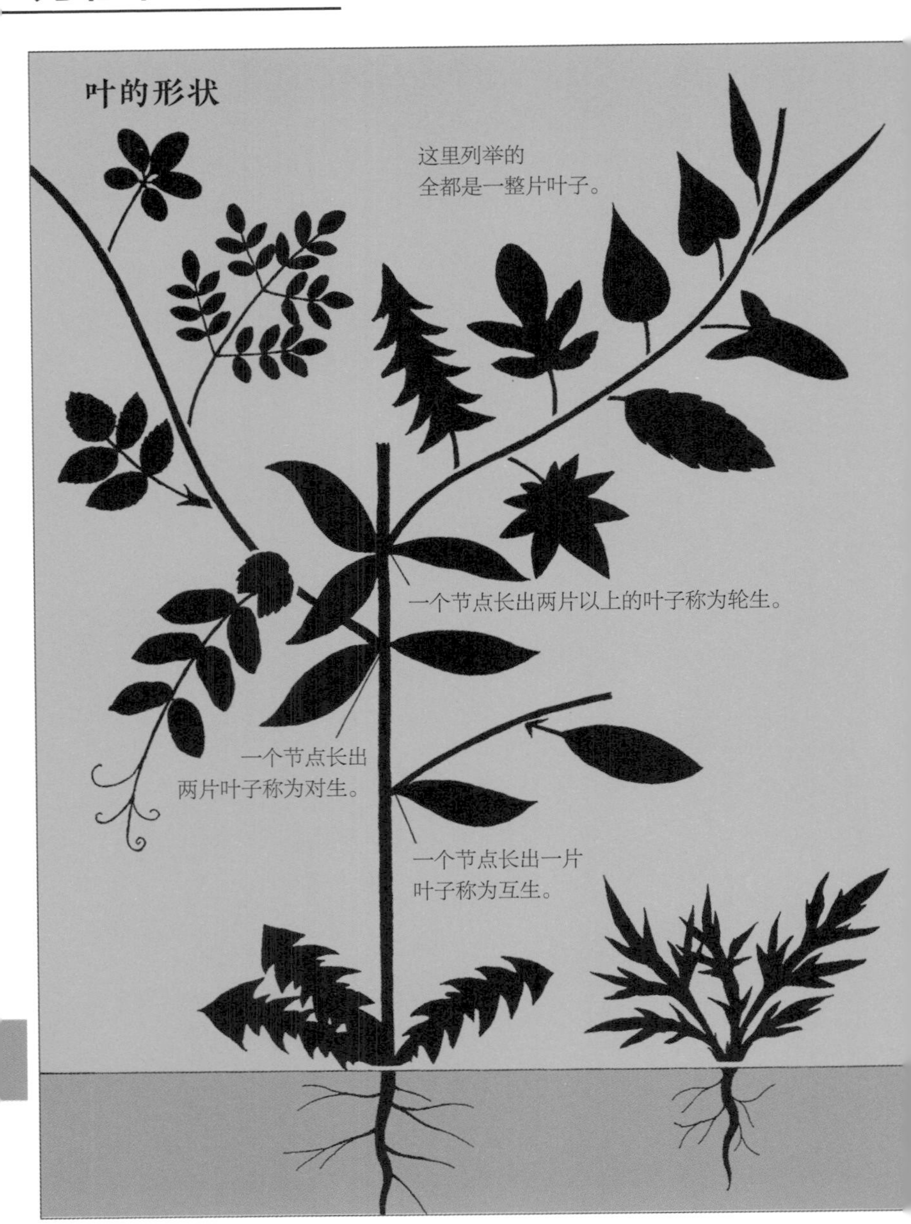
叶的形状
这里列举的
全都是一整片叶子。
一个节点长出两片以上的叶子称为轮生。
一个节点长出
两片叶子称为对生。
一个节点长出一片
叶子称为互生。

为植物画素描时，不要管画得好不好看，重要的是要把特征清楚地画出来。参考下图中叶、茎、花的形状等特征，来进行素描。

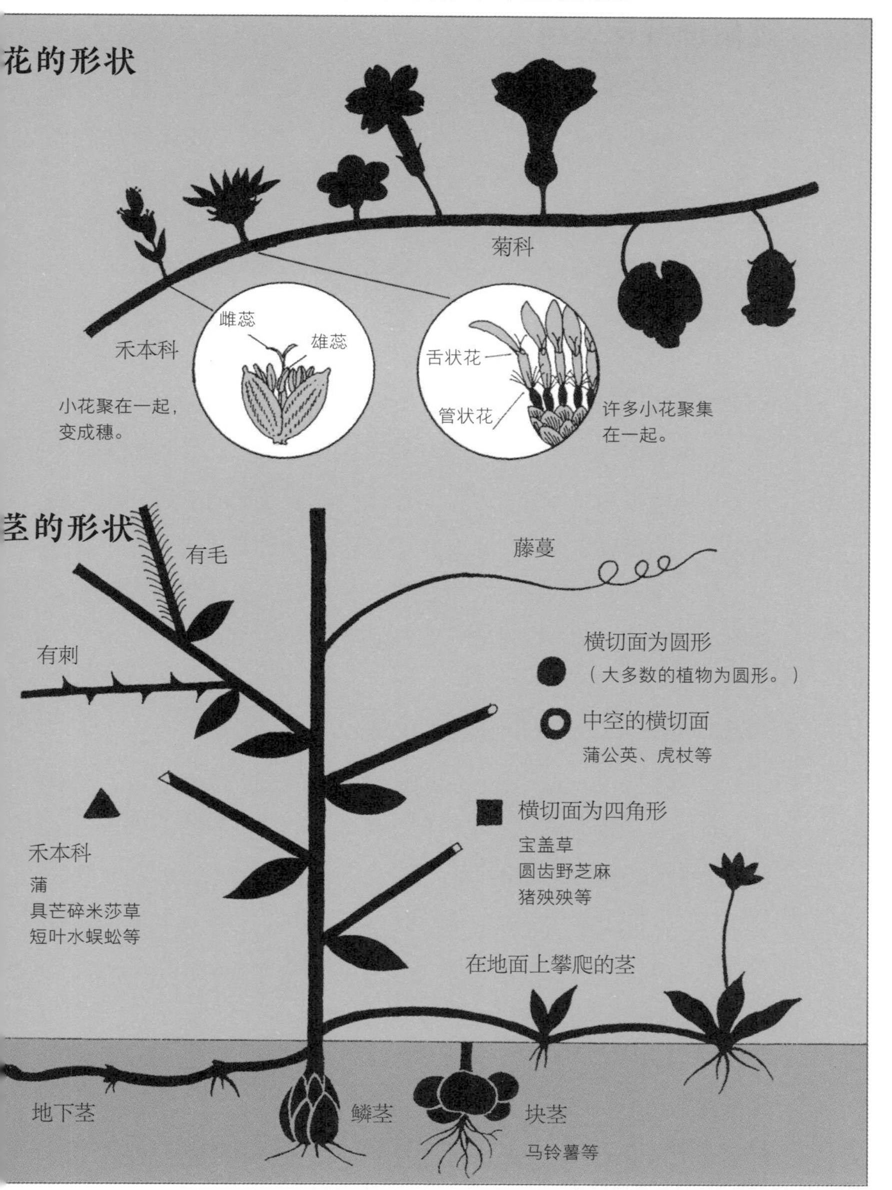

蒲公英——身边花朵的生活史

追踪一朵蒲公英

你知道蒲公英的寿命吗？从春天到夏天，那黄色的花朵随处可见，因此你会觉得它们的开花期很长。今年你仔细注意一朵蒲公英，调查看看它的生活史。①从花苞到绽放，需要花多少天？②花朵会开几个小时？③以早上 8 点至 10 点、傍晚 4 点至 6 点的时段为主在一旁观看。④阴天、雨天的时候，花又变得如何？⑤从花谢到变成棉毛状，需要几天的时间？

西洋蒲公英与日本蒲公英

从国外引进日本的蒲公英叫作西洋蒲公英；日本原来就有的蒲公英则通称为日本蒲公英。日本蒲公英依地区的不同，有关东蒲公英、关西蒲公英、白花蒲公英等约 20 个种类，主要为春天开花。秋天会开花的多为西洋蒲公英。分辨西洋蒲公英与日本蒲公英的重点就是总苞。西洋蒲公英的总苞会向下反折。

授粉就能增生的西洋蒲公英

蒲公英花上，蜜蜂、白粉蝶、红灰蝶等昆虫会来造访。日本蒲公英就是靠这些昆虫把花粉带到雌蕊上进行授粉的。可是西洋蒲公英与日本蒲公英中的白花蒲公英与虾夷蒲公英，可以不授粉就能播种（此为单性生殖）。因此只要有一株，四周的数量就会越来越多。

西洋蒲公英
总苞反折。
花谢后，
茎就会垂倒。
茎再度立起来，
棉毛绽开。
关东蒲公英
总苞不会
反折。

行道树——宁静的绿色街树

有哪些行道树呢?

并行排列通往学校门口的樱花树、沿着河川两旁绵延不断的柳树、公园里的银杏树……城市里的这些树木，带给我们心灵的安稳。此外，树木借由光合作用也会产生含氧丰富的空气。可以向相应的管理单位（例如公园路灯工程管理处或建设课）询问有关行道树的资料，那么就能获得哪些地方种了哪些行道树的资料了。

每天经过时进行观察

利用附近的行道树，进一步调查下列资料。①什么时候开花，又是什么时候结果？②如果是落叶树木，那么大约何时会开始落叶？③何时整理（指修剪树枝）？为什么要在那个时期整理？经过行道树旁时，仔细观察一下，就会看到一些以前从没注意过的事情——开始变色的叶子、鸟儿们啄起的果实，甚至春天还能看见鸟儿筑巢。

找出问题点

夏季制造了树荫、给予我们安稳舒适的行道树，也是会带来问题的：叶子太过茂盛以致看不到交通号志，行道树旁的店家招牌看不清楚，以及秋天的落叶造成清扫负担等。对附近行道树存在的问题进行一番调查。同时，虽然无法看见，但也请试着想一想行道树的根是怎么生长的。地面上看起来有足够的空间让根部充分地蔓延生长吗？

选择行道树
的标准
①生长快速、
容易移植。
②没有刺也没有
恶臭。
③禁得起病虫害
及废气。
英国梧桐
（二球悬铃木）
④树木形状美丽，夏
天能形成良好树荫。
⑤根部能牢牢抓地的
树木。
红萼月见草
紫果马唐
狗尾草
繁缕
马齿苋
西洋蒲公英
调查树根附近所生长的植物。

寻找报春的植物

在身边寻找春天

2月4日左右是立春。虽然实际上还很冷，但已经可以开始寻找春天了。走在路上，注意看看四周，道路两旁是否有花朵在开了？是否已经有植物开始发芽了？在日照充足的地方，很早就会开花的是宝盖草。俗称扇子草的荠也会很早就开出小白花。所以，出门散步去寻找春天吧。

到杂木林里寻找春天

那么，杂木林又如何？有许多落叶树木的杂木林，从冬天到春初，连地面都晒得到太阳。感受这股暖意而在春天最初绽放的花，是猪牙花与日本菟葵，有时还能见到鹅掌草、银线草、三枝九叶草。猪牙花的花朵是淡紫色的，以前的人们都会从它的球根萃取淀粉（又称为片栗粉，现在淀粉则是由马铃薯的淀粉制成）。夏初当其他植物枝叶繁茂地生长时，猪牙花却开始枯萎，并在球根里贮存了充足的养分，等待明年春天的到来。如果找到猪牙花，请从春天到夏初，好好观察它会出现什么样的变化。

品味春天

有些春天的植物是可以吃的、如辽东楤木的芽、蜂斗菜、马尾草等。辽东楤木常见于树林边缘、山路旁。它几乎没有分枝，从根部到顶端都是一样粗细，且整株布满了刺。只有在最顶端会长出嫩芽，如果拔掉这个嫩芽，两旁的小嫩芽就会再长出来。如果顶端的嫩芽被人类拔去，或是被虫吃掉，两旁的预备嫩芽就会生长。

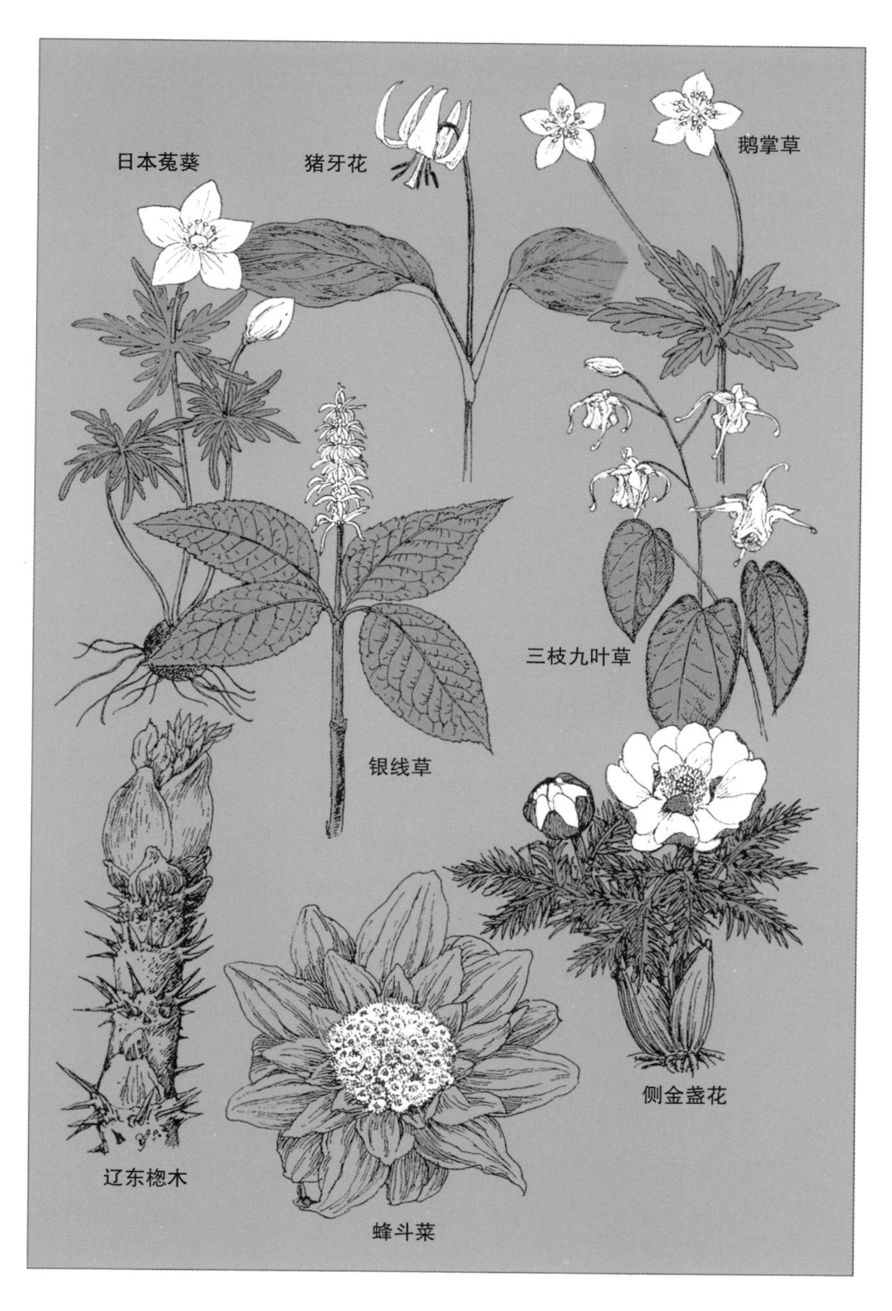
日本菟葵
猪牙花
鹅掌草
三枝九叶草
银线草
侧金盏花
辽东楤木
蜂斗菜

堇菜——种类繁多的可爱花朵

日本是堇菜王国

春天开放的花朵中，要说四处都有的，就是堇菜了。只要稍加留心，会发现所到之处都能见到。尽管花的颜色与叶子的形状都有不同，但因为花朵形状独具特色，还能一眼就认出那是堇菜。日本有约 90 种堇菜科植物，其中常见的有 40 ~ 50 种。三色堇是从野生堇菜改良而作为观赏用的植物，据说花的颜色除了绿色之外，还有其他各种颜色。

素描的重点

①大致上，堇菜可以分为有茎的堇菜与没有茎的堇菜。虽然乍看之下似乎全部都是有茎的，但是和蒲公英一样，从根部就长出叶子的堇菜，拥有的是地下茎，而看起来像茎的其实是它的叶柄。看见堇菜的时候，要先判断它是属于哪一种。

②叶子是心形、三角形、细长三角形，还是椭圆形呢？顺便看看有没有锯齿状。

③花是左右对称的。正确地画出花瓣大小的平衡感。

④不同种类的堇菜，雌蕊的柱头形状也各不相同，用放大镜看过后画下来。

各种堇菜

在乡间较为常见的是无茎的紫花地丁。虽然与草原上多数的堇菜很相似，但花期是紫花地丁较早。除了城区以外，随处都可见的紫花堇菜是有茎的，花的颜色从深紫色至接近白色的紫都有。还有香气强烈的翠峰堇菜（有茎）与茜堇（无茎），常见于日照充足的草地上。至于叡山堇（无茎），则多见于树林中。

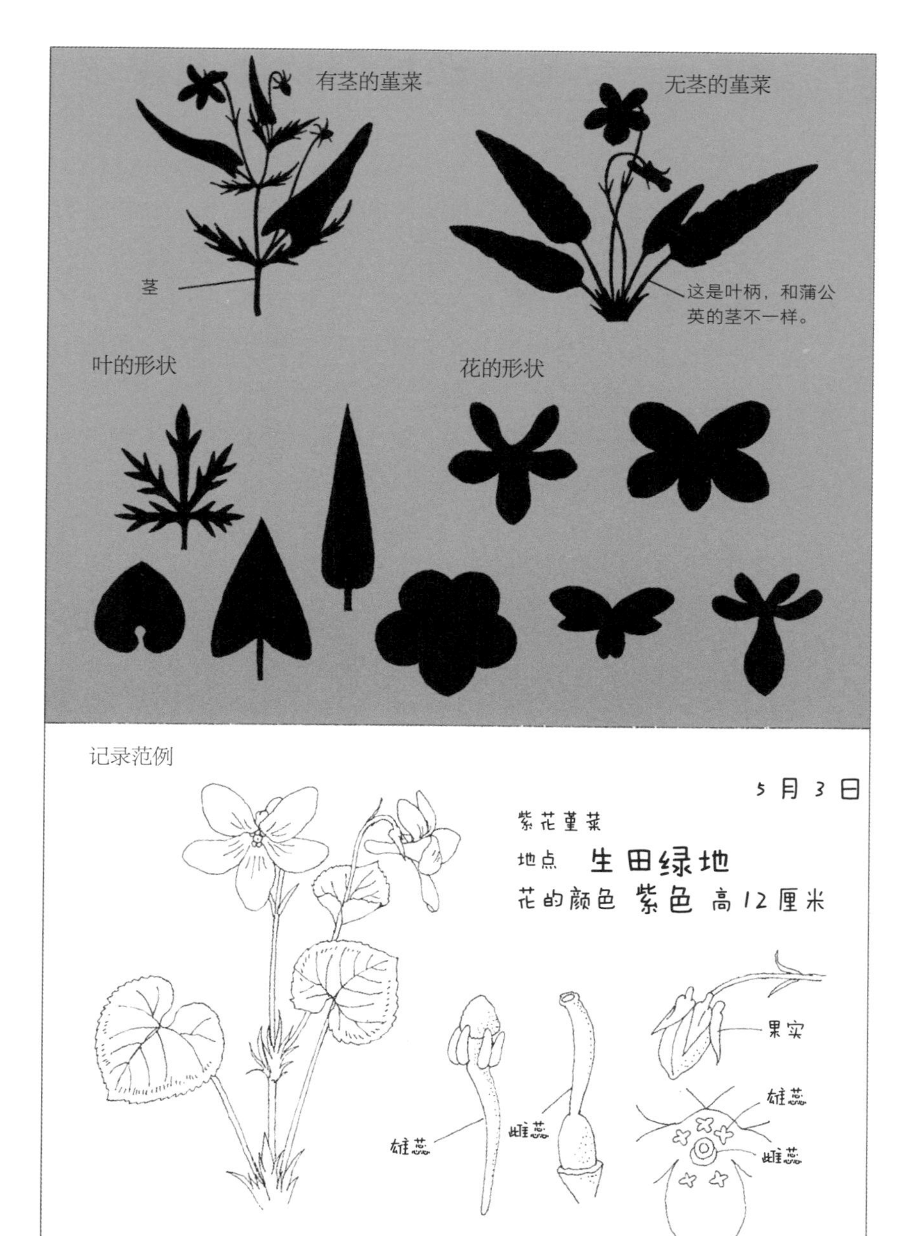
有茎的堇菜
无茎的堇菜
茎
这是叶柄，和蒲公英的茎不一样。
叶的形状
花的形状
记录范例
5月3日
紫花堇菜
地点 生田绿地
花的颜色 紫色 高12厘米
果实
雄蕊
雌蕊
雄蕊
雌蕊
雄蕊
雌蕊

藤蔓植物——攀附在其他物体上生存

寻找藤蔓植物

有些植物无法依靠自己的茎站立，必须卷绕在其他植物上才能生存。住家庭院里常见的丝瓜、瓠瓜、紫藤等都属于这一类，称为藤蔓植物。藤蔓植物并非寄生在其他植物身上，而是靠自己进行光合作用。藤蔓植物之中，有些并不缠绕其他植物，而是在茎的部分长出须根（称为附着根），能够沿着大型树木或建筑物的墙壁往上攀爬，如藤绣球、常春藤、藤漆、斑叶络石等。地锦的卷须上则有吸盘，所以当然也能够攀爬墙壁。

调查是左卷还是右卷

要调查是向左卷曲还是向右卷曲，必须从上方观看卷曲处。顺时针旋转的是右卷，逆时针则是左卷。藤蔓植物之中，有些是固定向右或向左卷，有些则不固定。就算是同种类的植物，也要多调查几次。以卷曲的部分来说，大葛藤与日本薯蓣是利用茎来卷的。然而山葡萄、小本山葡萄、乌敛莓等，则是从茎部生长出卷须来攀爬。窄叶野豌豆、海滨山黧豆等的卷须，是由叶子的前端长出。所以，尽量去观察各种不同的藤蔓植物。

冬天蛰伏在地面下的藤蔓植物

在郊外树林里也能看到的绞股蓝及王瓜，拥有藤蔓植物中少有的特殊习性。春天到夏天它们会拼命往上生长攀爬，到了秋天至冬天，就不再往上伸展，而是直接垂下。前端会接触到地面然后潜入地下，在地底下形成块根过冬。然后到了春天，又会长出新芽再逐渐成长。

利用茎卷曲攀爬。
鸡屎藤
左卷
右卷
常春藤
会长出气根爬
上大的树干。
木通
小本山葡萄
绞股蓝
从茎的前端
长出卷须。
从叶的前端
长出卷须。
秋天一到
藤蔓就会
下垂。
窄叶野豌豆

槲寄生——根附在其他树木上生存

可见到槲寄生的树木

冬天时，抬头看看叶子落光的树木，有时会发现茂密的一团东西。那可能是鸟使用过的旧巢或是胡蜂巢，但也可能是槲寄生。槲寄生多会寄生在山毛榉、水栎、朴树、榉等落叶阔叶树之上。它的根会穿进这些宿主的枝干中，获得养分与水分，然后利用太阳的能量进行光合作用，过着半寄生的生活。拥有雄株与雌株的槲寄生，在 2 月到 3 月时雌株会开出淡黄色的小花，然后会在次年的冬季 1 月到 2 月时，长出 5 ~ 10 厘米的圆形果实。

吃果实的连雀

槲寄生又是如何增生的呢？就算它的果实落到地面上，应该也无法生长才对。种子必须要附着在宿主的枝干上才行。而帮它完成这件事的，就是冬候鸟中的连雀。连雀一到冬天，会从日本北边的国家成群飞来。在树木果实数量稀少的冬天里，槲寄生的果实对连雀而言就是非常珍贵的食物了。

出门寻找槲寄生

槲寄生的果肉稠稠地，很有黏性。被连雀吃掉的果实成为粪便排出来时，种子与包覆的黏液并没有被消化，像长长的丝线一般。与连雀肛门藕断丝连的粪便，至一定长度便会中断，然后附着在树枝上。这么一来槲寄生的种子便能附着在寄生的树木上了。黏在树枝上的种子会用根部抓紧树枝，等春天一到就会冒出新芽。1 月到 2 月期间，拿着望远镜外出寻找槲寄生，说不定能看见垂挂在树枝上的连雀粪便。

黄连雀（太平鸟）
冠毛
排出有黏性
的粪便。
尾巴前端是黄
色的。红色的
是朱连雀。
槲寄生在冬天很容易见到。
可以抬头在树上找找看。
浅黄色的花
雄株
雌株

依赖动物或人类运送的种子

被鸟吃掉后运送的种子

就像槲寄生与连雀一样，有些鸟与树木之间也有互利的关系。植物它供给鸟类好吃的果肉，鸟类将植物种子带到远处去。荚迷、日本紫珠、南蛇藤等都是能结出美丽的红色或紫色果实的植物，它们都是依靠鸟类或偶尔来吃果实的动物运送种子。然后在不知名的土地，这些种子会随同粪便一起落在地面上。可是鸟类之中，也有些不会吞食整颗果实而是只吃果肉的，或是把种子咬碎再吃掉的鸟。锡嘴雀、黑头蜡嘴雀等花雀类，就是会将种子弄碎再一起吃掉。

附着在身体上被运送的种子

自己无法行动的植物，为了繁衍后代所使用的手段，有些真是十分高明。附着后靠别人运送，就是其中之一。游戏时曾互相扔掷苍耳的人都知道，一旦苍耳黏到衣服上就很难去掉。前端呈钩状卷曲的苍耳、金线草，前端尖锐的鬼针草、牛膝、狼尾草，有细毛的小山蚂蝗、羽叶山蚂蝗，有黏性的腺梗菜、腺梗豨莶等，都会附着在人的衣服或动物身体上被运送到远处。这些全部都是种子四周覆盖有刺的果实。

收集黏人的果实

秋天时，去一趟草原或堤岸，收集这些黏人的果实。拿着旧的围巾或毛衣四处走动，就会沾上很多。因为沾到衣服后要除掉并不容易，所以身上最好穿着像牛仔裤之类比较难附着的服装。收集完成后，调查一下同一种果实的数量各有多少，看看它们是用什么方式附着的，然后再把它们画下来。

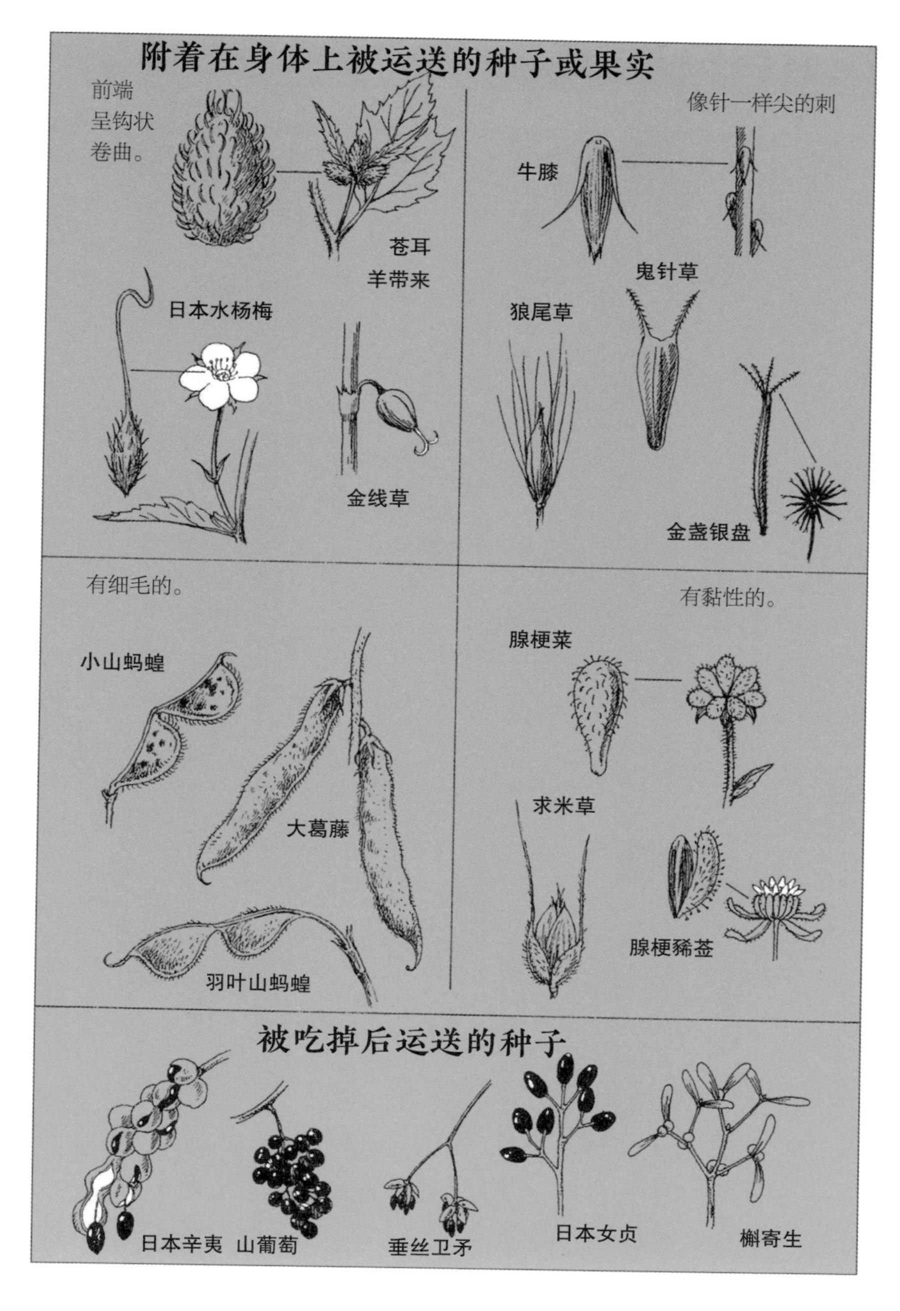
附着在身体上被运送的种子或果实
前端
呈钩状
卷曲。
苍耳
羊带来
日本水杨梅
金线草
像针一样尖的刺
牛膝
鬼针草
狼尾草
金盏银盘
有细毛的。
小山蚂蝗
大葛藤
羽叶山蚂蝗
有黏性的。
腺梗菜
求米草
腺梗豨莶
被吃掉后运送的种子
日本辛夷
山葡萄
垂丝卫矛
日本女贞
槲寄生

凭借自然力量旅行的种子

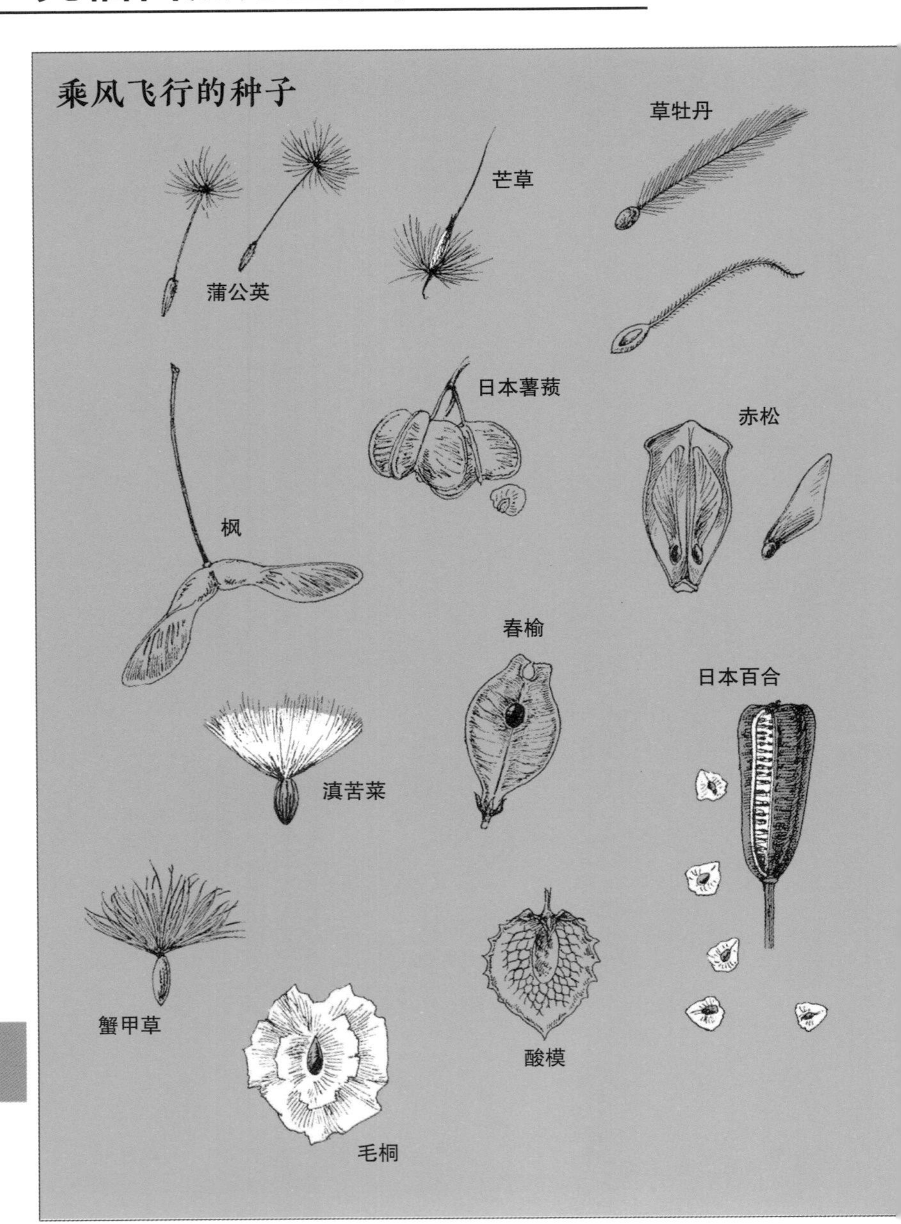

借由风的力量、水的流动，还有本身的弹射能力，种子会到远处去旅行。落到新土地上的种子之中，有多少在春天会变成青嫩的新芽出现呢？

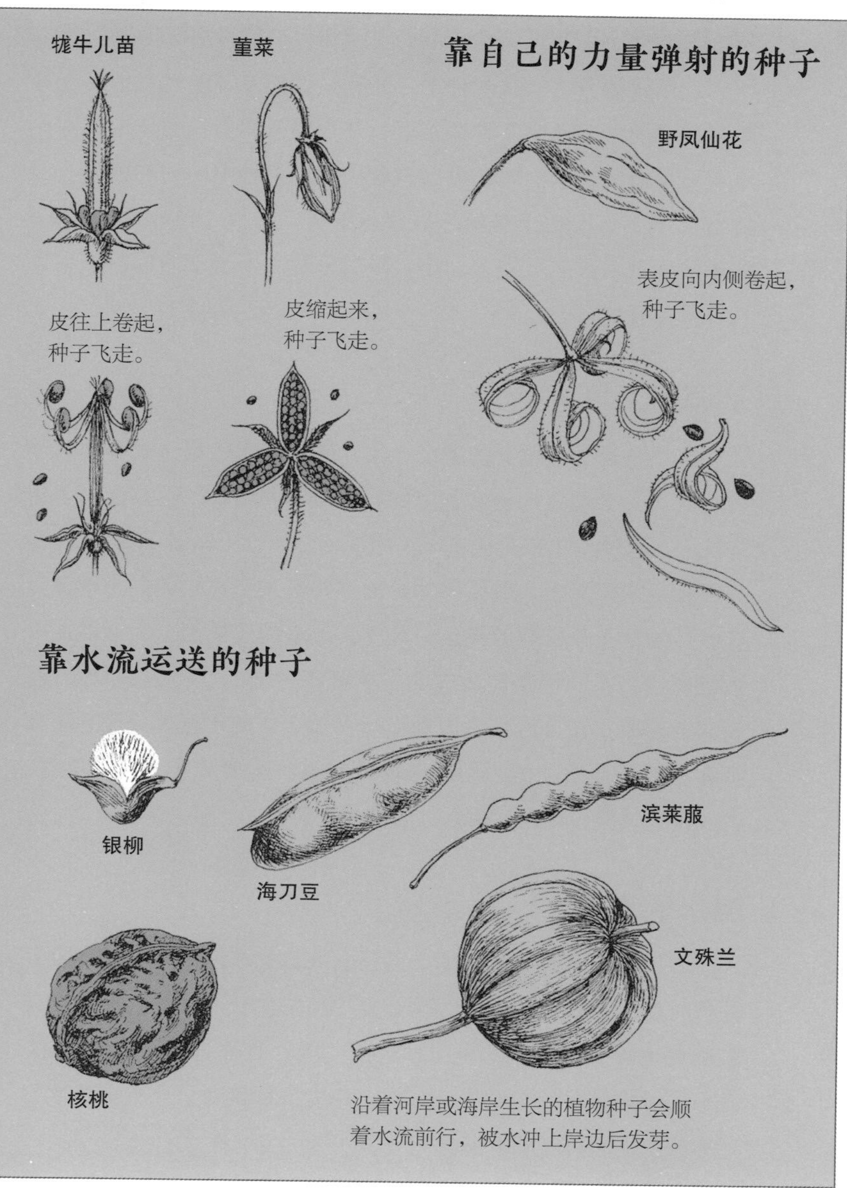

播种培育

撒下杂草的种子

利用各种方法运送的种子，究竟是如何发芽的呢？把黏在身上带回来的种子，实际种在土里，并观察它们生长的情形。种在庭院或盆栽的土壤上时，可以试着用下列各种不同的种植法。①撒在土壤上；②挖1厘米深后放入种子，再盖上土；③挖3～4厘米深后放入种子，再盖上土。最后分别立下清楚的标示，看看发芽时会有什么不一样。

从调配土壤开始

栽培植物，最重要的就是土壤、肥料和水。第一次利用盆栽种植的人，必须先把土壤调配好。最简单的方式，就是去园艺店买红土与腐叶土（或是泥炭土）的混合土。红土略多一点做混合。如果要使用泥炭土，那么另外再加一些石灰会比较好。土壤分为有黏性的重土与松软的轻土，此外，土壤的性质则分为酸性、中性与碱性。不同植物能适应的土壤都不一样，要种植杂草之前，先调查它原本在自然环境中是生活在什么样的土壤里。至于土壤是有黏性还是松软的，用手触摸便知道。若要分辨土质是酸性、中性还是碱性，可以使用右页的方式来调查。

浇水的方式

如果是在庭院播种，那么就任它在自然状态下成长，但盆栽种植时就一定要浇水。在春季至夏季植物生长的期间，要常常浇水避免土壤表面干燥。至于秋天至冬天，表面有些干也无所谓。浇水的时间是早晨与黄昏各一次。用盆栽种植时，要充分给水直到水从盆底的洞穴流出来。

把种子种在花盆里看看。

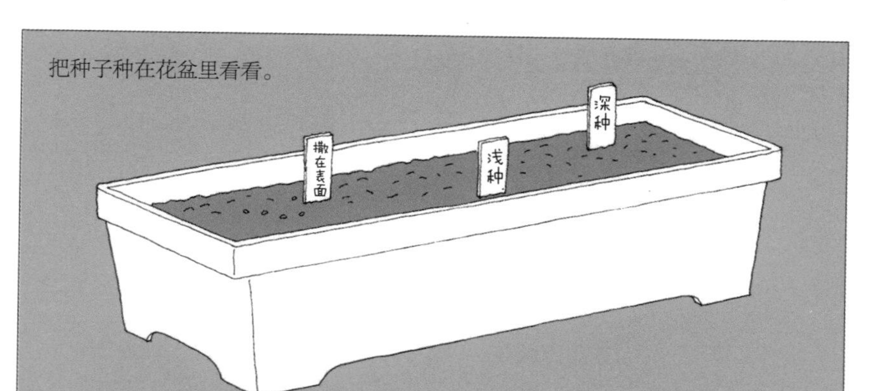

调查土的性质。

在杯子里放入少许的土壤，加点水搅拌混合。放置一段时间后，用石蕊试纸测试（石蕊试纸在药店等地可以买到）。

立刻变红——强酸性。
过一会儿变红——弱酸性。
颜色不变——中性或碱性。

浇水。

种在地面的植物，不需要常给水也可以。若是种在花盆里，夏天早晚各浇水一次，冬天每日浇水一次。

收集橡实与落叶

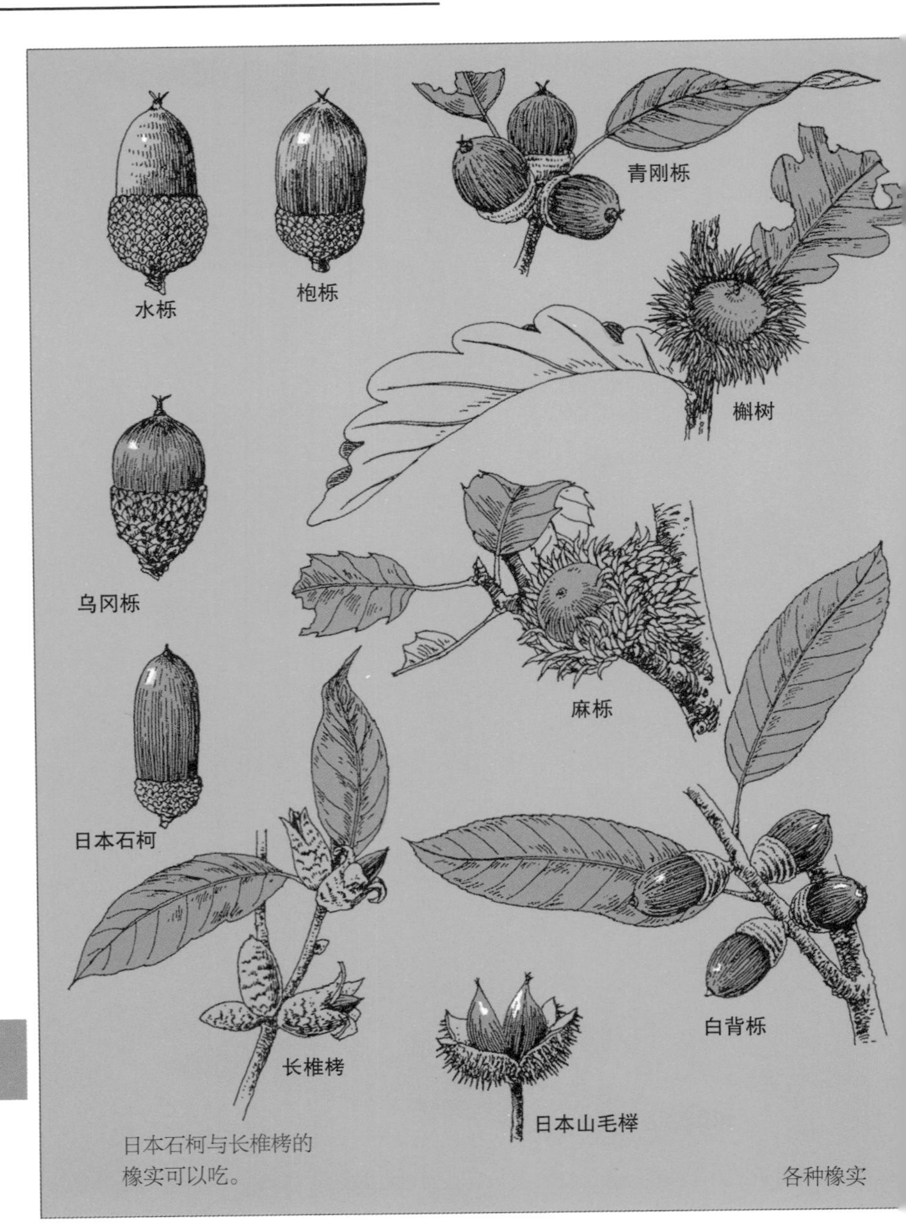

日本石柯与长椎栲的
橡实可以吃。

各种橡实

秋天走在树林里，沙沙作响的落叶声令人心旷神怡。它们分别都是什么样的形状呢？拾起落叶时，应该也能发现橡实。两种都收集看看。

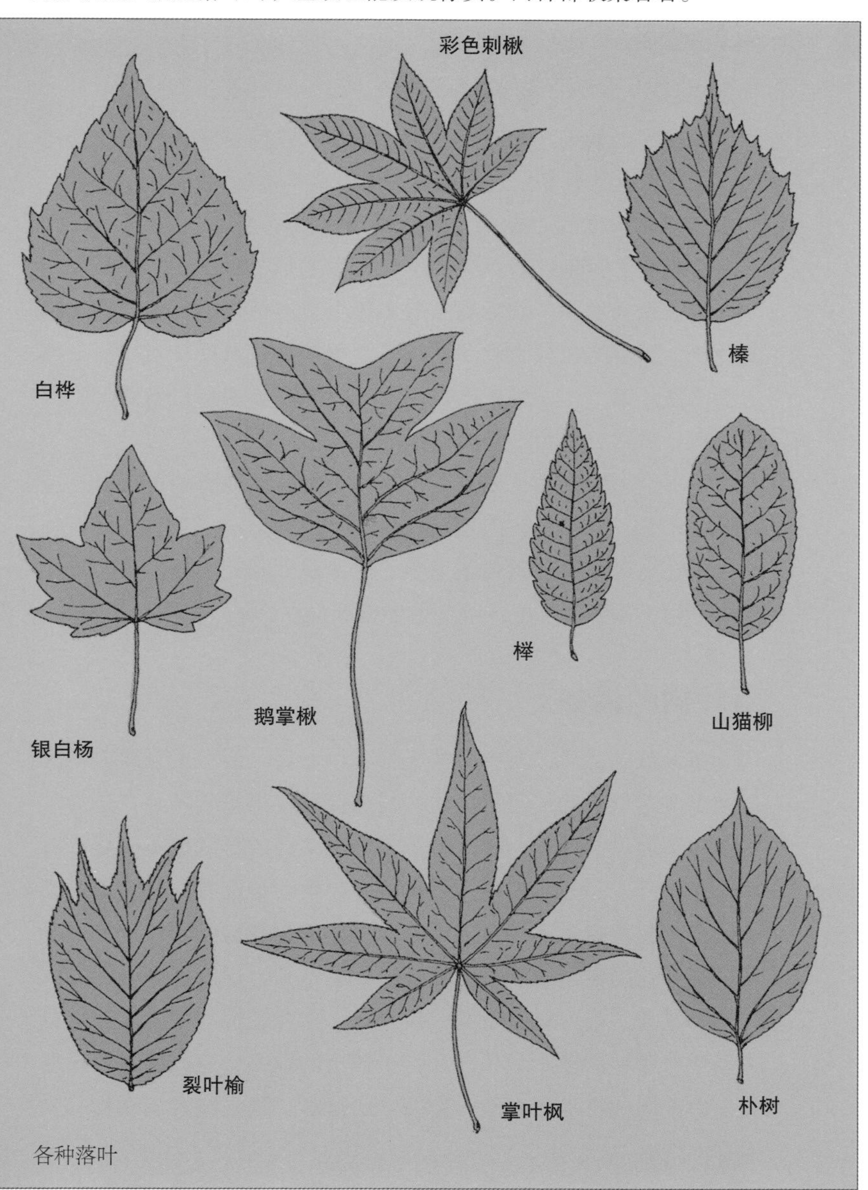

各种落叶

植物如何越冬

草的越冬

草要度过严冬，有以下的方法。

①春天到秋天之间开过花后即枯萎，以种子来越冬，如狗尾草、升马唐、豚草等。这些称为一年生草本植物。

②在秋天发芽，然后越冬的二年生草本植物。在隔年开完花，结出种子后便枯萎。例如野茼蒿或白顶飞蓬。

③在秋天发芽，然后越冬的多年生草本植物。隔年开完花结成种子，接着又在秋天发芽后越冬，每年都这么反复。如蒲公英与春飞蓬。第二、三种植物在越冬时叶子都会摊开在地面上，形成能充分照到太阳光的形状，称为簇生化。

④不会形成簇生化的多年生草本植物，例如石蒜。秋季开花时没有叶子，等到花谢了就会长出缎带状的叶子，然后度过冬天。

⑤在土地里留下根或地下茎、而地面上则完全枯萎的多年生草本植物，包括芒草、芦苇、猪牙花等。

落叶树的越冬

树木落叶之后，所有的枝干都可以看得一清二楚，所以冬天是画出树木形状的好时机。这些树枝前端冒出来的冬芽，是为了春天发芽而做的准备。树木种类不同，冬芽的形状也不一样。有些像是小叶子一般，有些像是被鳞片包覆着，也有些是被长了细毛的鳞片包覆着。等到春天来临，它们都会变成叶子。此外，会在早春开花的树木，除了能见到这样的冬芽，也能看到会在春天开花的花芽。去看看山茶花、接骨木、大叶钓樟等树木。然后再去看连着冬芽的枝干形状，在叶子掉落的地方，应该会有叶痕存在，而不同的树木也有不一样的叶痕形状。这是在人或动物的脸上看不到的。

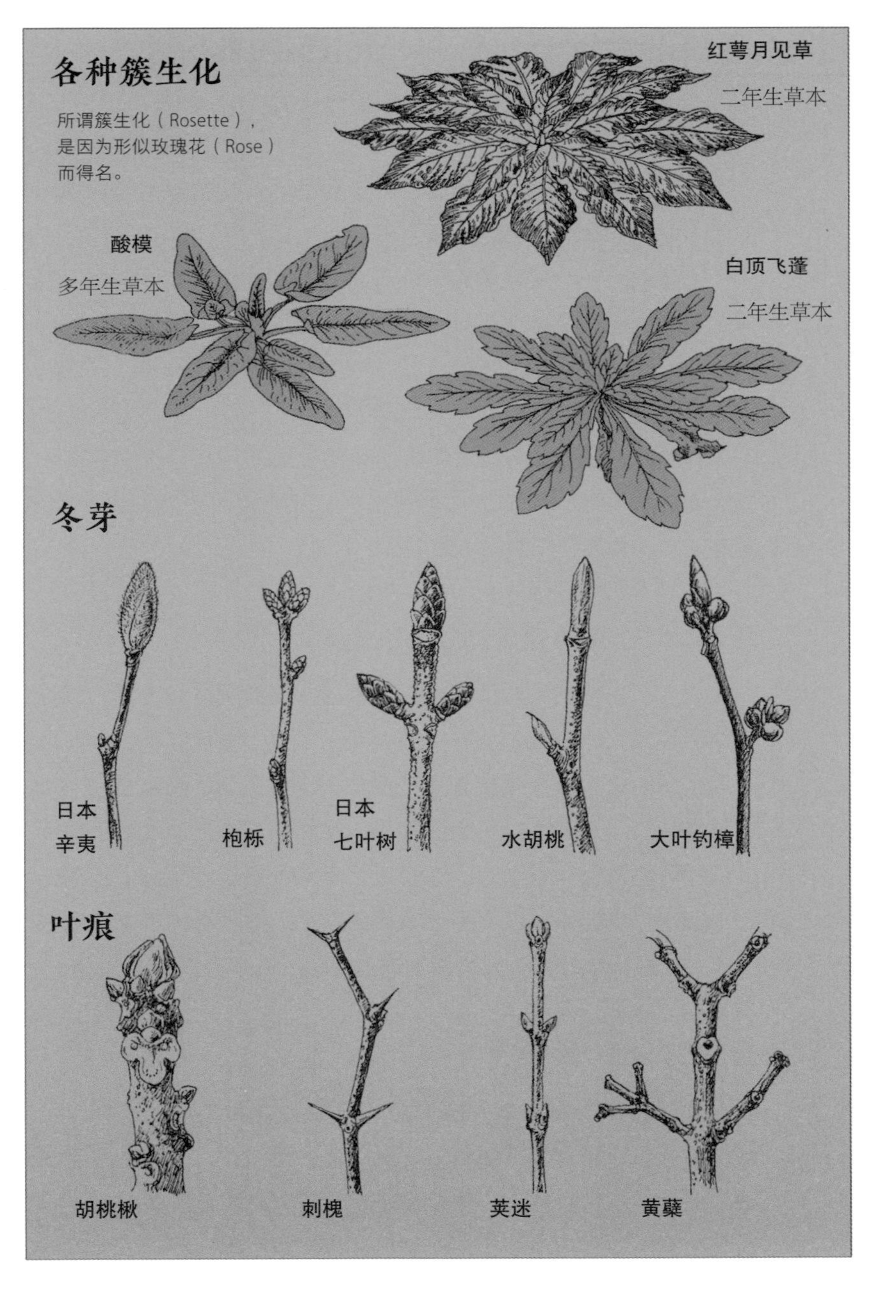
各种簇生化
所谓簇生化（Rosette），
是因为形似玫瑰花（Rose）
而得名。
红萼月见草
二年生草本
酸模
多年生草本
白顶飞蓬
二年生草本
冬芽
日本
辛夷
枹栎
日本
七叶树
水胡桃
大叶钓樟
叶痕
胡桃楸
刺槐
荚迷
黄蘗

水生植物——在水中生活的植物

水生植物的种类

在水中生活的植物，就称为水生植物。我们依水生植物不同的生活方式，做出以下的区分。

①挺水植物　根附着在水底，茎与叶都伸出水面。芦苇、香蒲、茭白、莲花等。

②浮叶植物　根附着在水底，叶片浮在水面上。菱、莼菜、水鳖、睡莲等。

③漂浮植物　整株植物浮在水面上。水萍、青萍、槐叶萍等。

④沉水植物　整株植物都在水中，从水面上看不见。黑藻、狐尾藻、金鱼藻、马藻、苦草等。

透过水生植物得知水的深浅

这些水生植物生长的地点，与水的深度有关。在池塘、湖泊或沼泽周围，也就是靠近岸边的地方，是挺水植物的生长地点。随着水深向下，依序生长着浮叶植物、漂浮植物、沉水植物。也就是说，只要知道水生植物的种类，就能反过来推测水的大概深度。你可以前往住家附近的池塘或沼泽调查看看。距离太远的地方，就用望远镜来观察。画下池塘的样子，并把有同种水生植物的地方画线连接起来，就可以知道这些地方几乎是同样的深度。

冬天会是什么样子?

夏天常在水面上看到的大量水生植物，到了冬天一样会消失。挺水植物靠着地下茎越冬，隔年会生出春芽。其他的水生植物，无论一年生或是多年生，都是让冬芽沉入水底越冬。水生植物的种子，会附着在水鸟的羽毛上被带到其他地方。

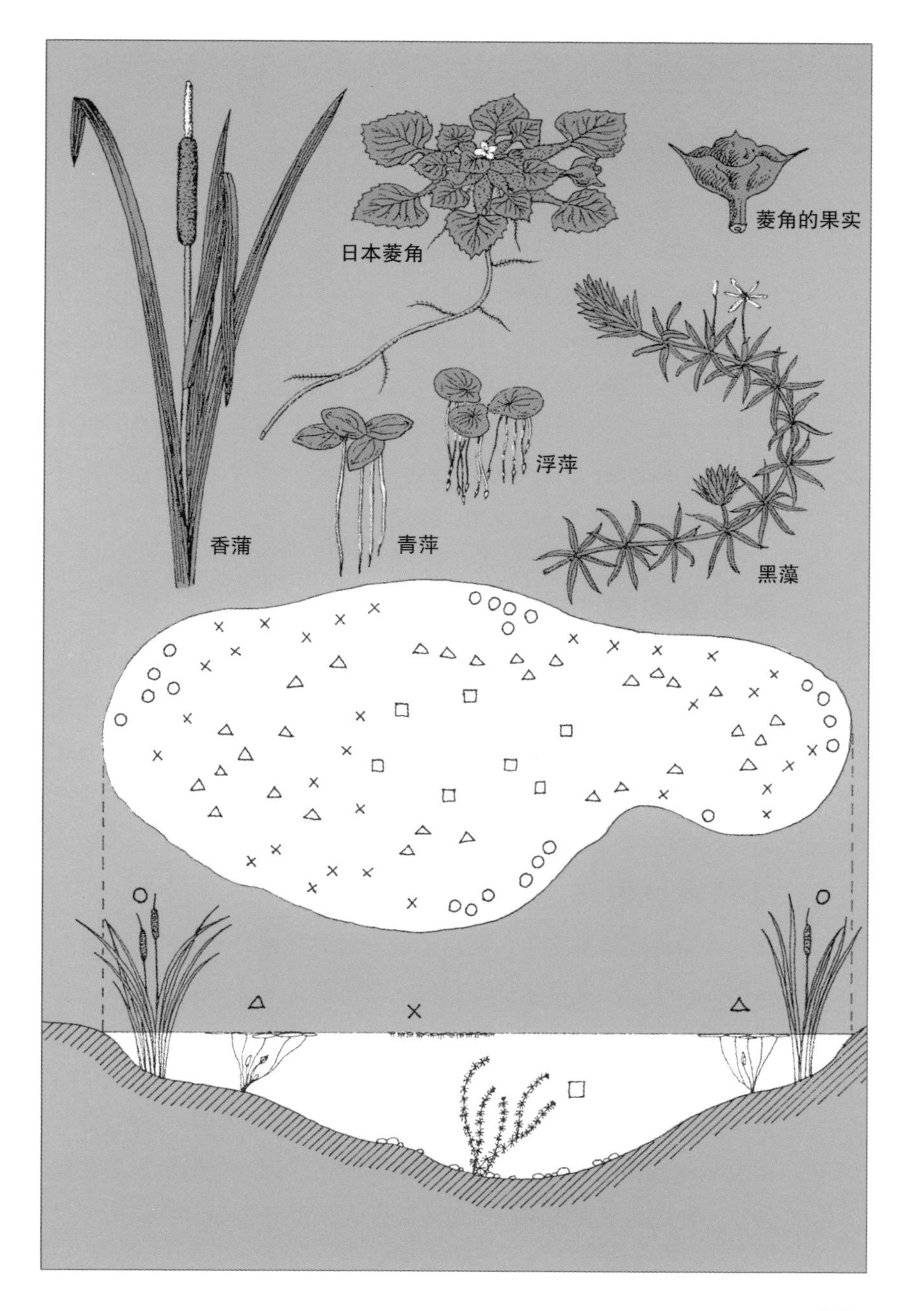

菱角的果实
日本菱角
浮萍
香蒲
青萍
黑藻

湿地的植物

湿地的形成方式

所谓湿地，指的是介于陆地与水域中间的地带。原本应该是湖泊或池塘，但是随着时间的推移而淤积泥沙，连枯萎的植物也都囤积于此，水量越来越少，而形成了湿地。同样都是湿地，也会因为土壤营养状态的不同，生长的植物种类也有差异。随着时间的推移，湿地会更进一步形成草原，最后变成森林。湖泊要变成森林，必须经过成百上千年。日本最有名的湿地是横跨新潟、群马、福岛三县的尾濑之原，不过小型的湿地在平地的沼泽或河川周边都能看到。找找看，有没有离你家很近的湿地。

画出湿地的地图

尽管称为湿地，地面的状态也会因地点而有所不同。调查植物的时候，可以先摸摸地面，确认它是潮湿还是有点干。尽管只是些微的差异，都会让植物的种类不一样。植物大多会生长为群落，所以画出简单的地形图，把植物分布的情形标示出来。

观察食虫植物

在湿地观察的主角，就是生态情形很有趣的食虫植物。食虫植物分：①分泌黏液来捕捉昆虫。毛毡苔就是这一类的代表，会从生长在圆形叶子边缘的腺毛分泌黏液来捕捉虫子，并从昆虫身上获取养分。茅膏菜也是利用黏液捕捉猎物的。②生长在水中的生物拥有囊袋，可以把昆虫吸入里面。也就是南方狸藻或挖耳草。食虫植物就算没有捕捉昆虫一样能够存活。因为它们也能和其他植物一样进行光合作用，捕食昆虫只是为了补充不足的养分。

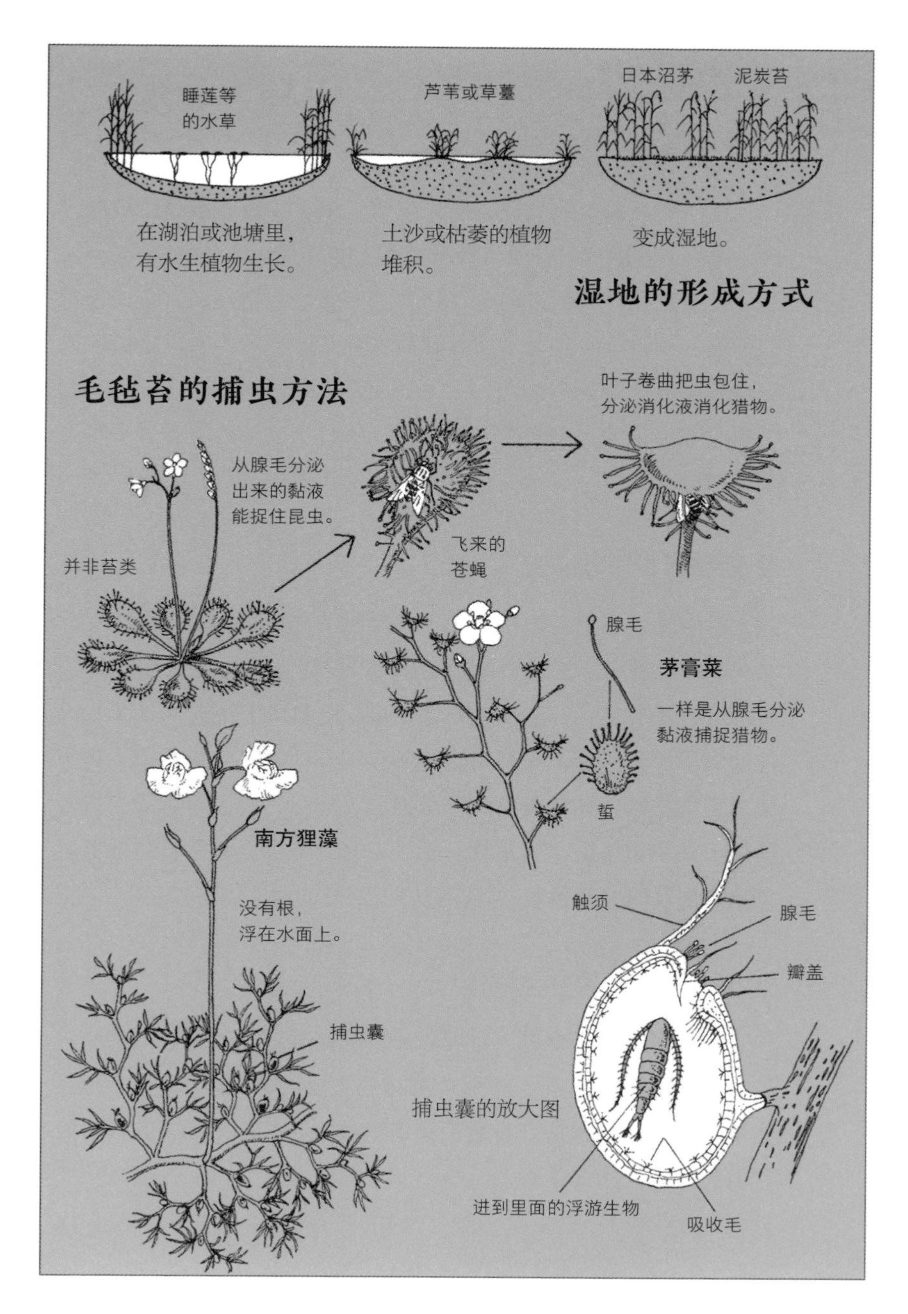

睡莲等
的水草
芦苇或草薹
日本沼茅
泥炭苔
在湖泊或池塘里，
有水生植物生长。
土沙或枯萎的植物
堆积。
变成湿地。
湿地的形成方式
毛毡苔的捕虫方法
从腺毛分泌
出来的黏液
能捉住昆虫。
并非苔类
飞来的
苍蝇
叶子卷曲把虫包住，
分泌消化液消化猎物。
腺毛
茅膏菜
一样是从腺毛分泌
黏液捕捉猎物。
蜇
南方狸藻
没有根，
浮在水面上。
捕虫囊
触须
腺毛
瓣盖
捕虫囊的放大图
进到里面的浮游生物
吸收毛

海边的植物

生长在沙滩的植物

海岸边因为日照强烈，所以非常干燥。尽管有水分，但盐分高，风也不停地吹动沙子。可即使是这种环境，还是有植物生长。从海滨一路往陆地的方向走，找找看有哪些植物生长。海浪拍打的岸边，有被海水打上来的海草与垃圾，这些东西腐烂后会形成丰富的营养。在这种地方，长有无翅猪毛菜等一年生草本植物。陆地的方向走去，就能看见滨旋花、小海米、滨剪刀股等多年生草本的群落。

根部是什么状态?

沙滩上，植物要扎根似乎不太容易，那么植物的根又会是什么状态呢？利用铲子挖出来调查看看。植物为了对抗沙滩的移动，扎根的方法有二：其一是把根部往更深处延伸，滨防风就是代表性的例子；另一种方式是阻止沙滩移动，植物不停地扩张、再扩张根部的范围，如滨旋花、滨剪刀股、海米、天蓬草舅等会以延伸地下茎来增生的多数植物。把沙挖开，就可以清楚看见地下茎是如何伸展的。观察完之后，记得把挖开的沙地还原。

生长在悬崖边的植物

在岩岸的悬崖地方，也可以看得到植物。较靠近海边的有滨蛇床、疏花佛甲草等一年生草本植物，还有太平洋菊、岩百合、萱草等多年生草本从岩石的裂缝中冒出来。可以的话，观察看看它们的叶子是什么样子。

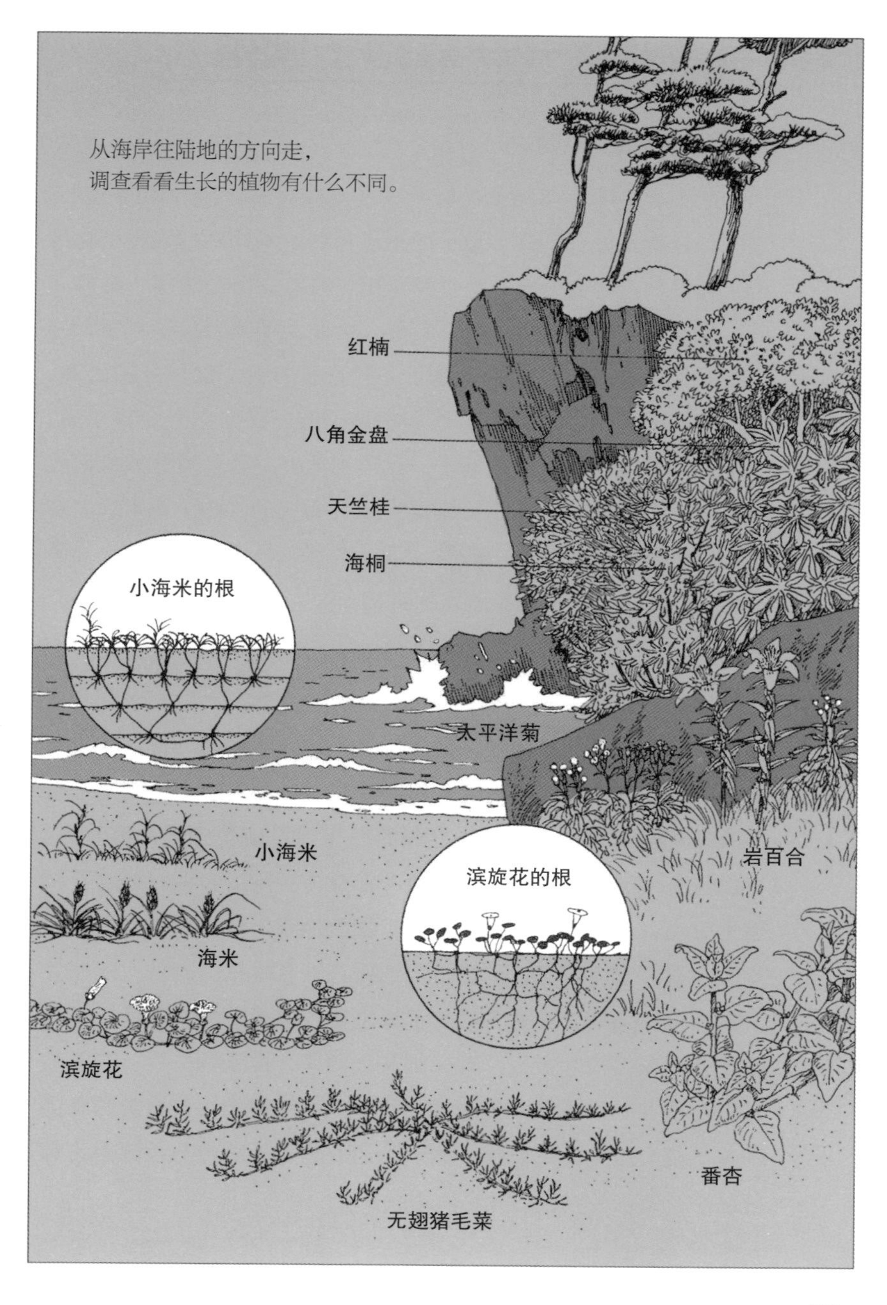

从海岸往陆地的方向走，
调查看看生长的植物有什么不同。
红楠
八角金盘
天竺桂
海桐
小海米的根
太平洋菊
小海米
岩百合
滨旋花的根
海米
滨旋花
番杏
无翅猪毛菜

蕨类与苔藓类——靠孢子繁殖

观察蕨类的叶背

仔细看一下蕨类植物的叶背，会发现许多小颗粒附着其上。这些颗粒就是集合了许多孢子的孢子囊群。不同种的蕨类植物的孢子囊群，有些会分布在整片叶子上，有些在叶子边缘，有些在叶子前端，有些在叶子根部。首先，看看孢子囊群位于哪里，并观察它们的排列方式。接着摘下一颗孢子囊群，除掉外围的膜，用放大镜看一看。里面会有许多的孢子囊，只要空气变得干燥，里面的孢子便会蹦出来。孢子一旦落到地上，就会发芽形成前叶体。呈心形的前叶体是由雌雄器官组合而成的，约 1 厘米大。在此进行受精后，长出新的蕨株。蕨、紫萁、马尾草等可以在春季品尝到的美味山菜，就是蕨类的新芽。

寻找地钱苔与桧叶金发藓

苔藓类或蕨类，都是在阳光照射不到且湿度高的地方才看得到。蕨类的外观比较接近普通植物外观，在地表或地下的茎拥有能获取养分与水的通道，也就是维管束。苔藓类则没有维管束。可以将苔藓类的身体与蕨类的前叶体视为相同的东西。要将苔藓做出分类，其实非常困难。我们来找出地钱苔与桧叶金发藓，并用放大镜仔细看看它们的构造。地钱苔拥有雄株与雌株，雌株并有制造孢子的器官——孢蒴。干燥之后，孢蒴就会裂开让里面的孢子弹出来。桧叶金发藓有又细又长的茎，像铁丝一样。它的前端有孢蒴，一旦干燥，外盖就会脱落并弹出孢子。苔藓类与蕨类的孢子都会增生。依靠孢子繁殖的还有蕈类。蕨类与苔藓因为有叶绿素，所以可以进行光合作用。

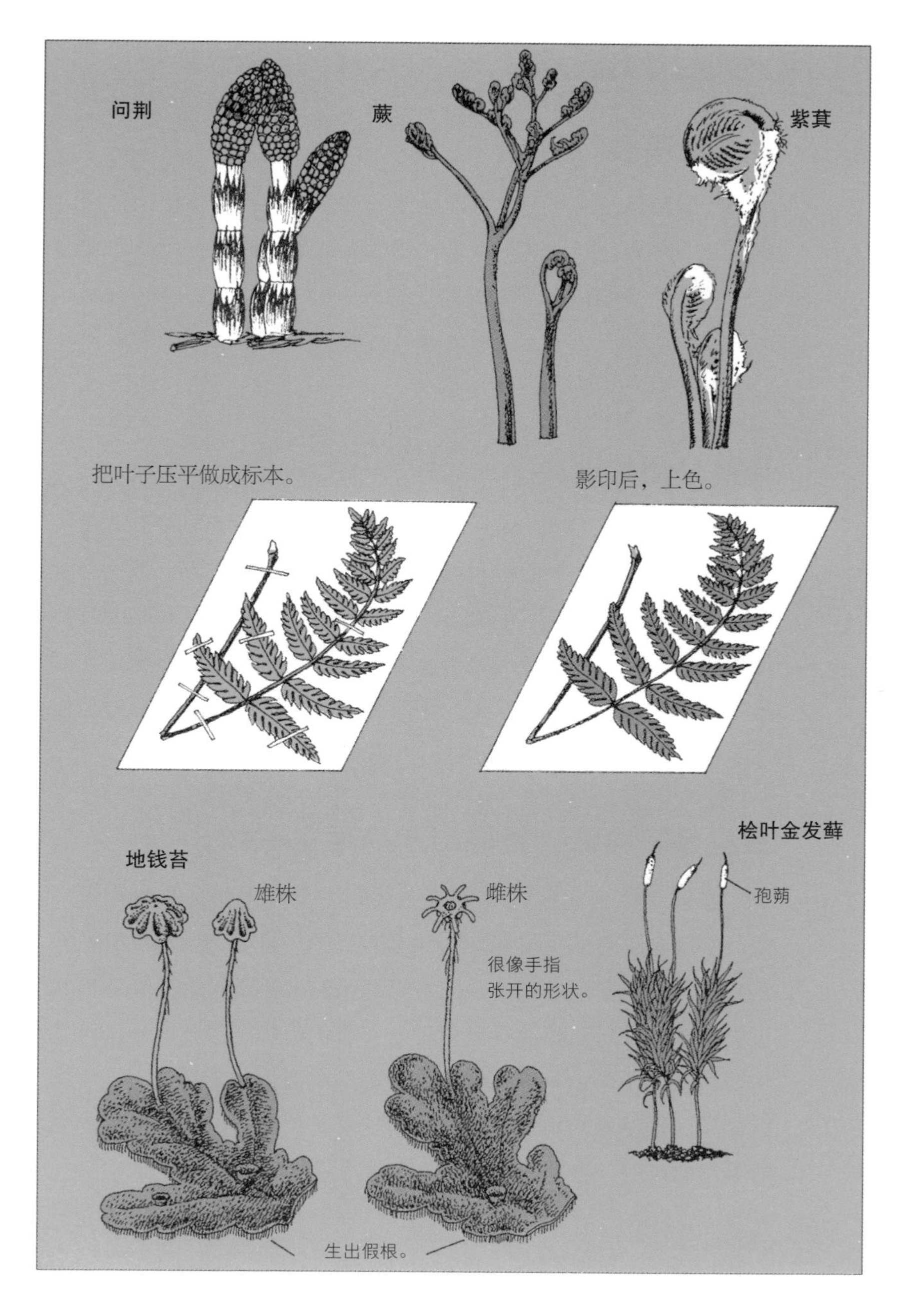
问荆
蕨
紫萁
把叶子压平做成标本。
影印后，上色。
桧叶金发藓
地钱苔
雄株
雌株
孢蒴
很像手指
张开的形状。
生出假根。

寻找身边的菌类

什么是菌类?

所谓菌类，指的是没有叶绿素的植物，通常指霉菌、酵母或蕈类等。因为它们没有叶绿素，所以无法进行光合作用。在无法自行制造养分的情况下，就要像动物一样从其他地方获取养分。菌类分布在空中、水里、地下等所有的地方，附着在动物或植物的活体或死体上生活。

寻找身边的菌类

菌类之中，距离我们最接近的就是霉菌，所以在家里找找看。蔬菜篮里、过期面包、被遗忘在冰箱里的食物等，都有可能看到。如果找不到，那么就试着培养霉菌。去买即将过期的面包，把塑料袋口封好置于常温之下，或是把奶酪从冰箱拿出来。无论哪一个，几天之内都会发霉。到时候用放大镜仔细观察霉菌是什么颜色，呈现什么样子的形状，再闻闻看有什么气味。

蕈类是子实体，就像树木的果实一样

霉菌是由菌丝所构成。细胞就像线一样连结，仿佛蕾丝一般，然后形成孢子并增生。我们可以将孢子视为一般植物的种子。孢子发芽，便会形成菌丝。因为那是我们肉眼所无法见到的微观世界的景象，所以想要看到孢子发芽增生的样子非常困难。可是依照种类的不同，基于某些条件，菌丝也会生成子实体。子实体就如同一般植物的树木果实，它们这就是蕈类。秋天正是树木结实累累的时期，也是蕈类出现的时期，两者是一样的。

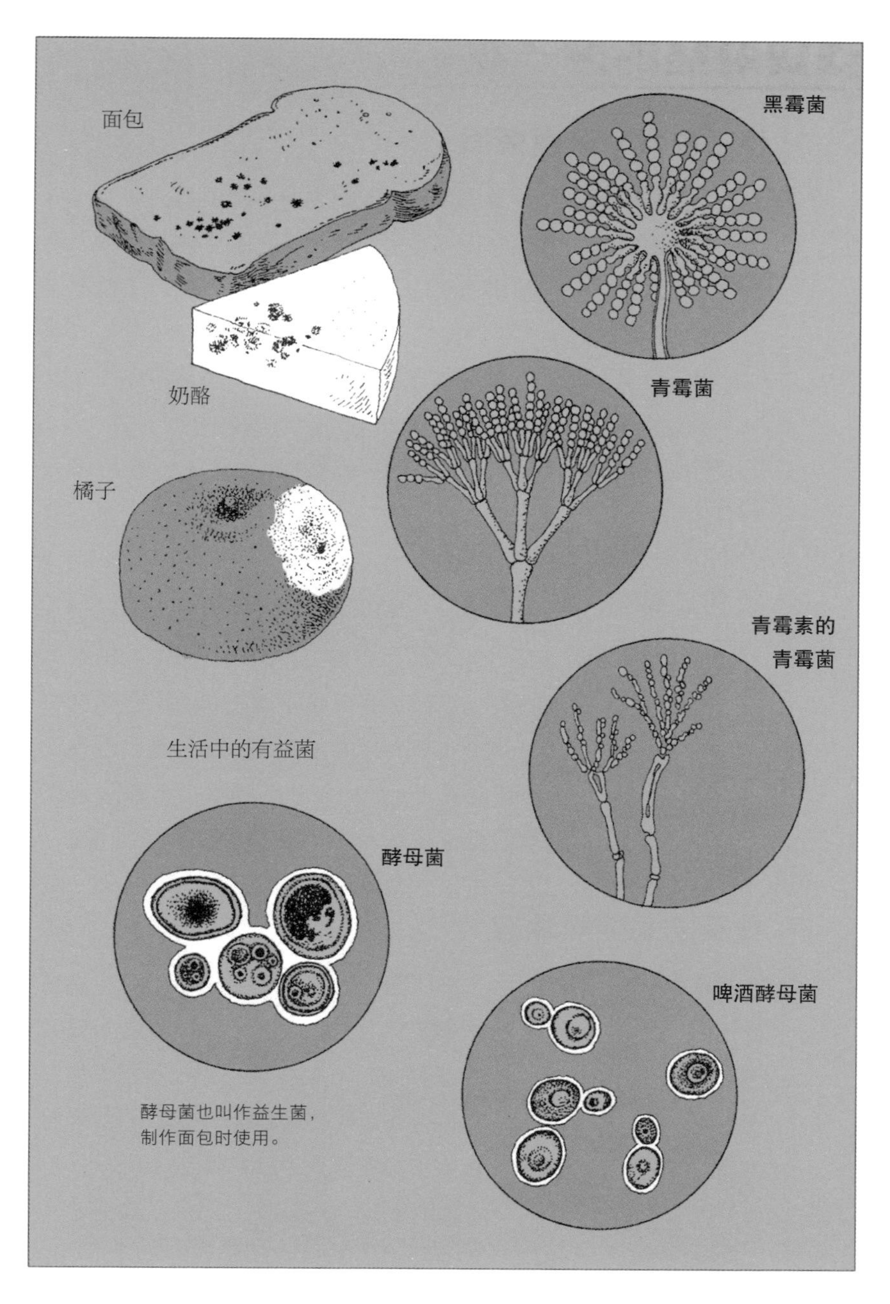
面包
黑霉菌
奶酪
青霉菌
橘子
青霉素的
青霉菌
生活中的有益菌
酵母菌
啤酒酵母菌
酵母菌也叫作益生菌，
制作面包时使用。

采集蕈类的孢子纹

担子菌类与子囊菌类

菌类之中会形成蕈类的，是担子菌类与子囊菌类。其他的则是以菌丝不断扩大的状态生存。蕈类，也就是子实体，是用于繁衍后代的器官。雌性与雄性的孢子结合之后，会形成担子孢子与子囊孢子，然后再扩大新的菌丝。

担子菌类 几乎所有的蕈类都属于这一类。蕈伞的内侧有蕈褶，里面有带着 4 个孢子的担子孢子。

子囊菌类 杯蕈或羊肚菌等属于这一类。称为子囊的袋子里，有带着 8 个孢子的子囊孢子。

颜色或纹路不同的孢子纹

不同蕈类的孢子颜色也不同。参考右页的图，采集新鲜蕈类的孢子纹。从连接茎的地方切除，蕈褶朝下放在纸上。孢子纹的颜色丰富，如白、黑、粉红、褐色、紫褐色等。如果是白色或粉红色，那么下面垫上黑色的纸，孢子纹就很明显了。仔细挑选纸张的颜色，试着做出漂亮的记录笔记。

蕈类的采集与保存

蕈类很柔软，一不小心就很容易弄坏。要摘下蕈类时，先在篮子上铺一层纸，将蕈类并排在上面。千万不要直接放进塑料袋里，这样它很快就变颜色。拿回家后，把蕈类与硅胶等干燥剂一同放入罐子等密闭容器中。记得要多放一点干燥剂。等 1～2 天后拿出来，再用吹风机的热风吹一吹，蕈类的标本就完成了。

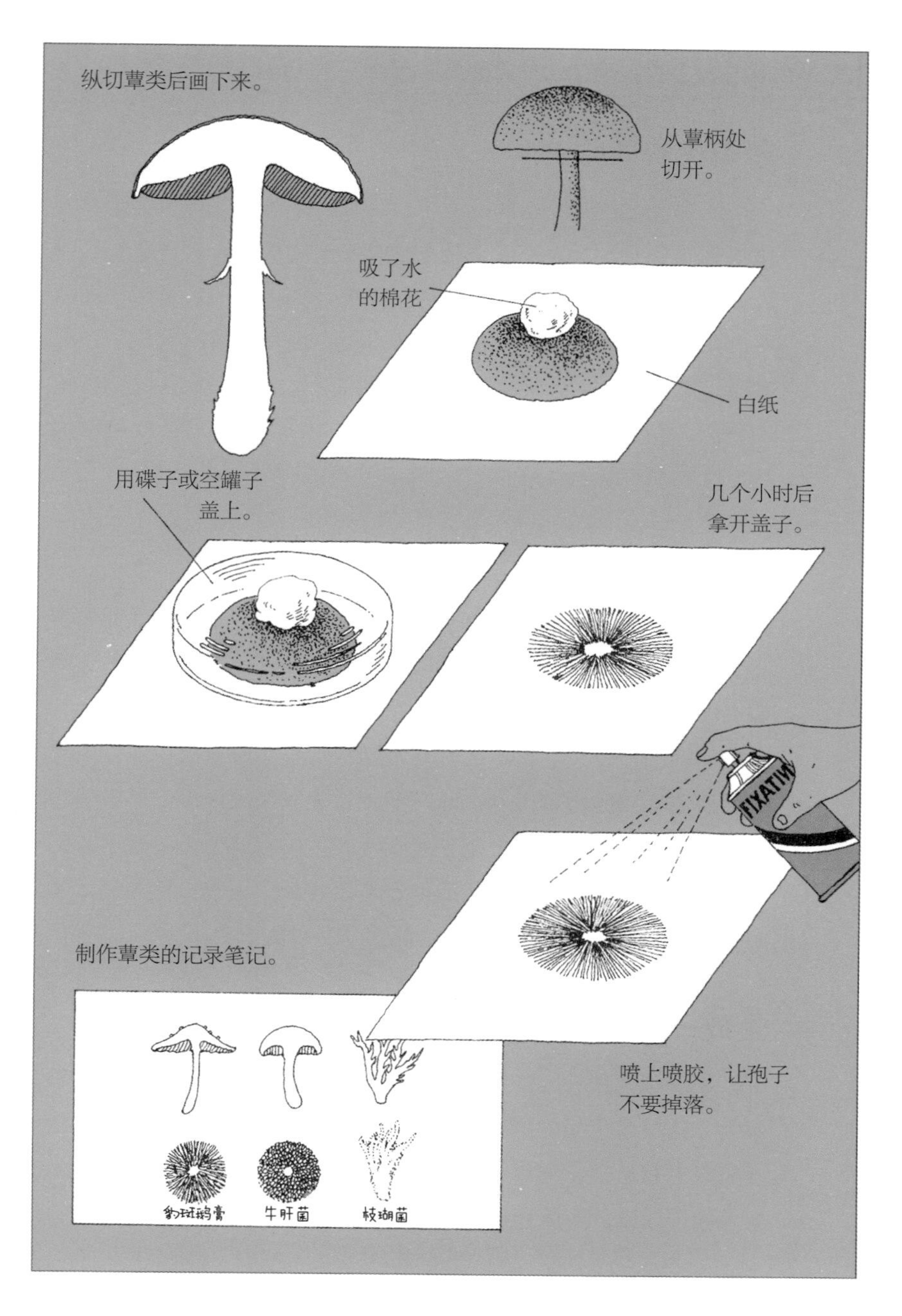
纵切蕈类后画下来。
从蕈柄处
切开。
吸了水
的棉花
白纸
用碟子或空罐子
盖上。
几个小时后
拿开盖子。
FIXATIV
制作蕈类的记录笔记。
豹斑鹅膏
牛肝菌
枝瑚菌
喷上喷胶，让孢子
不要掉落。

住家附近能看到的蕈类

蕈类生长的地方

发现蕈类的时候，确认它生长在什么地方，并想想它是从哪里得到养分的。看起来像是从土里长出来的松茸、鸿喜菇、红汁乳菇、豹斑鹅膏等类，其实是从树木根部长出来的。至于多孔菌科的蕈类，虽然也会附着在活的树木上，但是大多附着于枯树的木段上。这一类的蕈类会让树木逐渐腐烂。此外，在落叶上生长的蕈类，以及在堆肥或动物粪便上的蕈类，都靠分解落叶与动物粪便这些东西得到养分。

整年都能看到蕈类

不只是秋天才能看到蕈类，只要注意一下，一整年都能发现它。春天在庭院、草地或树林里可以见到豹斑鹅膏。好像戴着网帽般的蕈类，是子囊菌类的蕈。在海边的松树林里，长着名为红须腹菌的圆形蕈类。在梅雨时节常见的则是泡质盘菌，通常出现在旱田或堆积的稻草上。在此时期生长在庭院或旱田上非常脆弱的蕈类是墨汁鬼伞，晚上张开蕈伞，到了白天就变黑溶解了。到了夏天，在庭院或蕈类密集的地方可以找到白鬼笔。秋天是蕈类的季节，而到了冬天还能见到的是多孔菌科的蕈类。

生成一圈的蕈类

从夏季到秋天，能够在茂盛的土壤上看见硬柄小皮伞。这种蕈类，连接起生长的部分后，会形成轮状排列。因为在地下的菌丝呈放射状扩散，所以被称为菌轮。每年每年，轮状都会越来越大。你可以试着测量并进行确认。

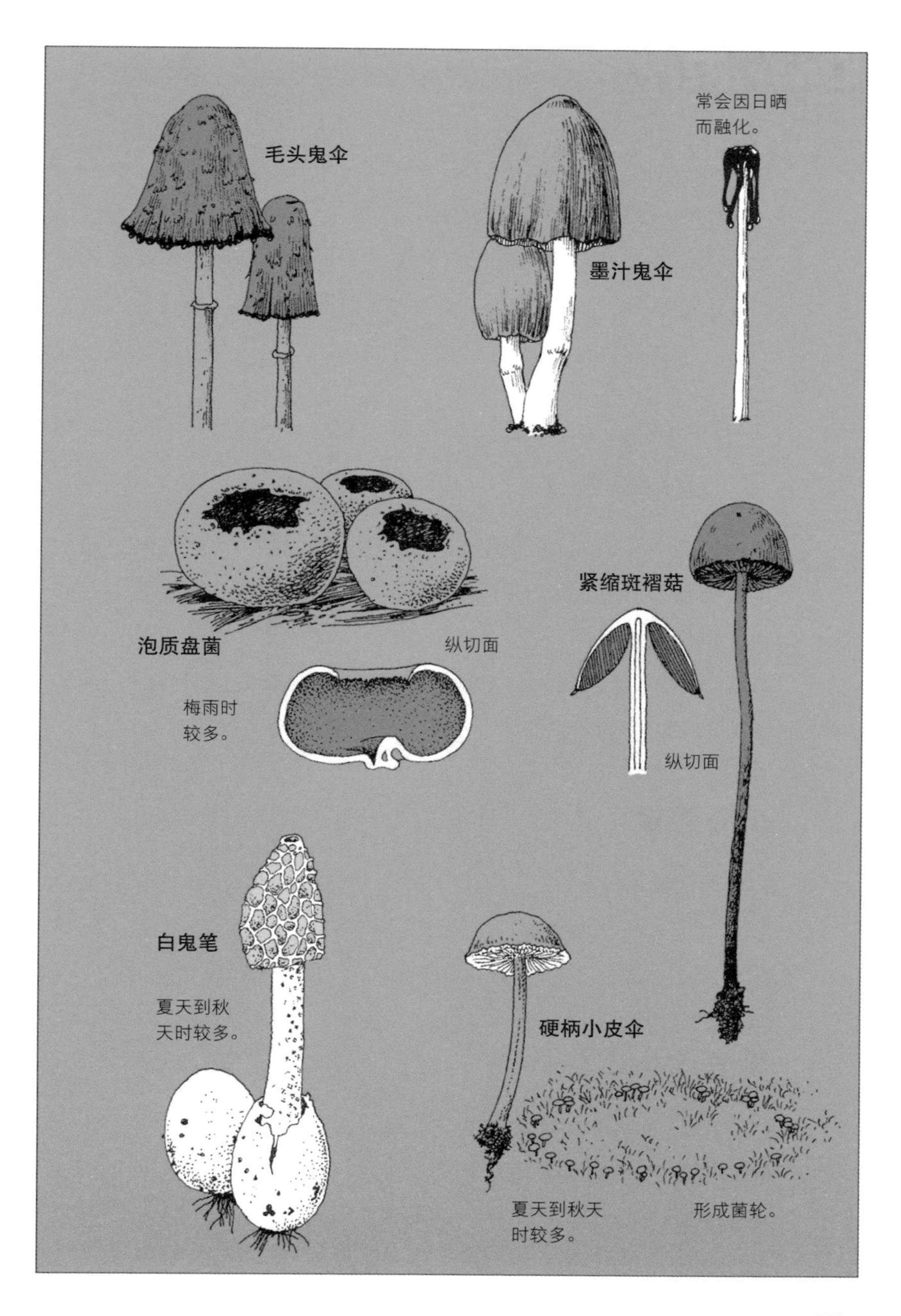
毛头鬼伞
常会因日晒
而融化。
墨汁鬼伞
紧缩斑褶菇
泡质盘菌
纵切面
梅雨时
较多。
纵切面
白鬼笔
夏天到秋
天时较多。
硬柄小皮伞
夏天到秋天
时较多。
形成菌轮。

深入了解蕈类

蕈类与树木的关系

蕈类与树木之间有很密切的关系。如果想要更进一步了解蕈类，首先要知道它们与树木之间的关系。也就是说，想要找松茸就要去松树林，想找厚环粘盖牛肝菌则要去日本落叶松林。蕈类的图鉴都会详细说明这些关系，可以找一本这样的口袋图鉴，随身携带。

出门去寻找蕈类

接着，带着这本图鉴出门。如果能和熟悉蕈类的人一起行动，那就再好不过了。因为即使是同一种类的蕈类，在颜色、形状上也会稍微有些不同。所以没办法全部都依靠图鉴里的照片来辨明。图鉴收录了许多种类的蕈类，在不了解实际名称时，还是能派得上很大的用场。

小心毒蕈

分辨毒蕈的方法，可以说是没有的。日本有 30 种左右的毒蕈，只能一一问清楚然后记起来。看颜色、闻味道、触摸，用身体的感觉去记住。在图鉴中毒蕈的部分，写下自己的体验。

稀有的冬虫夏草

蕈类之中，也有会寄生在昆虫体内，然后从昆虫尸体长出来的蕈类。这种非常稀有的蕈类，称为冬虫夏草。如果你看到很像冬虫夏草的蕈类，就试着小心地将它从土壤中挖起来看看。如果想要保存，可以用干燥剂让它干燥。

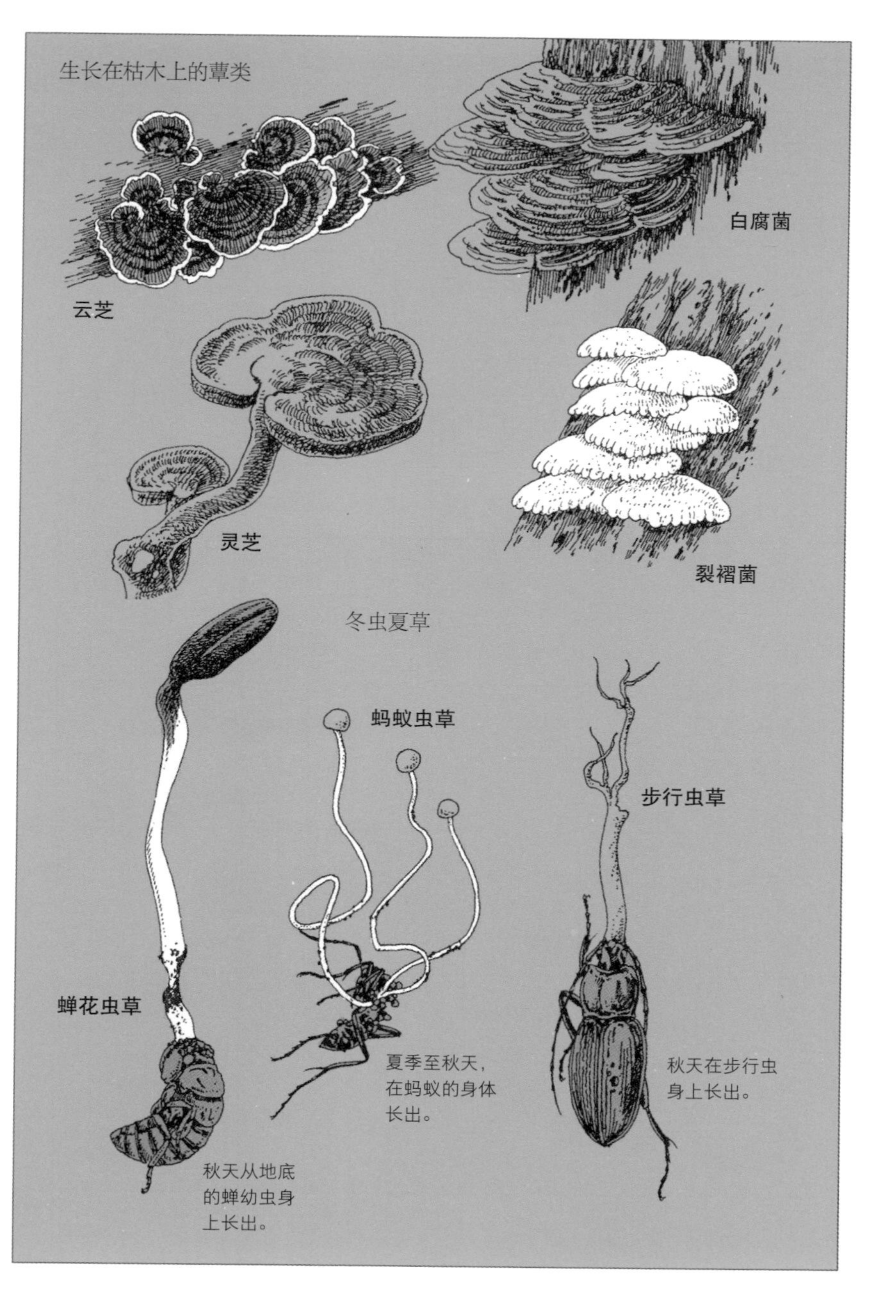
生长在枯木上的蕈类
白腐菌
云芝
灵芝
裂褶菌
冬虫夏草
蚂蚁虫草
步行虫草
蝉花虫草
夏季至秋天，
在蚂蚁的身体
长出。
秋天在步行虫
身上长出。
秋天从地底
的蝉幼虫身
上长出。

生物月历

可以见到花的时期（月）

生物名称		1	2	3	4	5	6	7	8	9	10	11	12
西洋蒲公英	多年生草本												
关东蒲公英	多年生草本												
紫花堇菜	多年生草本												
春飞蓬	多年生草本												
窄叶野豌豆	多年生草本												
车前草	多年生草本												
藤	藤蔓植物												
白车轴草	多年生草本												
白顶飞蓬	一年生草本												
木通	藤蔓植物												
王瓜	藤蔓植物												
石蒜	多年生草本												
芒草	多年生草本												
一枝黄花	多年生草本												
八角金盘	常绿灌木												

去观察秋天的植物

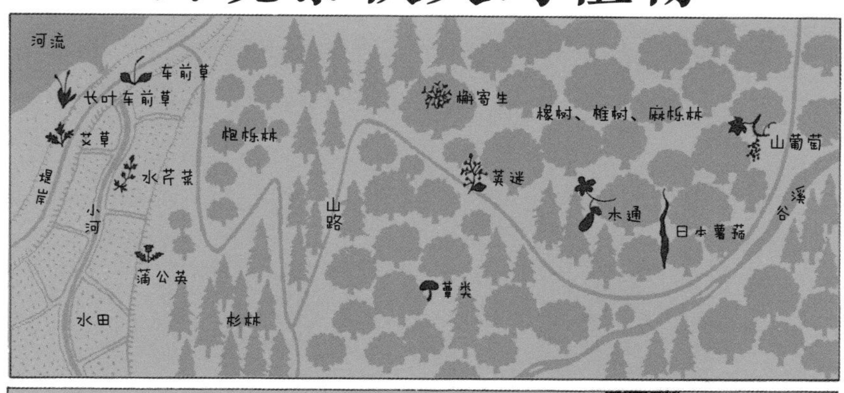

观察时的用具与服装（310页）

向下反折是
西洋蒲公英的
特征。
这个季节也
会开花啊。
这个呢？
欧洲
黄菀吧。
我还以为它只在
春天开花，原来
秋天也会开啊。
只要条件足够，
花会一年开好几次。
好了，我们到田里看
看，那一边是河流。

来调查看看
这里有什么。

堤岸
这边呢？

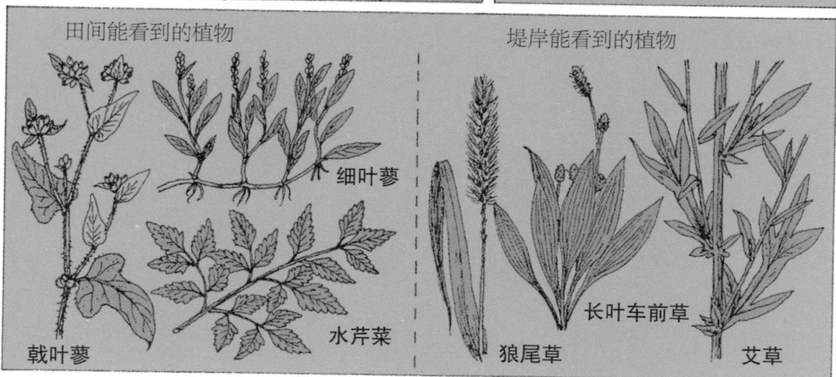
田间能看到的植物
堤岸能看到的植物
细叶蓼
水芹菜
戟叶蓼
长叶车前草
狼尾草
艾草

距离才一点点而已，
植物的差别好大。
想想
环境因素。
为什么？

田地里比较潮湿，而且日照很充足。
根很浅。
堤岸上虽然日照也充足，但是比较干燥。
根会往土的深处伸展。
环境只差一点点，生长的植物就不一样。
这么说，植物的种类好多。
艾草长这么高。
看它的根部。
颜色好漂亮，是艾草的嫩叶吧。
很好吃的。
摘下来吧。

依赖动物或人类运送的种子（332页）

槲寄生——根附在其他树木上生存（330 页）

藤蔓植物——攀附在其他东西上生存（328 页）

好酸！
也用这紫色的果实装饰吧。
是日本紫珠。
这里也有藤蔓。
等一下
仔细看，这是日本薯蓣。
咦？那个黏稠稠的东西？
挖挖看。
还挺深的呢。

松鼠——与橡实的互助合作（198 页）

寻找自然界的洞穴（224 页）

好奇怪的橡实呀。
是虫钻出来的洞吧。
我想看看被虫蛀的是什么样子。
要挑完整的橡实带回去。
你们看，是山葡萄。
是今天最后的收获。
好好吃！
秋天野外的山上，对爱吃鬼来说最棒了。
下次来找蕈类吧。

世界上最大的花——大王花

花的直径有 1～2 米，被称为世界上最大的花。名为大王花的这种花，并没有明确的开花时间，就算开花了，也会在一星期内就凋谢。我凭着一股想一睹庐山真面目的热情，前往印尼的史马特兰岛。我到了岛中央一个名为普济汀吉的小镇，与一名看过大王花的人见了面。我跟着他进了丛林，但在那里只看到一块黑色像融化了般的枯萎花朵。于是我在那里收集了更多的信息，来到离城镇约 2 小时车程的萨哥山上。为我带路的人，是守护史马特兰丛林的森林保护官。没有道路的丛林走起来非常困难，而且还下起了雷阵雨，把我们都淋湿了。可是，仿佛梦一般，我在森林深处看见了一抹红色。大王花的 5 枚花瓣绽放着，直接从地面上开放。它寄生在属于藤蔓植物的根上，只有花朵从地上冒出来，花瓣的触感厚实，像一块硬掉的海绵。旁边还有像大型黑色的卷心菜一样的东西，是即将要开花的花苞。

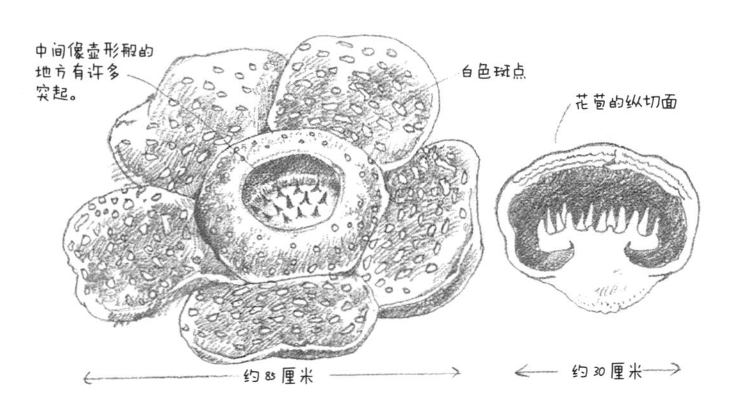

资　料

作为自然观察的指标生物

指标动物	告诉我们的事情	
白粉蝶 燕子 蟾蜍	春季来临	看到踪影的第一天 看到踪影的第一天 第一次集体鸣叫的那一天
油蝉	夏季来临	听见鸣叫的第一天
秋赤蜻 红头伯劳	秋季来临	看到踪影的第一天 听见高声鸣叫的第一天
斑鸫	冬季来临	看到踪影的第一天
介壳虫	大气污染	污染越高数量越多
蝉	是否还留有森林式的环境	因为是森林性的昆虫，所以如果没有大型的树木，它们是不会居住在该地
黄缘蜾蠃	是否还留有绿色的自然	因为是会捕捉蛾幼虫的蜂类，所以在有许多昆虫的地方，它们数量才会多
水生昆虫	河川污染	根据种类，可以判断水污染的程度（参阅 268 页）
暮蝉 蟪蛄	黎明到来	天刚亮时开始鸣叫，暮蝉几乎不在日间鸣叫
梨片蟋	黄昏到来	一到黄昏就开始鸣叫
褐鹰鸮	是否有古老森林	住在有古树的森林里，会“吓 ~ 呜，吓 ~ 呜”地鸣叫
麻雀 野鸽	是否有人类居住的城镇	栖息在离人类居住地很近的鸟
壁虎	该城镇是不是还留有旧房屋	有许多昆虫，且有许多躲藏地点的古老木造房屋里，会有很多
雨蛙	要下雨了	敏锐地感觉到湿度变化后开始鸣叫，命中率很高
鲫鱼类、罗汉鱼 泥鳅	河川的自然程度	表示河川污染程度颇高
青鳉鱼、鲶鱼 拉氏鱥	河川的自然程度	表示河川的环境还算可以
红点鲑、樱鳟	河川的自然程度	表示河川非常清澈

生物能比我们人类更早感觉到季节变化、空气或河川污染等，所以我们就可以从这些生物（指标生物）身上来了解自然的变化。

指标植物	告诉我们的事情	
樱花、日本辛夷 猪牙花	春季来临	最初开花的日子
合欢 紫薇花	夏季来临	最初开花的日子
芒草、胡枝子 石蒜	秋季来临	芒草结穗，以及胡枝子或石蒜开花的日子
八角金盘 山茶花	冬季来临	八角金盘或山茶花开花的日子
蒲公英	都市化	西洋蒲公英越多的地方就越都市化
车前草	是否有许多人走动	在人车会践踏的地方成长。硬的地面
行道树	空气污染	从树枝生长，树叶茂盛等健康程度， 可以得知空气污染的程度
树的弯曲方向与树枝伸展的方向	风向及 风的强度	银杏、榉、柿、杨树、日本落叶松、 日本黑松等，容易因风力而偏向生长， 树枝会成为在风吹下摇曳的形态
芦苇 荻 芒草	土的湿气	在湿气很重的地方 在有点湿气的地方 在有点干燥的地方
蕨类	土的湿气	在树林中，下层的草多为蕨类的地方， 代表湿气较重
水田芥 （西洋菜）	水污染	为挺水植物，所以会生长在水质干净的地方
马藻	水污染	是沉水植物，多见于水质有些污染的河川
水生植物	水深 （参阅 342 页）	若为挺水植物则水深 0.5 ~ 1 米 若为浮叶植物则水深 1 ~ 1.5 米 若为沉水植物则水深 1.5 ~ 2 米

生物的分类

界	门	纲	目	科	属	种
动物界	脊椎动物门	哺乳纲	灵长目	人科	人属（学名Homo）	智人
			啮齿目	鼠科	姬鼠属	日本姬鼠
		鸟纲	雀形目	麻雀科	麻雀属	麻雀
		爬虫纲	龟鳖目	地龟科	乌龟属	草龟
		两栖纲	无尾目	雨蛙科	雨蛙属	中国雨蛙
		鱼纲	胡瓜鱼目	香鱼科	香鱼属	香鱼
	节肢动物门	昆虫纲	鳞翅目	粉蝶科	白粉蝶属	白粉蝶
		蛛形纲	蜘蛛目	蝇虎科	蝇虎属	跳蛛
		软甲纲	等足目	球鼠妇科	球鼠妇属	球鼠妇
	环节动物门	多毛纲	叶须虫目	沙蚕科	沙蚕属	沙蚕
	软体动物门	腹足纲	中腹足目	田螺科	田螺属	田螺

目前生物分类以1969年魏泰克（R. H. Whittaker）发表的“五界说”最为普遍。为了能清楚了解这些数量庞大的生物，以系统化分类方式，举例说明。

界	门	纲	目	科	属	种
植物界	松柏门	松柏纲	松柏目	柏科	柳杉属	柳杉
植物界	被子植物门	双子叶植物纲	毛茛目	木通科	木通属	三叶木通
植物界	被子植物门	双子叶植物纲	菊目	菊科	蒲公英属	西洋蒲公英
植物界	被子植物门	单子叶植物纲	禾本目	禾本科	马唐属	升马唐
植物界	被子植物门	单子叶植物纲	香蒲目	香蒲科	香蒲属	香蒲
植物界	蕨类植物门	真蕨纲	蕨目	铁线蕨科	铁线蕨属	铁线蕨
真菌界	子囊菌门	盘菌纲	盘菌目	羊肚菌科	羊肚菌属	羊肚菌
原生生物界	不等鞭毛门	褐藻纲	海带目	翅藻科	裙带菜属	裙带菜
原核生物界	厚壁菌门	梭菌纲	梭菌目	梭菌科	梭菌属	肉毒杆菌

索 引

【一画】

一年生草本植物……340
一枝黄花……358

【二画】

二年生草本植物……340
七星瓢虫……61．71
七鳃鳗……296
八角金盘……60．328．333

【三画】

三叶木通……377
三趾滨鹬……117
大山雀……123．141．142．145．174
大水青蛾（天蚕蛾）……38
大叶钓樟……341
大叶藻……298
大地鹬……161
大红蛱蝶……43
大劫步甲（步行虫）……37．105
大杜鹃……123．135．161．174
大杓鹬……115．153．174
大角蟢……39
大虎头蜂……55
大和吸螨……77
大和螽斯……85
大扁埋葬虫……36．75．105．371
大蚊……25
大透目天蚕蛾……41
大透翅天蛾……41
大眼幼体……295
大斑啄木鸟……115．123．140
大葛藤……60．334．341
大紫蛱蝶……80．98
大黑叩头虫……101
大黑蚁……33．94
大黑埋葬虫……77．105
大缘椿象……63
大腹鬼蛛……29
小山蚂蝗……332
小水鸭……179
小本山葡萄……238
小叶碎米荠……317
小白裳夜蛾……79
小白鹭……135．174
小杜鹃……139
小环颈鸻……123．151．174
小鱼干……294
小泥蟹……283．285
小细颈步行虫……36
小星头啄木鸟……140
小海米……347
小家鼠……192
小笠原大蝙蝠……203
小绿花金龟……43
小黑埋葬虫……37．105
小燕鸥……174
小嘴鸦……125．128．135
山茶花……371
山猫柳……339
山葡萄……328．333．367
山椒鱼科……260
山蛭……22
子囊菌类……352
马尾草……317．324．348
马齿苋……313
马铁菊头蝠……203
马藻……342．371

【四画】

王瓜……328．358
天牛……64
天竺桂……347
天幕枯叶蛾……80
天蓬草舅……346
天篷草……317
无霸勾蜓……90
云芝……357
云豹蛱蝶……63
云雀……136
云斑金蟋……83
木通……329．358
太平洋长臂虾……304
太平洋菊……346
车前草……313．358．371
巨嘴鸦……128
牙虫科……86
日本七叶树……341
日本土锦蛇……252
日本大山椒鱼……260．262
日本大姬鼠……196．372
日本大眼蟹……283．285
日本大锹形虫……101
日本小鼯鼠……200．226
日本山毛榉……338
日本山蚁……33．37
日本女贞……333
日本水杨梅……333
日本石柯……338
日本四线锦蛇……252．262
日本似织螽……85．104
日本红狐……211．227
日本红螯蛛……22．30
日本花棘石鳖……286
日本豆金龟……43．63
日本龟壳花……247．252
日本辛夷……333．341．371
日本松鼠……198．226．232
日本雨蛙……257
日本金线蛙……257
日本虱……23
日本虻……23
日本钟蟋……83．94
日本盾海胆……287
日本绒螯蟹……273
日本埋葬虫……105
日本桤翠灰蝶……80
日本高砂锯锹形虫……65．103
日本姬鼠……197
日本菱……342
日本菟葵……324
日本笠藤壶……287
日本斜纹天蛾……81
日本猕猴……219．232．237
日本绿啄木鸟……140
日本紫珠……365
日本蒲公英……320
日本锦蛇……252．262
日本鲍螺……287
日本蝮蛇……247．252．262
日本鹡鸰……146
日本薯蓣……328．334．365
日本鳗鲡……273．296
日铜罗花金龟……63．70
中华长脚蜂……51
中华剑角蝗……78
中杓鹬……153
水田芥（西洋菜）……371
水生昆虫……268．370
水生植物……342．371
水芹菜……361．363
水纹尖鼻……305
水苦荬……317
水黾科……86
水胡桃……341
水栎……338
水萍……342
水蛭……269
水鹨……137
水螳螂……86
水鼈……342
牛膝……75．332
牛膝鳞瘿蚋……75
毛头鬼伞……355
毛毡苔……344
毛桐……334
升马唐……340．373
长叶车前草……361
长角石蛾……269
长脚蜂……50．54
长脚蝇科……65
长椎栲……338
长嘴半蹼鹬……153
长翼蝠……203
反嘴鹬……119
乌冈栎……338
乌鸦……120．128
乌鸦凤蝶……44．46．63
乌敛莓……63．328
乌鹟……121．145
凤头潜鸭……149

凤蝶……44．81．94
尺蠖……78
双眉苇莺……123
双黑目天蚕蛾……41．80
双痣圆龟……61

【五画】

玉米象……26
正颤蚓……269
甘蓝夜蛾……43
艾氏施春蜓……87
艾草……361．362
石龟……254．262
石蒜……340．358．371
石蛾……86
石蝇……86．87
东方小藤壶……287
东方白点花金龟……65
东方环颈鸻……151
东方蜉蝣若虫……87
东亚家蝠……203
东亚腹链蛇……252
东亚箬眼蝶……65
东京达摩蛙……257
东洋涡虫……269
卡氏地蛛……30
北狐……211．227
北海狮……231
北海道红胸埋葬虫……36
北海道花栗鼠……198．226．232
北海道松鼠……198．226
田鹀……137
田鼠……194
田螺……17
凹大叶蝉……81
凹带食蚜蝇……61
四星大吸木虫……65
四星出尾虫……65
白刃蜻蜓……90．94
白车轴草……313．358
白条天牛……71．101
白纹毒蛾……38
白顶飞蓬……315．340．358
白顶突峰尺蛾……79
白肩天蛾……63
白线斑蚊……23
白背栎……338
白点蝙蝠蛾……41
白蚁……26．28
白鬼笔……355
白桦……339
白粉蝶……44．46．94．370．372
白颊鼯鼠……200．226．232．238
白腰雨燕……117．130
白腹姬鹟……147．161
白腐菌……357
白鹡鸰……119．146
白额高脚蛛……25．28
白鼬……228
冬虫夏草……356
冬候鸟……160
鸟的飞行方法……112
鸟的羽毛……110
鸟的脚……116
鸟的筑巢……122
鸟喙……114
鸟粪象鼻虫……61
立方水母……305
兰氏鲫……279
汉氏泽蟹……271．296
辽东楤木……324

【六画】

动物的分类……372
动物的通道……191
老鼠……192
地钱苔……348
地锦……328
芋双线天蛾……103
芒草……334．340．358．371
朴树……339
西氏叩头虫……65
西洋蒲公英……313．320．358．360．373
有角并额蟹……289
灰斑鸻……151
灰喜鹊……135．141
灰椋鸟……135．145
灰鹟……121
灰鹡鸰……119．146
划蝽……269
尖尾鸭……149
尖棘筛海盘车……287
当归……63
曲纹花天牛……63
网平涡虫……289
肉毒杆菌……373
竹……75
竹节虫……78
竹鸡……135
竹瘿蚋……75
竹螽……85
华夏短猛蚁……22
行走……118
行道树……322．371
合欢木……63．371
负泥虫……79
各种落叶……339
各种橡实……338
多年生草本植物……340
冰清绢蝶……97
羊肚菌……373
关东蒲公英……321．358
阳隧足……287．301
羽叶山蚂蝗……332
红天蛾……41．132
红头伯劳……120．135．174．370
红头潜鸭……149
红耳龟……254．255
红灰蝶……43．46．61．97
红虫……269
红交嘴雀……115
红纤恙螨……23
红点鲑……271．281．370
红胸隐翅虫……23．103
红铜丽金龟……43．61
红领绿鹦鹉……132
红颈滨鹬……153
红莓月见草……341
红楠……347
红腰杓鹬……153．180
红腹灰雀……145
红蜡介壳虫……45
红螯相手蟹……296
红嘴鸥……155

【七画】

麦银汉鱼……289
赤松……334
赤松毛虫……22
赤颈鸭……179
赤链蛇……247．252
赤蜈蚣……23
赤腹山雀……141
赤腹松鼠……198
赤腹蝾螈……247
赤翡翠……146
扭兰……342
拟矛螽……81．85
拟步行虫……65
拟斑脉蛱蝶……63．65
拟棒鞭水虱……289
拟蝎类……77
芸香科……45．47
花天牛……71
花金龟……70
花鳍海猪鱼……305
苍耳……332
芦苇……340．342．371
杜鹃花……46
杉……373
求米草……333
豆天蛾……61
豆象科……26
豆蟹……295
丽蝇科……27
连雀科……330
步行虫……25．36
步行虫草……357
伯氏树蛙……271
龟……254
龟足……286
角戎泥蜂……54
角鸮……139
条鲣象鼻虫……43
岛海蜘蛛……289
灶马蟋……25
沙蚕……282．372
沟鼠……192
沉水植物……342

灵芝……357
尾纹裸头虾虎鱼……304
鸡屎藤……329
纵条几海葵……303
纹石蝇……87

【八画】

环纹海豹……231
青刚栎……338
青拟天牛……22
青步行虫……105
青刺蛾……39
青萍……342
青绿大嘴海蛞蝓……289
青蛙……256
青蛾蜡蝉……43
青霉菌……351
青鳉鱼（稻田鱼）……296．370
玫瑰……43
玫瑰切叶蜂……55
担子菌类……352
拍照的方法……92
拉氏……271、370
招潮蟹……285
直牙锹形虫……39
苔藓类……348
茅膏菜……344
松叶笠螺……287
松鼠……198．226
松藻虫……22．86
刺参……305
刺槐……341
雨蛙……259．258．262．370．372
欧洲黄菀……360
轮叶狐尾藻……342
齿突斜纹蟹……287
虎甲虫……99
虎皮鹦鹉……132
鸣鸣蝉……56．80．94．370
岩百合……346
罗汉鱼……370
凯纳奥蟋……83
制作巢箱的方法……163
垂丝卫矛……333
彼氏冰 虎鱼……273
金凤蝶……44．97
金鱼藻……342
金线草……332
金背鸠……125．139
金盏花……325
金盏银盘……333
金翅夜蛾……43
金翅雀……125．176
金鸦……161
金鲫……279
采集昆虫的方法……15
鱼的身体……280
鱼鹰……157
狐……210．227．232
狗尾草……340
底栖生物……276．296
放屁虫（步行虫）……36
浅翅凤蛾……41
浅海小鲉（石狗公）……289
油口蘑……377
油菜……45
油蝉……56
泡质盘菌……355
泥鳅……296．370
波纹蛇目蝶……97
宝盖草……324
空中悬停……112
录音的方法……170
陌夜蛾……61
细叶蓼……361
细黄胡蜂……54
细腰晏蜓……89
细腰蜂……51．63

【九画】

春飞蓬……313．340．358
春榆……334
春蝉……56
毒芹……363
毒蛾……22．38
挺水植物……342
挖耳草……344
茜堇……326
荚迷……341
草牡丹……334
草龟（乌龟）……254．262．372
草鸮……139
草蜥……248
茶毒蛾……22．38
茶腹鸸……119．143
荠菜……324
茭白……342
胡枝子……371
胡蜂……50．54．79
南方狸藻……344
南方稻草螽……85
南国蓟……317
柑橘潜叶蛾……45
枯叶夜蛾……39
枯叶蛱蝶……78
相互理毛……219．237
柳杉……373
柳裳夜蛾……103
枹栎……338．341
柿癣皮夜蛾……78
厚蟹……283
禺毛茛（水辣菜）……317
星天牛……45
虻……22
蚂蚁……32
蚂蚁虫草……357
钝头杜父鱼……271
看麦娘……317
香鱼……272．296．372
香蒲……342．377
秋赤蜻……90．94．370
鬼针草……332
剑鸻……151
食物链……10
食茧……158
食蚜蝇……43．45
食蜗步行虫……81
独角仙……39．63．64．66．80．94．103
施氏树蛙……257
美国牛蛙……257
美国螯虾……279
美肩鳃……304
美姝凤蝶……44．46
前齿长脚蛛……29
洄游……272．274
冠鱼狗……146．239
扁泥虫……269
扁虱……22
娇金花天牛……63
蚤状幼体……295
绒毛金龟……25
绒螨……77
绞股蓝……328

【十画】

艳灰蝶……97
艳金龟……70．103
埋葬虫……36
换毛期……148
莲……342
荻……371
莼菜……342
桧叶金发藓……348
核桃楸……341
栗树……75
栗腹文鸟……132
栗瘿蜂……74
夏候鸟……160
鸬鹚……117
紧缩斑褶菇……355
鸭……117．148．179
蚜虫……32．61
蚋……22
圆草席钟螺……287
圆球股窗蟹……284
钱龟……255
铁线莲……334
铁线蕨……373
候鸟……160
臭蜣螂……72
鸱鸮科……117．156．174
狼尾草……332．361
鸳鸯……149
高身鲫……279
旅鸟……160
恙螨……22
粉吹象鼻虫……61
涡虫……269

海米……346
海州常山……63
海兔……290．303
海狗……231
海鸥……154．181．182
海桐……347
海葵……304
海蛞蝓（裸鳃类）……290．303
海滨山黧豆……328
浮叶植物……342
浮游生物……276
流星蛱蝶……81
宽边黄粉蝶……44．81
宽腹螳螂……39
家长脚蜂……43．55
家鼠……192
家蝇……25
家燕（燕子）……125．130．139．161．174．370
窄叶野豌豆……317．328．358
调和水箱……15
姬蛇目蝶……97
姬鼠……197

【十一画】

球鼠妇……37．101．372
掘地金龟……72．105
堇菜科……326
黄巨虻……79
黄长脚蜂……23
黄石蛉……39．269
黄连雀（太平鸟）……331
黄足鹬……153
黄纹粉蝶……44．46．97
黄刺蛾……22．81
黄毒蛾……38
黄带蛛蜂……23
黄胡蜂（大黄蜂）……23．51
黄钩粉蝶……44
黄钩蛱蝶……43．46．65．94
黄眉黄鹟……121
黄脚泥壶蜂……51．55
黄脸油葫芦……39．83
黄斑苇鳽……147．177
黄缘蜾蠃……54．370
黄鹌菜……313
黄腹厕蝇……27
黄蘖……341
菲律宾帘蛤……285
菌类……350
菜蝽……45
菊……43
萤虾……295
婪步甲……37
梅花鹿……215．227
豉甲科……86
常春藤……328
眼蝶亚科……44
野兔……204．226．232
野茼蒿……340
野鸽……125．370
野猪……212．227
野鼠……192．194．196
野猿公园……229
啄木鸟科……117．140
蚵岩螺……304
蚯蚓……36
蛇……252
铜金花虫……43
银白杨……339
银鱼……273
银线草……324
银鸥……155
银喉长尾山雀……141．143
牻牛儿苗……335
梨片蟋……39．83．94．370
偶蹄类……212
鸻科……119．150
彩色刺楸……339
豚草……315．340
猪牙花……324．340．371
麻栎……63．75．338
麻栎瘿蜂……75
麻雀……125．126．174．370
鹿……214．227．232
旋木雀……119
望远镜的使用方法……168
剪刀股……317
淫羊藿……324
淡色舌蛭……269
淡色库蚊……25
寄居蟹……304
隐纹谷弄蝶……97
隐翅虫……22
颈带鲾……305
绿头鸭……149．174．178
绿罗花金龟……65．98
绿圆跳虫……77
绿胸晏蜓……87
绿海葵……287
绿绣眼……139
巢鼠……194．232

【十二画】

琵嘴鹬……153
琵蟌科……89
斑叶络石……328
斑尾塍鹬……153．180
斑背潜鸭……149
斑鸫……174．179．370
斑蚊……22
斑嘴鸭……149
斯氏沙蟹……284
葡萄虎蛾……63
萱草……346
戟叶蓼……361
植物的分类……373
森林暮眼蝶……97
森树蛙……259
椎实螺……269
棕耳鹎……115．125
棕扇尾莺……176
棕熊……230
棺头蟋……37．83
棘冠海胆……290
棘跳虫……77
酢浆草……313
硬柄小皮伞……355
雁……179
裂叶榆……339
裂褶菌……357
紫小灰蝶……63
紫花地丁……326
紫花堇菜……326．358
紫海胆……287
紫萁……348
紫薇花……371
紫藤……328．358
赏鸟协会……172
掌叶枫……339
喇叭毒棘海胆……290
蛛蜂……30
蛞蝓……37
黑凤蝶……44．46
黑头文鸟……133
黑头蜡嘴雀……115．139．141
黑壳钟螺……305
黑体网……289
黑条白粉蝶……44
黑尾叶蝉……22
黑尾鸥……115．155
黑鸢（老鹰）……156．174．183
黑斑飞蛾……25
黑斑蜉蝣……269
黑喉鸲……121
黑腹……296
黑腹滨鹬……153
黑熊……230．232
黑熊蜂……45
黑霉菌……351
黑藻……342
短玉黍螺……286
短石蛃……287
鹅掌草……324
鹅掌楸……339
等指海葵……289
番杏……347
貂……228
猴子……218．229．232．237
普通长耳蝠……232
普通夜鹰……115．117
粪金龟……72
粪便观察……220
粪蜣螂……73
鹈足青螺……286
滑翔……112
游泳生物……276
游隼……115．157
寒蝉……56．370
裙带菜……373
巽他领角鸮……157

疏花佛甲草……246

【十三画】

摇蚊……269
鹊鸭……149
蓝灰蝶……94
蓝纹章鱼……290
蓟……63
蒲公英……320．334．340．371
蒙古沙鸻……151
槐叶苹……342
榉……339
睡莲……342
暗色沙塘鳢……277
跨骑……219
跳跃……118
跳蛛……28．372
蜈蚣……22
蜗牛……34
蛾……38．40
蜉蝣……86
蜂……22．50．52．54
蜂斗菜……324
锡嘴雀……115
雉鸡……117
鼠曲草……313
鼠妇……36
貉……206．226．232
腺梗菜……332
腺梗豨莶……332
煤山雀……143
滇苦菜……315．334
源氏萤……71
滨防风……346
滨蛇床……346
滨旋花……346
滨剪刀股……346

【十四画】

赫氏角鹰……117
暮蝉……56
蓼蓝齿胫金花虫……61
榛……339
酵母菌……351
酸模……315
蜻蜓……88．90
蜥蜴……248．262
蝉……56．58．370
锹形虫……64．68
鲑鱼……274．296
敲击……140
漂鸟……160
漂浮植物……342
蜜蜂……23．43．45．52
褐头山雀……143．145
褐河乌……147
褐篮子鱼……290
褐鹰鸮……157．370
褐藻……298
翠叶红颈鸟翼蝶……106
翠鸟……115．123．146
翠峰堇菜……326
熊蜂……50
熊蝉……56

【十五画】

蕈类……352．354．356
蕨……348
蕨类……348．371
横纹金蛛……29
樱花……75
樱锥尾蚜……75
樱鳟……271．370
橡实……198．338．366
槲树……338
槲寄生……330．333．364
蝾螈科……260．262
蝴蝶采集法……48
蝗虫（蚱蜢）……85
蝙蝠……202
墨汁鬼伞……355
稻绿椿象……43．45
箱型镜……291
箱根三齿雅罗鱼……270
箱根山椒鱼……261
鹟科……120
鲣节虫……26
鲤……296
鲫鱼……278．296．370
潮池……288．290．300．302
鹤……179

【十六画】

螯虾……278
髭羚……216．227．232．239
燕鸥……154
薛氏海龙……295
瓢虫……94
叡山堇……326
鲶鱼……277．296．370
凝鲤……277
壁虎……25．26．250．262．370

【十七画】

戴菊……145
蟋蟀……82
蟑螂……25
簇生化……340
黛眼蝶……97
鳃角金龟（粉吹金龟）……70
螽斯……82．84．94
鹫……156
糠虾幼体……295
翼鲨……305
鹬科……152

【十八画】

藤壶……286．301
藤绣球……328
藤蔓植物……328
藤漆……328
鹭科……117
蟪蛄……56．94
鼬科……208．228．232
翻石鹬……153
鹰科……156
鹡鸰……117．174．177．178

【十九画】

蠓（吸血小黑蚊）……22
蠋步甲……103
蟾蜍……247．257．258．262．370
鳗鲶……290．305
蟹甲草……334

【二十画】

獾……206．226．232

【二十一画】

麝香凤蝶……63

【二十二画】

囊螺……269

【二十三画】

鼹鼠……192．232

图书在版编目（CIP）数据

自然图鉴 /（日）里内蓝著；（日）松冈达英绘；张杰雄译．-- 成都：四川人民出版社，2019.12（2022.6 重印）

ISBN 978-7-220-11565-3

Ⅰ．①自… Ⅱ．①里… ②松… ③张… Ⅲ．①自然科学—普及读物 Ⅳ．①N49

中国版本图书馆 CIP 数据核字 (2019) 第 244559 号

四川省版权局
著作权合同登记号
图字：21-2019-562

Plants and Animals in Nature Illustrated
Text by AI SATOUCHI
Illustrated by TATSUHIDE MATSUOKA

Originally published by Fukuinkan Shoten Publishers, Inc., Tokyo, 1986
under the title of SHIZEN ZUKAN The Simplified Chinese language rights arranged
with Fukuinkan Shoten Publishers, Inc., Tokyo through Bardon-Chinese Media Agency

ZIRAN TUJIAN

自然图鉴

著　　者	[日] 里内蓝
绘　　者	[日] 松冈达英
译　　者	张杰雄
选题策划	后浪出版公司
出版统筹	吴兴元
编辑统筹	王　頔
特约编辑	李志丹
责任编辑	杨　立　杜林旭
装帧制造	墨白空间 · 张　莹
营销推广	ONEBOOK
出版发行	四川人民出版社（成都三色路 238 号）
网　　址	http://www.scpph.com
E - mail	scrmcbs@sina.com
印　　刷	鸿博昊天科技有限公司
成品尺寸	129mm × 188mm
印　　张	12
字　　数	210 千
版　　次	2019 年 12 月第 1 版
印　　次	2022 年 6 月第 5 次
书　　号	978-7-220-11565-3
定　　价	70.00 元

观察笔记

选择能够放入口袋的笔记本。
HB 铅笔或 2B 铅笔比较方便书写，
带 2 ~ 3 本笔记，以备不时之需。